北京市主要园林绿化植物耗水性及节水灌溉制度研究

马履一　　　　　王瑞辉
徐军亮　奚如春　王华田　著

中国林业出版社

图书在版编目(CIP)数据

北京市主要园林绿化植物耗水性及节水灌溉制度研究/马履一等著. -北京:中国林业出版社,2009.5

ISBN 978-7-5038-5589-4

Ⅰ. 北… Ⅱ. 马… Ⅲ. 园林植物-节约用水-灌溉-研究-北京市 Ⅳ. S680.7

中国版本图书馆 CIP 数据核字(2009)第 062573 号

出版 中国林业出版社(100009 北京西城区刘海胡同 7 号)
网址 www.cfph.com.cn
E-mail cfphz@public.bta.net.cn **电话** 010-83228353
发行 中国林业出版社
印刷 北京地质印刷厂
版次 2009 年 5 月第 1 版
印次 2009 年 5 月第 1 次
开本 787 mm×1092 mm, 1/16
印张 13
字数 325 千字
印数 1~1 000 册
定价 35.00 元

本专著是多个项目和课题的研究成果总结，共出版受到了以下课题和项目的共同资助，在此一并表示感谢！

1. 国家“十一五”科技支撑课题(2006BAD24B01)：“十一五”速生丰产林良种壮苗规模化生产技术研究与示范
2. 部省共建重点实验室项目(JD100220535)：北京城市绿地水分经济生态的研究

著者简介

马履一	教授	北京林业大学
王瑞辉	教授	中南林业科技大学
		北京林业大学博士后
徐军亮	博士	河南科技大学
奚如春	教授	华南农业大学
王华田	教授	山东农业大学

前　言

园林绿地是维持城市生态系统良性循环的重要保证，但绿地维持自身的生存和更新需要消耗大量水资源，这对水资源短缺的北京是一个巨大的挑战。从1998年开始，北京林业大学对北京市主要园林绿化植物的耗水特性和绿地节水管理进行系统研究，该研究是国家“十一五”科技支撑课题（2006BAD24B01）——“十一五”速生丰产林良种壮苗规模化生产技术研究与示范、国家自然科学基金项目（30371147）——北京水源保护林主要造林树种耗水特性与耗水调控机制、北京市自然科学基金项目（6052016）——北京市城市绿化树种耗水特性及其评价指标体系研究、教育部博士点基金项目（2003002009）——北京市主要造林树种耗水调控机理研究、部省共建森林培育与保护教育部重点实验室项目（JD100220535）——北京城市绿地水分经济生态的研究的成果总结。

本项研究以北京园林绿地主要园林绿化植物为对象，研究了它们的耗水特性和需水规律，筛选出节水型园林绿化植物和绿地配置模式，构建植物的耗水模型；根据北京气候特点，计算和预测各种植物和绿地的需水时间和需水量。同时，根据城市绿地重要性的不同对绿地水分实行分级管理，建立一套按植物需水时间和需水量精准供水的绿地灌溉制度，为节水型绿地构建和管理提供理论和技术支撑。目前，国内外对林木耗水性的研究虽然取得了很大进展，但也存在许多明显的不足。以往的研究基本上都是针对大面积的森林和林木，对城市环境下园林植物的蒸腾耗水研究很少，基于植物水分生理需求的节水植物选择和节水型绿地结构配置的研究未见报道。随着我国城市化的飞速发展，生态城市建设步伐的加快，城市绿化覆盖率快速提高，园林植物的耗水问题受到越来越多的关注，相比于大面积森林，城市绿地处在高度集约管理条件下，有利于将耗水研究的成果应用于植物材料选择、结构配置和养护管理之中。

本项研究历经10年之久，期间得到了北京市园林绿化局、北京市植物园、北京林业大学森林培育学科等单位的大力支持和帮助，北京林业大学硕士毕业生樊敏、李丽萍、孔俊杰、车文瑞、李广德、郝小飞等参加了部分外业调查工作，在此一并致谢！

著者

2009年4月

目　　录

1

概　　论

1.1　国内外植物耗水和节水灌溉制度研究进展

1.1.1　国内外植物耗水研究进展

1.1.1.1　树木耗水研究的三个阶段

(1)早期研究阶段　树木耗水的研究始于20世纪30年代中期，一直到60年代，可将这一时期归为早期研究阶段。早期推算树冠耗水的方法主要是从离体叶片和枝条中收集数据，或者利用盆栽苗木来定量估算耗水，多数没有取得满意的效果(Parker，1957)。因为这些早期研究是在无法人为控制气候以及至关重要的林分结构的条件下进行的，对限制林分冠层蒸腾的边界层的影响也难以定量化。

(2)飞速发展阶段　20世纪60～80年代末，以一些新方法的兴起为标志，树木耗水研究取得了长足进步，这些方法有蒸渗仪法(Fristchen等，1973；Edwards，1986)、大树容器法(Roberts，1977；Knight等，1981)、封闭大棚法或空调室法(Dunin & Greenwood，1986)、放射性同位素如氚(Waring & Roberts，1979)、稳定性同位素如氘(Dye等，1992)以及能量平衡和热脉冲技术(Swanson，1972、1981、1994；Smith & Allen，1996)等。每一种技术都有其优点和缺点，蒸渗仪法对于土壤水分的很小变化都很敏感，但是由于根被局限在一个有限的容器中，土壤水分的运动受到限制；另外，蒸渗仪的建造和维护都很昂贵。在大树容器法中，树木伐倒后容易造成叶水势和气孔导度的变化(Roberts，1977；Knight，1981)。空调室法提供了一种能够同时测定水气压和CO_2交换量的方法(Denmead等，1984)，但有争议说这种方法在估测水分利用效率时受饱和水气压的影响(Lindroth & Cienciala，1995)。放射性示踪物法如氚(Tritium)在使用上由于受到校正的限制，从而使得这种方法无法获得耗水的季节性模型；氘(Deuterium)的使用克服了上述限制，以示踪物为基础的技术方面，稳定性示踪物氘在定量研究耗水速度上基本上替代了氚。源于能量平衡、热脉冲技术耗水的估算方法受到经验校正方法、热量递减、液流随边材深度的变异等不确定性问题的困扰(Granier等，1987、1996)，但这些方法成本较低，便于采用，能够连接数据采集器进行远程控制，因此开始在树木耗水研究领域中崭露头角(Kucera，1977；Cohen，1981)。

(3)技术成熟阶段　20世纪90年代以后，Granier等人对茎流计的测定原理作了大胆改进，将先前利用脉冲滞后效应为原理的热脉冲液流检测仪改进为利用双热电耦检测热耗散为原理的热扩散液流探针。与热脉冲方法相比较，热扩散探针的一个突出特点是能够连续放热，实现连续或任意时间间隔液流速率的自动化测定，并实现了数据采集、转储、计算、分析、制图自动化(Granier，1996；Smith，1996)。与此同时，基于红外分析原理设计的各类叶室法逐步兴起和不断完善，型号上从 Li－1600 到 Li－6200 再到 Li－6400。Li－6400 是自动化和智能化程度较高的光合分析系统，在利用红外检测原理实现对水气浓度和 CO_2 浓度检测的同时，还能够实现对多种环境因子的同步检测以及对叶片蒸腾的多种特征和机理指标进行分析，所得测定结果能够全面反映叶片蒸腾的生理学和生态学意义，因而常用于对蒸腾特性本身的研究(谢东锋，2004)。由于叶室法测定过程必须引入一定流量的气流，导致叶室(包括闭路式和开放式叶室)内叶片局部测定环境的显著变化，所得蒸腾测定结果通常高于叶片实际蒸腾速率(Sperry，1988、1993；Souza，2004)。同时，价格昂贵和较高的操作技能要求也在一定程度上限制了这类仪器的应用。热扩散液流探针和光合分析系统的出现，标志着树木耗水性研究测定技术日趋完善。

1.1.1.2　盆栽苗木蒸腾耗水研究进展

由于树木蒸腾耗水受多种环境条件的影响，而环境因子中光照强度、空气湿度、空气温度、风速、土壤湿度等又随季节、日周期和立地条件而变化，树木耗水性和蒸腾耗水量必然因时、因地而变化。因此，要比较野外不同生境下树木的耗水性往往是很困难的。为了找到一个相同的环境平台，许多学者使用盆栽试验方法(张建国，1993；康绍忠，1993、1994；李吉跃，1993、1995、1997、2000、2002；滕文元，1993；李银芳，1994；关义新，1995；刘昌明，1997；郭连生，1999；郭庆荣，1999；翟洪波，2000、2002、2003；孙鹏森，2001；周平，2002；王华田，2002；刘晓燕，2003、2004；招礼军，2003；蔡志全，2004；王得祥，2004；王继强，2005；康博文，2005；孟凡荣，2005)。在盆栽过程中，可人为地调控环境因子，如浇水、光照等，盆栽试验究竟在多大程度上反映树木的耗水特性没有人研究过，但通过盆栽试验对比不同树种之间的水分生理特征应该是有意义的，因为在盆栽的测定中，并没有破坏苗木，而是在苗木上直接测定，因而比真正的离体测定更为准确(Loustau，1993；张劲松，2001)。在城市园林树木的耗水研究中，盆栽试验意义更大，因为在城市园林绿地中灌木和小乔木占相当大的比例。盆栽试验通常分为充分供水和控水两种处理，主要观测内容有苗木的蒸腾耗水规律及与气象因子和 SPAC(Soil－Plant－Atmosphere Continuum)水势的关系，用以评价树木的耗水量和耐旱性(David，1993)。虽然各个学者研究的侧重点有所不同，但得出的结论大同小异，其中在北京的环境条件完成的比较有代表性的试验如下：

孙鹏森(2001)对北京水源保护林的主要树种苗木进行了盆栽控水试验。结果发现：在水分充足条件下，日平均蒸腾速率的大小排序为刺槐、火炬树、黄栌、白皮松、侧柏、元宝枫、油松、樟子松。多数树种蒸腾最高值在 7～8 月份出现，不同月份各树种蒸腾速率的排序变化很大。因此对树种之间耗水的比较，应当按月份进行。在干旱胁迫条件下，土壤含水量是影响蒸腾水平的重要因子，在一定的临界含水量以上，蒸腾速率之间的变化不大，而在临界含水量至植物永久凋萎含水量之间，蒸腾速率有较大幅度的降低。孙鹏森利用快速称重的方法测定苗木的实际耗水量，结果表明，正常水分状况下，晴朗天气元宝枫、侧柏、油松、白皮松、刺槐的耗水能力较大，黄栌、樟子松、火炬树、栓皮栎等耗水相对较小。环境因子与蒸腾作用的相关性方面，阔叶树种大于针叶树种，说明阔叶树种的蒸腾作用对环境因子的响应快，变化明显。

王华田(2002)等通过苗木的盆栽控水研究，试图找出不同树种蒸腾耗水性的差异，将北京市水源保护林主要树种分为耗水类和节水类，并进一步分为高水湿耗水、高水湿节水、低水湿耗水、低水湿节水4个亚类，有的树种同时具有不同的耗水特征。盆栽条件下12个树种中，毛樱桃、扁担杆子、荆条和构树兼具高水湿耗水和低水湿耗水的特性，元宝枫、刺槐、山桃和栾树同时兼具高水湿节水和低水湿节水特性，辽东栎、火炬树、白蜡和臭椿耗水特性介于上述两类树种之间。

周平等(2002)研究了北方9个野外造林树种苗木的蒸腾特性，结果表明油松和侧柏是耗水较少树种，枸杞和毛白杨是耗水较多的树种，其他树种的耗水居中。9个树种中针叶树的蒸腾速率小于阔叶树种，针叶树中油松的蒸腾速率略小于侧柏的蒸腾速率，阔叶树种毛白杨和枸杞的蒸腾速率较大，其他的树种次之。在土壤供水充分的条件下，影响蒸腾强弱的环境因子主要是气象因子，蒸腾速率日变化主要受光照强度的影响，但各树种的最适光强并不相同，因而并非都在光强达到最大时，蒸腾速率也最大。日耗水量在不同的天气情况下差异较大，不同树种蒸腾耗水量在晴天最大，阴雨天最小，阴天耗水量为晴天的64%~86%，阴雨天的耗水量仅为晴天的46%~73%。

盆栽试验创造了一种理想状态下的蒸发模式，蒸腾速率是作为树种苗木一部分器官的特性，在说明树种耗水特性方面尚嫌不足。该结果应用到野外条件，进行耗水量评估还存在很大差距。但毫无疑问，盆栽试验对于低耗水树种的选择有着重要的指导意义，蒸腾速率和快速称重法测定的耗水率排序是树种选择的重要依据。通过研究苗木的耗水特性和蒸腾耗水量，为在水量有限的情况下，选择蒸腾耗水量较低的树种并进行结构优化配置提供了依据。

1.1.1.3 树干液流动态和蒸腾耗水研究进展

刘奉觉等(1993)利用热脉冲技术研究了杨树树干液流的动态变化，李海涛和陈灵芝(1997)最早引进茎流计测定树干边材液流传输速率，孙鹏森和马履一等人(2000)利用这一技术研究了北京水源保护林主要树种树干边材液流传输的时空变化规律，之后，马履一和王华田(2001)利用热扩散式茎流计研究了树木边材液流速率和蒸腾耗水性。到目前为止，国内研究涉及的树种主要有：油松和侧柏(马履一，2000；王华田，2001~2004；徐军亮，2003；翟洪波，2002、2004)、油松和刺槐(孙鹏森，2000~2002)、辽东栎(曹文强，2004)、小美旱杨(高岩，2001)、元宝枫(顾振瑜，1999；翟洪波，2002、2003；王瑞辉，2006)、棘皮桦和五角枫(李海涛，1998)、马尾松、栓皮栎(鲁小珍，2001)、山杨(马长明，2005)、油松、刺槐(马李一，2001)、马占相思(马玲和肖以华，2005)、苹果树(孟平，2005)、白桦、樟子松和落叶松(孙慧珍，2002、2004、2005；吴丽萍，2003)、紫叶李和悬铃木(王瑞辉，2006)、核桃楸(严昌荣，1999)、桉树(尹光彩，2003)、火炬松(虞沐奎，2003)、梭梭(张小由，2004)、胡杨(张小由，2004)、尾叶桉(张宁南，2003)等。国外的研究主要集中在热带雨林(Meinzer，1993、1995、1997；Granier，1996；Goldstein，1998；Hiromi & Sarawak，1999)，涉及的树种主要有：栎树 *Quercus* spp.（Granier，1994；Bréda and Raschi，1995；Cochard，1996；Tognetti，1996)、白蜡 *Ash* spp.（Dunin，1993；Vertessy，1997)、桉树 *Eucalyptus* spp.（Calder，1986；Dye，1992、1993；Barrett &Hatton，1995；Kallarackal，1997；Kalma，1998)、云杉 *Picea abies*(Cermak，1987)、蒿柳 *Salix viminalis*

(Cienciala & Lindroth, 1995; Stan, 2001)、辐射松 *Pinus radiata* (Hatton, 1990; Dewar, 1997; Miller&Morris, 1998;)、冷杉 *Douglas - fir*(Fristchen, 1973; Granier, 1987; Barbara, 2001)、杂交杨 *Populus hybridum*(Hincklcy, 1994)、银荆树 *Acacia dealbata*(Hunt, 1998)、海岸松 *Pinus pinaster*(Loustau, 1996)、落羽杉 *Taxodium distichum*(Oren, 1999)、山核桃 *Carya cathayensis*(Steinberg, 1990)等。研究的内容多数是树干液流的时空变异规律及与环境因子的相互关系，树干液流与叶片蒸腾、SPAC 水势、边材面积、叶面积的关系等。上述试验中，在北京的环境条件下完成的比较有代表性的研究成果有：

孙鹏森(2001)、王华田(2002)对油松、侧柏、栓皮栎的树木边材液流进行了观测，发现液流波动节律滞后于太阳辐射和空气温湿度，但周期相同。边材液流启动时间早晚、液流峰上升的陡度和高度、边材液流下降的进程和进入低谷的时间因树种、树干径阶和高度、天气状况和季节等的变化而异。

马履一等(2002)研究了油松边材液流时空变异规律及影响因素，认为油松边材液流速率与环境因子密切相关。春季，边材液流速率随着土壤与大气干旱胁迫的加剧而日渐降低，严重缺水时边材液流速率的日变化由正常状态的“早晨启动 - 中午前后出现峰值 - 峰值后下降 - 夜间进入低谷”转变为“傍晚启动 - 凌晨出现峰值 - 峰值后下降 - 下午进入低谷”，也就是说，随着干旱胁迫程度的加剧，边材液流峰值逐渐提前，而同时峰值越来越小，单株日液流通量(日耗水量)逐日降低。说明在此期间树体已处于严重的水分胁迫之下，土壤的严重缺水导致根系不但在白天吸水满足不了叶片蒸腾的需要，甚至夜间所吸收储备的水分，在日出后很快被蒸腾消耗掉。空气温、湿度和土壤温、湿度是决定油松边材液流速率的关键因子，以此为变量建立多元回归模型，能够较好地预测边材液流速率，进而预测单木乃至群体的蒸腾耗水量。马履一(2003)利用 TDP 对北京西山地区主要绿化树种的蒸腾耗水量进行了对比试验，结果显示：油松的液流通量显著大于侧柏，刺槐、栾树、臭椿、君迁子 4 个树种中栾树单木耗水速率最高，其次是臭椿，侧柏和君迁子最低。

1.1.1.4 国内外研究的不足

目前，国内外对林木耗水性的研究虽然取得了很大成绩，但也存在许多明显的不足。一是系统性不够，测定时间短，缺乏从同一树种的苗木、单木大树到林分的足够时间跨度的系统研究。二是对城市环境下园林树木的耗水研究还是空白。以往的耗水研究基本上都是针对大面积的森林和林木，对城市树木的研究很少，而城市树木在树种类型、配置方式、环境条件和养护管理等方面与大面积森林存在很大差异。随着我国城市化的飞速发展，生态城市建设步伐的加快，城市树木的耗水问题受到越来越多的关注。相比于大面积森林，城市绿地处在高度集约管理条件下，有利于将耗水研究的成果应用于树种选择、结构配置和养护管理之中，但城市树木种类繁多，环境复杂多变，将给研究工作带来一定的困难。三是以往的研究侧重于不同树种耗水性的比较，主要是为低耗水树种选择服务，而对树种在一定时空的实际耗水量和潜在耗水量的研究不足。四是在应用研究方面很欠缺，例如如何根据树木的耗水规律和实际耗水量制定合理的水分管理制度等。

1.1.2 国内外节水灌溉研究进展

1.1.2.1 节水灌溉在农业上的研究进展

节水灌溉是农业可持续发展的一个世界性问题，目前，我国的节水灌溉技术主要应用于农业领域，特别是粮食生产领域。它从20世纪五六十年代开始萌芽，真正被人们所重视并大面积推广则是80年代以后的事。因此，我国节水灌溉技术与世界先进水平比较还有一定差距。突出表现为：目前灌溉水的利用率只有40%～50%，而某些发达国家的灌溉水利用率可达到80%～90%，我国每立方米水的生产效率也很低，平均每立方米水生产粮食约1kg，而一些发达国家一般都在2kg以上。因此，与国外先进技术相比，我国无论是在节水技术基础理论与应用技术理论研究方面还是在灌溉设备方面都有较大的差距。

建立节水灌溉制度是节水农业建设的重要任务，"节水灌溉制度"一词出现于正式文件的时间不长，目前还没有给出一个确切的定义，但一般认为"节水灌溉制度"比公认的、已经纳入国家标准的"灌溉制度"更节水。灌溉制度是根据植物需水量和需水规律，在充分利用有效降水的条件下，经过分阶段水量平衡计算，并经大田试验验证确定的灌水定额、灌水时间和灌溉定额。植物的需水量是植物在一定气候、土壤和栽培技术条件下正常生长发育所必须消耗的水量。

在我国的传统农业中，灌溉制度建立在保证农田充分供水的基础上，以获得作物高产为目标，保证"及时足量"提供作物水分，作物需水量的分析、灌溉制度的制定和灌溉技术等都是按照这一供水准则建立的，可以将传统灌溉称作充分灌溉或全面灌溉。在水资源紧缺的条件下，为了最大限度地发挥水资源的经济效益，获得单产最高的供水准则被以获得单位水的生产效益最高的供水准则所取代。在这一供水准则的指导下，近年来，国内外已经开展了非充分灌溉条件下灌溉理论的研究和实践。根据当今世界和我国的水资源形势和持续发展农业要求看，可以预计，在水资源不足的国家或地区将把非充分灌溉或局部灌溉作为一种正常的灌溉行为替代。

非充分灌溉（NO－Full Irrigation）是在供水能力不能充分满足一定条件下的作物需水量时，按低于正常水平的供水量进行灌溉的方法。具体做法主要两种，一是将有限的灌溉用水安排在作物相对更敏感的时期，把有限水量用在"刀刃"上，20世纪80年代初期从我国北方许多地区开始的关键水试验就属于此；二是着眼于一个地区总体增产，舍弃部分单产量，追求总产量，我国北方广泛开展的限额灌溉试验（Limited Irrigation）就属于此。

20世纪70年代中期，国际上提出了一种新的灌溉方式，称为调亏灌溉（Regulated Defit Irrigation，即RDI），其基本原理是舍弃生物产量总量，追求经济产量（籽粒或果实）最高。它主要是根据作物的遗传和生态生理特性，在其生育期内的某些阶段（时期）人为地施加一定程度的水分胁迫（亏缺），调节其光合产物向不同组织器官的分配，调控地上和地下生长动态，促进生殖生长，控制营养生长，从而提高经济产量，舍弃有机合成物总量，达到节水高效，高产优质和增加灌溉面积的目的。调亏灌溉开辟了一条最佳调控水－土－植物－环境关系的有效途径，不失为一种更科学、更有效的新的灌水策略。这是目前国际上灌溉及其有关领域研究的一个热点，但国内尚属起步阶段，报告资料较少。

近年来，作物蒸腾的化学调控受到许多学者的关注，植物吸收的水分中有90%以上是由植株表面蒸腾作用消耗的，通过光合作用直接用于生长发育的水分还不到1%；无论是理论上的推论还是在实践中的探索，人们形成的共识是蒸腾过程不一定要消耗那么多水分，即作物存在奢侈蒸腾。因而降低蒸腾耗水是节水、防旱、抗旱的重要环节。作物蒸腾的化学控制的目的是：保持供应作物的水分不过度耗竭；改善作物的水分状况，不致使作物受水分胁迫的危害；不影响光合作用的物质积累；提高产量和水分利用效率。在抗蒸腾剂的研究上，我国河南生物研究所研制的“FA 抗旱剂 1 号”(即黄腐酸)对多种植物具有抑制蒸腾和节水抗旱效果显著。其他的抗蒸腾剂多数尚处于试验研究阶段。

1.1.2.2　节水灌溉在林业上的研究进展

节水林业主要包括节水灌溉造林和不灌溉节水造林，节水灌溉造林是在天然降水不能满足树木需要时，采用灌溉技术措施，从灌溉制度、造林地灌溉技术和灌溉管理等方面，力求尽可能地减少灌溉水量投入，以获得尽可能大的林业高产、优质和高效的产出；不灌溉节水造林是在无灌溉条件下，一方面根据土壤水量用补平衡原则进行造林，另一方面立足于开源节流，通过工程措施或栽培技术措施增加种植点的水分收入，减少支出。

在节水林业的技术体系方面，节水灌溉造林技术应包括节水灌溉制度制定(灌溉时间、灌溉次数和灌溉强度等)和节水灌溉方法(喷灌、滴灌等)的选择与应用等；不灌溉节水造林技术应包括适水选种造林技术(选择耗水量少、耐旱的树种)、简易工程技术(汇集径流水和露水、减少水土流失)、节水保墒技术(如林地覆盖等)、水肥耦合化学物质应用技术(保水剂、抗蒸腾剂等)等。但目前这些技术多数尚处于研究试验阶段，在生产上普遍应用的还不多。

与农业的节水灌溉相比，林业的节水灌溉显得相当落后，还没有构建起完整的节水灌溉的技术体系。目前，节水灌溉在短周期工业用材林、速生丰产林和经济林上有一定程度的应用，涉及的树种集中少数几种，如杨树、柳树、水杉、柳杉等。总体上讲，林业的节水灌溉大多属试验和示范性的，还没有得到大面积的普遍应用。

1.1.2.3　节水灌溉在园林上的研究进展

我国的园林节水灌溉是伴随着农业节水灌溉发展起来的，但是，几十年来主要是先进灌溉方法和集水技术的采用，如引进灌溉设备进行喷灌、滴灌和收集雨水、中水用于灌溉等。有的城市不惜花费巨资引进先进的灌溉设备，而在节水植物材料选择、结构配置和灌溉制度的优化上则长期被忽视，因而并未从根本上解决水资源浪费和绿地水分利用效率低下的问题。伴随着城市绿化建设的迅速发展，绿地面积的日益增加，园林用水量也逐年提高，城市有限的水资源更加紧缺，在一定程度上也阻碍了城市经济的发展。

目前，我国城市园林灌溉存在的主要问题如下：①城市园林用水体系不完善，水资源利用率低，我国城市园林绿地很多设有一定面积的水景，如喷泉、瀑布、人工湖等，这些人工造的水景，一般都独立于城市的天然水系，依靠城市自来水系统维持，每年需消耗大量的水资源。利用后的水也多直接排于下水道，而没有用于绿地浇灌或是补充到城市水系；②园林植物配置不合理，植物选择随意性强，林分结构单一，过分推崇草坪在园林中的应用。近年来，“草坪热”使城市绿地中草坪的比重逐年上升，乔、灌木的比重逐年下降，有的地方甚至出现挖树种草的现象，这不仅降低了绿地系统的生态效益，而且加大了城市园林的用水量。③灌溉设施简陋，方式落后，管理水平低下。目前，我国城市园林绿化大多以自来水为水源，灌溉大多以人工水管式灌溉为主，如用胶皮管和洒水车漫灌，而诸如喷灌、滴灌乃至地下滴灌等节水型灌溉方式，应用甚少。④节水灌溉制度建设落后，灌溉时间、灌溉强度和灌溉次数等事关节水和灌溉效果的一些至关重要的指标不是依据植物生理需求确定，而是凭经验判断，随意性很强。

以上诸多原因，造成了园林绿化中水资源的极大浪费，也加剧了城市水资源的匮乏。城市园林绿地作为城市生态系统中最积极的建设者，它的发展不应以水资源的高消耗为代价。因此，我国的园林绿化事业要更好地发展，就必须改变水的利用模式，使之从“耗水型园林”向“节水型园林”过渡，走持续、健康的发展道路。

西方发达国家的水资源拥有量远大于我国，但他们早就开始注意水资源的节约利用。从生产到生活各个方面，都体现了强烈的节水意识，在城市园林中尤其如此。美国城市园林绿地的发展，非常重视水资源的节约利用。他们通过各种宣传展览活动，来提高市民的节水意识，如达拉斯城市水资源利用协会每年举行的节水公园旅游、洛杉矶水电局支持的节水公园旅游等。同时，管理部门还向公众展示各种先进的节水技术和设备，并提供各种适宜当地的耐旱植物资料，主要园林植物各生长发育阶段的耗水量指标都可以在管理部门的网站上查询，以帮助人们建立节水型景观、制定节水方案，以节约灌溉用水。另外，美国在许多州的社区绿化中，都广泛推行“耐旱风景”。一片耐旱的园林绿地，一般可节水30%～80%，还可相应地减少化肥和农药的用量。因此，他们积极支持以这种方法作为节水和改进城区环境的措施，从根本上减少城市园林对水资源的消耗。

1.2 本研究的目的和意义

1.2.1 城市园林绿地对改善城市生态环境的作用

以树木为主体的城市园林绿地是维持和改善城市生态环境重要的生物屏障，具有调节气候、减缓温室效应、提高空气湿度、降低噪音、吸附粉尘和其他有害大气成分等广泛的生态功能，同时还在改善城市景观、提供游憩空间和体现城市文化内涵等方面发挥着不可替代的作用(刘常富等，2003；冷平生，2004)。城市树木具有很好的吸热、遮荫和蒸腾水分的作用，可以有效地减轻城市的“热岛效应”。树木通过其叶片大量蒸腾水分，带走城市中大量的辐射热，降低城市表面的温度，同时提高城市大气的相对湿度(陈有民，1990)。据测定，夏季14:00树冠外比林荫下的温度高3～5℃；小片林地的地表温度比空旷地降低28%；树木覆盖率达30%时市区气温可降低8%，达40%时气温可降低10%，达50%时可降低气温13%。可见城市的绿化程度对城市气温有明显的影响。当城市的绿化覆盖率达50%时，夏季可降低气温4～6℃，基本上不会出现热岛效应。在空气相对湿度方面，林地上空的相对湿度比无林地高38%，公园的相对湿度比城市其他地方高27%。这也是炎热的夏天，人们漫步在城市的森林、公园或行道树下会感觉到凉爽的缘故。

以树木为主的绿地具有良好的地表覆盖、发达的植物根系及良好的土壤渗透体系。具有很好的涵养水源和保持水土的功能。首先，树木尤其是乔木的树冠浓密、宽广，能有效地吸纳大气中的降水；其次，树冠下的灌木、草本及枯落物层进一步截持林冠水，减轻了降水对地面的直接冲蚀，减少了地表径流；第三，绿地植被具有发达的根系，根系的更新在土壤中形成大量有利于水分渗透的非毛管孔隙，加之地上枯落物的分解使土壤结构改良，土壤的持水、透水性增强。大量的试验表明，结构良好的城市绿地，降水时很少或不产生地表径流，无林地则降水稍多就形成地表径流，易造成水土的流失(刘世荣等，1996)。

树木在拦蓄降水、涵蓄水源、减少地表水土流失、提高土壤蓄水和降水利用率等方面具有巨大的水文效益。但是，正如任何事物都具有正反两方面的作用一样，树木作为城市生态系统的生物有机体，在发挥自身巨大生态功能的同时，为了维持其正常的生存和更新，需要一定的水量以支持生态系统物质和能量的正常循环(马履一，1995；陈灵芝，1997)。Wullschleger(1998)综合了以往30年中有关树木单株耗水量的测定结果，发现单株日耗水量从法国东部栎林的10kg，到亚马孙雨林林冠上层木的1 180kg，35个属65个树种中的90%(平均树高21m)日耗水量在10～200kg。树木耗水在整个绿地水量平衡系统中占有相当大的比重，植物蒸腾耗水在水量平衡中所占的比例随着干燥系数的增大和单位面积绿量的增大而提高，有时甚至超过当年降水量(Pataki & Calder，1998)。

北京降水量少，水量平衡方程中地表径流和土壤入渗相对减少，植物蒸腾成为绿地主要的水分支出项。虽然未见到有关城市绿地水量平衡的研究报告，但从森林生态系统水量平衡的研究中可以看出植物耗水所占的份量(魏天兴，1999；吴文强，2002)。据杨海军(1993)研究，不同植被生态系统的蒸散耗水量，裸地地表蒸发占降水量的48.44%，草地蒸散量占降水量的66.22%，灌丛占88%～89%，油松和刺槐林分别占97.21%和100.96%，刺槐林的蒸散耗水已经超过了当年降水量(王孟本，1996；魏天兴，1998)。

1.2.2 北京城市园林绿地的用水量

要准确计算北京城市绿地的用水量是十分困难的，2003年魏彦昌测算，北京城区绿地年灌溉用水量为2.19亿m^3。2005年，北京开展了全市园林普查，从各地汇总的数据显示(表1-1)，至2005年底止，北京建成区(指城八区)园林绿地总面积为30 611.05 hm^2，年灌溉用水量为1.92亿m^3，2005年北京全年总用水量约为35亿m^3，绿地灌溉用水量占总用水量的5.5%。这些数字不一定很准确，实际的灌溉用水量可能更大，但从中可以看出北京城市绿地的灌溉用水总量是非常巨大的。

表1-1 北京市建成区(城八区)单位面积不同类型绿地年灌溉水量

绿地类型	建成区绿地面积(hm^2)	单位面积灌溉量(m^3/hm^2)	年灌溉水量(m^3)
公共绿地	7 803.46	7 401	57 753 408
单位附属绿地	6 832.84	10 404	71 088 867
居住区绿地	3 648.34	6 391.5	23 318 365
道路绿地	3 184.18	12 355.5	39 342 136
防护绿地	8 771.36	5 000	43 856 800
生产绿地	370.87	10 000	3 708 700
合计	30 611.05		191 502 776

1.2.3 北京市自然条件及水资源现状

北京市位于华北平原西北，西起 115°25′，东至 117°30′，南起北纬 39°28′，北至 41°05′，东西宽约 160 km，南北长约 176 km，总面积 16 800 km^2。北京地处山地与平原的过渡带，山地约占总面积的 62%。东北、北、西三面群山耸立，东南是平缓的倾斜平原。北部和东北部山区是燕山山脉军都山的一部分，西部山区为太行山的余脉，俗称北京西山。北京市境内有大小河流 60 多条，分属海河和潮白河、蓟运河两大流域的 5 大水系。永定河与潮白河是北京市两大主要水系。

北京气候属于暖温带半湿润半干旱季风气候。大陆度为 60.1，比纬度相近的纽约(大陆度为 40.5)大得多。年平均气温平原地区为 11 ~12℃，海拔 800m 以下山区为 7 ~10℃，高寒山区为 2 ~4℃。年极端最高气温一般在 35 ~43.5℃；年极端最低气温 -27.4 ~ -14℃。1 月平均气温平原为 -5 ~ -4℃，海拔 800m 以下山区为 -10 ~ -6℃。年降水量地区分布不均，山前迎风坡为 700 ~800mm，西北部和北部深山区少于 500 mm，平原及部分山区在 500 ~600mm。

北京的地理位置和地形决定了北京的气候特征：旱季漫长，旱情严重，旱灾连年发生；夏季降水集中且降水强度大，暴雨常造成山洪和泥石流发生。北京处于大陆干冷气团向南移动的通道上，每年 10 月到翌年 5 月几乎完全受来自西伯利亚的干冷气团控制，只有 6 ~9 月前后 3 个多月的时间受到海洋暖湿气团的影响，降水主要集中在夏季，7 ~ 8 月尤为集中。由于暖湿气团和干冷气流之间的势力消长和互相推移，导致降水年际变化大。丰水年和枯水年降水量相差悬殊，旱涝频繁。多年平均观测资料显示，北京雨季开始日期为 7 月 8 日，最早为 6 月 1 日，最晚为 8 月 19 日。雨季结束日期平均为 8 月 23 日，最早为 7 月 22 日，最晚为 9 月 26 日。雨季平均长度为 47 d，最长为 108 d，最短为 3 d。北京地区年降水绝对变率为 116 ~214mm，相对变率大部分地区在 20% 以上，80% 降水保证率仅 410mm。年平均降水强度为 7 ~9 mm/d，7 ~ 8 月的降水强度为 14 ~16 mm/d。

北京季节性气候变化特征明显，表现为春季气温回升快，日较差大，干旱少雨，气候干燥。3 ~5 月的降水量为 45 ~50mm，仅占全年 10% 左右，而蒸发量要占全年的 30% ~32%，有十年九春旱之说。夏季的显著特点是炎热多雨，7 月平均气温为 26℃；6 ~8 月降水量 400 ~600mm，约占全年的 75%，其中 7 ~ 8 月降水量占 65% 左右。秋季冷暖适宜，晴朗少雨，季节降水量占全年的 14%。冬季寒冷干燥，多风少雪，季节漫长，持续 5 个半月左右，各月平均气温均在 0 ℃以下；季节(12 月至翌年 2 月)降水量 10mm 左右，仅占全年的 2%。多年平均总辐射为 132.9 kW/cm^2。日照时数春季 779.6 h，冬季 595.5 h，全年为 2 780.2 h。无霜期 195 d 以上。0℃以上持续积温为 4 500 ~4 600℃。

北京市境内多年平均降水量 638.8mm，但年蒸发量 1 800 ~2 000mm，超过年降水量的 3 倍。随着气候的变暖，北京市降水量呈逐年减少的趋势，20 世纪 50 年代降水量为 810mm，60 年代为 584mm，70 年代为 589mm，80 年代为 548mm，90 年代为 499mm。

截至 2005 年，北京已连续 7 年干旱，水库蓄水入不敷出，地下水位持续下降，平原区地下水埋深已超过 20m。主要水源之一的密云水库蓄水 10 亿 m^3，仅能满足 1 年的城市供水。目前，北京市人均水资源量只有 300m^3，仅相当全国人均水平的 1/8，世界人均水平的 1/30，远远低于国际公认的人均 1 000m^3 的下限，属重度缺水地区，北京市已成为世界上最缺水的城市之一。目前北京市水资源开发利用已达到可供水资源的自然极限，缺水问题十分突出。随着北京城市化的飞速发展，其用水量成倍增加，北京市水资源匮乏与需水量增加的矛盾长期得不到缓解，水资源短缺，已成为影响和制约首都社会和经济发展的主要因素。

1.2.4 北京市园林绿化现状及发展目标

据北京市园林绿化局提供的资料，截至2007年底，北京市已完成如下绿化指标：

城镇绿地面积：40 216.1hm^2

城镇公共绿地总面积：10 986.5 hm^2

城镇绿化覆盖率：43%

人均绿地面积：48 m^2

人均公共绿地面积：12.6 m^2

实有树木：8 627.44 万株

实有草坪：121 42.68 万 m^2

从上面这些数字可以看出，北京已建立起庞大的绿地系统，随着经济的发展和人们生活水平的提高，北京的绿地面积还将大幅度增加，在水资源供需矛盾日趋尖锐的情况下，如何用较少的水资源养护好这些绿地，确保绿地发挥正常的生态、景观等多种有益作用，是园林绿地管理部门一个紧迫的课题。

1.2.5 植物耗水性及节水灌溉制度研究的意义

近年来，城市绿地耗水问题越来越多受到有关专家和学者的关注。北京是水资源严重短缺的城市。一方面，为了改善城市的生态环境需要建植大量绿地、栽种大量树木；另一方面，维持树木的正常生长需要消耗大量的水资源，加剧水资源供需矛盾。北京在推广和普及节水灌溉技术方面做了大量工作，每年从以色列、澳大利亚等国进口大量节水灌溉设备，虽取得了一定的成绩，但并未从根本上解决水资源浪费和绿地水分利用效率低下的问题。原因是未从源头上搞清楚植物的需水规律，即植物什么时候需水、需要多少水的问题，因为只有在了解植物耗水特性和需水规律的前提下，采取先进的灌溉技术进行有的放矢的灌溉，才能真正达到节水的目的。目前，我国在城市绿地水分管理中，在"按需灌溉"和"按时灌溉"两个关键问题上基本上凭经验行事，在这方面的研究也几乎处在空白状态。

本研究选择北京城市绿化的主要乔灌木树种和草本为研究对象，利用当今先进的仪器设备和试验方法，对所选植物的耗水性及相关环境因子进行长期多位点观测。通过研究，掌握植物蒸腾耗水和水分传输的时空变异规律及环境影响因子，建立起主要环境因子与蒸腾速率或乔木边材液流速率之间的关系模型并进行尺度扩展。同时，实测所选植物在各种环境条件和时间尺度下的实际耗水量，对树木的耗水能力作出评价。在此基础上，根据绿地分级养护的要求和绿地水分平衡原理，精确计算出各种典型绿地不同时间尺度下的耗水量、水分供求差额、灌溉起始时间、灌溉强度和灌溉次数，从而建立起一套完整的绿地节水灌溉制度。同时，根据不同树木的耗水能力和耗水规律，实现低耗水树种选择和节水型绿地植物的优化配置。

1.3 应用前景

研究成果的推广应用，将提高园林树种选择和配置的科学性，改变目前北京绿地水分管理的粗放经营模式，实现绿地水分的分级管理，实现从盲目灌溉到按时、按需、定量的有的放矢的灌溉的转变，从而大大提高绿地水分利用效率，节约宝贵的水资源，在一定程度上缓解北京水资源供求矛盾，具体应用前景如下：

(1) *在城市绿地节水植物材料选择和结构配置方面* 研究表明，不同植物的单位边材面积或单位叶面积的耗水量差异很大，相差达数十倍之多。同时，处于不同配置结构中的同一种植物，单位面积水分消耗量是不同的，因此，在城市绿化中，应该把低耗水和耐旱性作为植物材料选择的原则纳入考虑范围，按节水的要求进行绿地结构的优化配置，这对节约和充分利用有限的水资源具有重要意义。同时，也可通过改造更新逐步淘汰现有的高耗水植物，调整现有绿地的结构配置，使之符合节水的要求。

(2) *在城市绿地水分分级管理方面* 研究表明，在经受适度干旱时，植物的光合和蒸腾会减弱，但外貌上并不表现不可恢复的干旱症状，对观赏效果影响不大。因此，可根据不同地段绿地重要性的差异，有区别地对绿地水分进行分级管理，即对重点区域的绿地充分供水，对非重点区域的绿地使其适当干旱。可根据城市各个部位在政治、经济、文化和城市功能协调等方面对城市总体影响的差异，将城市绿地分为重点地段绿地、次重点地段绿地和一般地段绿地，相应采用特级、一级和二级管理。

(3) *在节水灌溉制度的建立方面* 可根据植物的生理需求，按时、按量供水，以克服传统灌溉制度的缺陷，提高水资源的使用效率。

(4) *在绿地水分管理的智能化和自动化方面* 由于气象科技的发展，目前我国中长期天气预报越来越准确，在掌握了植物蒸腾耗水规律并建立了植物耗水模型后，可根据当地的中长期天气预报，利用植物耗水模型预测各种绿地的需水量，进行旬、月灌溉制度的预先制订。同时，随着信息和自动控制技术的飞速发展，人们可以通过采集土壤和植物的水分信息(边材液流、导管空穴化等)实现绿地灌溉系统的智能化控制，做到最大限度地节约水资源，并大大解放生产力。

2

植物耗水研究及绿地节水灌溉的理论基础

2.1 植物耗水研究的理论基础

2.1.1 植物耗水的概念

植物耗水(Water Consumption)指的是植物根系吸收土壤中的水分并通过叶片蒸腾耗散的能力。根据研究尺度的不同分为植物个体耗水性(Tree Water Consumption)和林分群体耗水性(Forest Water Consumption)。植物个体耗水性指的是单位时间、单位树冠叶面积(或单位树冠投影面积、或单位树干边材面积)的蒸腾耗水量。林分群体耗水性指的是单位时间、单位面积林地的蒸散耗水量。树木通过叶片散失的水量是惊人的，一株100年生的水青冈，一个夏季通过蒸腾消耗的水分高达180 000kg(王沙生，1991)，植物根系吸收的水分，有99.8%以上消耗在蒸腾作用上。在城市园林绿化中，通常用不同大小、不同树种的树木(乔木)、灌木和草本组成各种类型的绿地，绿地中的树木多数呈分散种植或疏林状种植，就单株植物来说，仍然属于个体耗水范畴。因此，以城市绿地节水为目标的耗水性研究，着重应解决的是植物的个体耗水性问题。

2.1.2 植物耗水性的评价和比较

蒸腾耗水是植物与环境条件紧密相联的一个最基本的生理活动。大量研究表明，在一定的环境条件下，植物耗水量仅仅与树冠叶片面积和叶片蒸腾强度有关，是一个与遗传性状密切相关的指标，因此可以用于评价和比较植物之间的蒸腾耗水性(Becker，1996)。但如果环境条件不同，就失去了评价和比较的基础。影响植物蒸腾耗水的环境条件有土壤环境条件(主要是土壤水分)和大气环境条件(太阳辐射、空气温度、相对湿度、风速等)。

孙鹏森(2001)提出了潜在耗水量(Potential Water Consumption)的概念，认为在土壤水分充足情况下测得的植物耗水量为潜在耗水量，在任意土壤水分条件下测得的耗水量为现实耗水量。实际上植物的潜在耗水量并不是一个定值，而是因植物所处的生长发育阶段和大气环境而异。因此，要实现对植物耗水性的评价和比较，必须设置相同的环境平台。植物耗水评价和比较的环境平台包括2个层次：第1个层次是土壤水分条件，当限定土壤水分条件为充足含水量时，对植物耗水性的比较是当时大气环境下潜在蒸腾耗水的比较；当不限定土壤水分条件时，对植物耗水性的比较实际上是当时土壤和大气环境条件下现实耗水性的比较；而同时限定土壤条件和大气条件，即在土壤水分条件充足、大气环境条件一致的前提下，对植物潜在耗水性的比较才有意义，比较结果能够真正地体现植物耗水性的遗传特征，反映植物之间耗水性的差异。

基于上述分析，对于生长在野外不同生境下的植物，要评价和比较它们之间的耗水性大小是很困难的，因为无法创造一个相同的环境平台，但如果对立地条件比较一致的地段上的不同植物的耗水量进行同时测定，其结果还是具有可比性的，问题是相似立地条件地段上的植物种类不可能很多。要比较多种植物的耗水特性，通常的做法是进行盆栽试验。盆栽试验的优点是易于控制土壤环境和大气环境，缺点是盆栽试验使用的是苗木，苗木的耗水性能在多大程度代表大树的耗水性还有待检验，但对于灌木树种和草坪草这个问题就不那么突出了，好在城市绿化中灌木和草坪草被大量采用，因此，盆栽试验是比较灌木和草坪草耗水性的理想方法。另外，盆栽试验时植物的根系被限制在花盆里，如果水分供应充足，这种限制对蒸腾耗水的影响不大，但当土壤水分不足时，则可能比自然生长的植物更容易受到干旱胁迫的影响，克服这一缺陷的办法是尽量使用足够大的花盆。

2.1.3 植物耗水的环境影响因素

植物的蒸腾作用包括皮孔蒸腾、角质层蒸腾和气孔蒸腾三种形式。其中皮孔蒸腾非常微弱，约占总蒸腾量的0.1%，可忽略不计；成熟叶片的角质层蒸腾也很少，仅占总蒸腾量的3%~5%。气孔蒸腾是植物蒸腾的主要形式，占总蒸腾量的95%以上(王沙生，1991)。

气孔蒸腾的过程大致可分为两步，第一步是浸润在叶肉细胞壁上的水分蒸发到细胞间隙中，第二步是细胞间隙中的水气经过气孔扩散到大气中去。植物可通过气孔运动(张开或关闭)调节水气的扩散，气孔张开程度可用“气孔导度”表示，单位是 $molCO_2 \cdot m^{-2} \cdot s^{-1}$，表示单位时间单位叶面积气孔通过 CO_2 的体积。气孔运动又受许多环境因子的影响，其中影响气孔运动的主要环境因子有：

(1)光照　光照是引起气孔运动的主要环境因素，多数植物的气孔在光照下张开，在黑暗中关闭，气孔在清晨张开的过程大约需要1h，而关闭的过程则延续整个下午，逐渐地进行。

(2)空气温度　在0~30℃范围内，气孔张开的速率和张开度均随温度的增高而加大，但高温(30~35℃)会导致气孔关闭。

(3)空气湿度　气孔对空气湿度反应比较复杂，它往往通过与温度的协调作用对蒸腾产生影响，在同一温度下，蒸腾强度随大气相对湿度的提高而下降，当湿度相同时，随温度的升高蒸腾加强，当空气湿度过低不管其他环境因子如何都会引起气孔的关闭。

(4)土壤含水量　土壤含水量降低至植物吸水困难时，气孔开张度减小，含水量进一步下降时，引起气孔关闭，在土壤供水过多时，叶细胞的膨胀度普遍增大，保卫细胞受到周围表皮细胞的挤压而使气孔缩小甚至关闭。

(5)风速　风能带走气孔附近聚集的水气，增大叶内外的水气压梯度，从而加速蒸腾，但当风速过大时，植物为了避免水分过度散失而关闭气孔。

2.1.4 植物耗水的测定方法

植物耗水测定方法有多种，各有优缺点。从观测尺度看，基于器官水平的测定方法主要有叶室法和小枝快速称重法，其测定单元为小枝或叶片；基于单木整株水平蒸腾耗水的测定方法有整株容器称重法、茎流计法、同位素示踪法、染色法、大型蒸渗仪法等；基于林分群体水平的有水量平衡法、微气象法等；基于流域水平的有水量平衡法；基于区域水平的有遥感法、能量平衡法等。基于热扩散原理的茎流计法被认为是测定树木单株蒸腾耗水的有效方法（刘奉觉，1997；巨关升，1998、2000）。

茎流计的第一代仪器是由 Huber 于 1932 年设计并于 1937 年应用的热脉冲液流检测仪（Heat pulse recorder，HPVR），该仪器利用插入树干边材中的热电耦检测出埋设在其下部电阻丝所发出的热脉冲，利用“补偿原理”和“脉冲滞后效应”测定树干中液流运动产生的热传导现象，经过 Swanson 和 Whitfield 等人的系统工作，形成了第一代完备的树木边材液流检测系统。该系统考虑到边材液流传输的径向差异和液流探针对边材损伤所产生的误差，构建了适宜的模型，并编制了相应的拟合软件，利用数据采集器采集、存储脉冲信号，组成了配套的自动检测装置。由于该方法测定结果基于热电耦间距和探针深度，导致实际测量的操作误差对测量精度产生较大影响，而且操作困难，使用不便。刘奉觉、李海涛和陈灵芝、孙鹏森利用这种方法对部分树种的蒸腾耗水性的研究，取得了较好的效果。

热扩散边材液流探针（Thermal Dissipation Sap Flow Velocity Probe，TDP）测定树干边材液流速率的方法是在热脉冲液流检测仪的基础上发展起来的。该仪器的测量原理是，将同时内置有热电耦的一对探针（下部或上、下两个探针内置有线形电阻丝热源）插入具有水分传输功能的树干边材中，通过检测热电耦之间的温差，计算液流热耗散（液流携带的热量），建立温差与液流速率的关系，进而确定液流速率的大小。与热脉冲方法相比较，热扩散探针的一个突出特点是能够连续放热，实现连续或任意时间间隔液流速率的测定。另外，应用这种方法时，探针之间的距离和时间因素不会严重影响测量结果和精度，而且脉冲信号和数据读取同时进行，消除了热脉冲方法在脉冲信号和读数之间需要一个等待间隔期的不足。同样，热扩散液流探针可以与其他生态或气象因子传感器一起与数据采集器连接，利用专有的软件，可以实现树干边材液流的连续不间断测定，并绘制边材液流和环境因子波动曲线和相应的表格。Granier 等（1996）定义了一个无量刚参数 K 用于消除液流速率为零时的温差，并建立了 K 与实际液流速率 $V(\mathrm{cm \cdot s^{-1}})$ 的关系，进而利用被测木的边材面积 $A(\mathrm{cm^2})$ 计算被测木的边材液流通量 $Fs(\mathrm{l \cdot h^{-1}})$。

$$K_i = (\mathrm{d}t_{\max} - \mathrm{d}t_i)/\mathrm{d}t_i \tag{2-1}$$

$$V_i = 0.0119 \times 1.231\mathrm{K} \tag{2-2}$$

$$F_i = 3.6 \times A \times V_{\mathrm{i}} \tag{2-3}$$

其中，双热电耦温差 $\mathrm{d}t_i$ 由 TDP 探头所测定的电压信号除以常数 0.04 计算得出，边材面积 A 可以在试验结束后将被测木伐倒测定或利用生长锥测定。

2.1.5 植物耗水尺度扩展理论

由于在植物耗水性研究中所得出的耗水量的大小是以单位边材面积和单株（大树）或单位叶面积（苗木）为尺度单位的，研究的时间可能只是某一个时间段，研究的对象往往为某一特定大小的树木，而园林绿地水分管理一般以单位绿地面积为尺度，时间跨越整个生长季节，包含各种大小不同的树木和各种配置方式。因此，要将耗水研究的成果应用于生产实践，就必须进行尺度扩展，包括空间尺度扩展和时间尺度扩展（Jarvis，1986；Philips，1996、1997；孙鹏森，2001）。

树木耗水的空间尺度扩展就是将单株的水分测定结果推算到整个绿地或更大范围，1984

年，Denmead 首次提出“如何从树木到森林”的问题，Cermark（1987）、Hatton 和 Vertessy（1990、1992、1995）先后利用液流量与树干基部面积（Basal Area）和单木占地面积（Ground Area Occupied by Each Tree）之间的关系推算林分耗水量，但未取得满意的结果。1993 年，Thorburn 等人利用边材面积与液流之间的关系进行推算，获得了较为可信的结果。1995 年，Thomas J. Hatton 认为，叶面积是实现单木到林分耗水尺度转换最为可信的变量，并且提出了自己的非线性关系的理论模型来反应液流量和叶面积的关系（Lindroth，1993）。王华田利用 Richards 模型对单木耗水进行模拟，将单木累计耗水量沿径阶展开，得到栓皮栎人工林林分径阶累计耗水量随时间变化的三维曲面方程，实现了单木耗水到林分耗水的尺度扩展：

$$W_{d_i t_j} = (-7.1474 + 1.174115^{d_i}) \times (1 - (-3\,025.937 + d_i^{2.17483}) \cdot e^{(-0.01103\, t_j)})^{\frac{1}{1-d_i^{0.24163}}} \tag{2-4}$$

式中：d_i 为林分径阶范围内任一单株直径，t_j 为时间，$W_{d_i t_j}$为直径 d_i 的单株在 t_j 时刻的累计耗水量，模型相关指数 0.985 8，拟合效果非常理想。根据标准地调查结果，每公顷混交林中栓皮栎日耗水总量 4 825.95 kg。根据试验地点年周期降水量和林分水量平衡各分量分配，计算相同树龄和立地条件栓皮栎纯林林地的理论承载密度为 1 243 株/hm^2；密度为 400 ~ 600 株/hm^2。

上述研究的目的都是将单木耗水量扩展到大片森林，在城市园林中，大多数树木都是单株种植，成行栽植的，株行距一般也比较大，成片栽植的，多数采用疏林的形式。因此，无需将单株耗水扩展到林分，只需将单株耗水扩展到不同径阶的单株即可。实现扩展的关键是找到一个容易调查的纯量，建立起该纯量与树木耗水量之间的关系模型，然后沿该纯量的值域展开。大量试验表明，当土壤含水量比较充足时，单株耗水量与叶面积呈线性相关关系（Hatton，1995），而叶面积与树干直径和边材面积是一组相互关系非常密切的纯量（Dunin，1986、1993；Vertessy，1995、1997）。叶面积和边材面积之间存在一种自我平衡，树干使得叶面积有充足的水分供应，叶面积反过来也影响树干横断面积，这种长期的相互牵连的平衡作用导致叶面积和边材面积之间的相互调整与适应，使得二者在树体中能够维持相似的水势梯度，这种关系对同一树种来说相对比较稳定，不随气候和立地条件的变化而变化（Tyree，1986、1997；Edwards，1984、1986、1997；Mencuccini 和 Granier，1989；Haydon，1993；Mencuccini，1995）。由于树干直径直接反应树体的大小，而且也是最容易观测的一个纯量，因此，本研究将尝试建立树干直径与耗水量的关系模型，通过模型实现不同径阶树木耗水量的预测。

灌木的蒸腾耗水量是使用天平称重测定的，测定结果以单位叶面积（m^2 或 cm^2）单位时间内蒸腾水分的质量表示。在城市园林绿化中，灌木常常以单株、丛植、绿篱和团块状密集种植等形式存在，如何把单位叶面积的耗水量扩展到不同种植形式的灌木群体的耗水量是实现灌木耗水尺度扩展的关键。由于过去人们关注的重点是森林的耗水，因此，灌木的耗水性研究很少，张建国等（1993）曾测定过黄栌、荆条等灌木的蒸腾耗水量，但目的是为了评价树种的耐旱性，不涉及尺度扩展问题。在城市绿地中，灌木被大量使用，本研究将尝试用绿面叶面积指数作为耗水量的转换尺度，在绿面设置一定数量的样方，通过点数样方内的叶片数量和实测单叶的面积，可以计算出绿面叶面积指数，只要灌木被种植成几何形状，测定绿面面积是很容易的，有了绿面面积和叶面积指数，就可以实现灌木耗水量的尺度扩展了。

相对于耗水的空间尺度扩展，时间尺度扩展方面的研究要少得多，在森林的水量平衡研究中，用相对短的时间研究树冠蒸腾是很普遍的，通常不超过一年时间，但随之而来的问题是，在较长的时期内或者在与测定时间不同的条件下，这些测定结果是否仍然适用。同样的问题，由短期内测定的数据得到的空间尺度变换规律是否能够令人放心地应用到另一时间阶段，对于这类问题只能依据植物生理和生态学方面的知识作出理论分析和判断，而不太可能进行试验验证，因为要在两个不同的时间里找到两个相同的环境条件是不可能的，环境条件不同就不具备可比性。要减少时间尺度扩展可能出现的误差，一是要及时更新试验数据和建立的各种模型，不能指望一次试验的数据能一劳永逸地使用下去，对于城市绿地更是如此，因为城市绿地处在高度人工化的环境里，植物生长不仅受到自然环境的影响，而且也受到许多人为活动的干扰，必须及时更新各种耗水性指标以适应变化了的环境；二是要尽量延长观测的时间，北京气候的特点是四季分明，气候的月变化、日变化和昼夜变化很大，以节水灌溉为目的的耗水性研究起码应包括不同的季节和不同的天气，才能取得比较满意的效果。

2.2 园林绿地节水灌溉的理论基础

2.2.1 实现绿地节水的几个途径

2.2.1.1 低耗水植物选择

研究表明，不同植物的耗水能力差异显著，这是由植物的遗传特性决定的。在北京，一株10年生的杨树在夏日的晴天1d可蒸腾掉约200kg水分，而同样条件下的侧柏只耗水12kg，植物间耗水能力的巨大差异为城市绿化低耗水植物选择提供了广阔的空间。植物蒸腾耗水具有一定的生态意义，如提高空气湿度、减缓热岛效应、增加负离子含量等，但必须在晴朗风小的天气里人体才能感觉得到，且其作用范围也是有限的，用如此高的水资源消耗去换取些许生态效果对于水资源短缺的城市来说显然是得不偿失的，但在城市的某些重点部位，如游人高度集中的公园，适当栽植一些蒸腾耗水能力强的植物，以提高空气舒适度，是一个可以选择的方案。在城市园林绿化中，植物材料的选择特别是乔木树种的选择是百年大计，人们不可能频繁地更换树种。过去在选择园林植物时，人们主要考虑适应性和观赏性等因素，几乎从未考虑过水资源的消耗问题，在水资源供需矛盾日益尖锐的今天，应该站在战略的高度来认识这个问题，从现在起就高瞻远瞩地选择低耗水植物并逐渐淘汰部分已栽的高耗水植物，从而达到减少水量支出的目的。

2.2.1.2 节水型绿地植物配置

园林绿地一定时间内的总耗水量不仅决定于组成绿地的植物个体的耗水量，而且与绿地的结构关系很大。处于不同配置结构中的同一种植物，单位面积水分消耗量是不同的。例如，单位面积疏林中的草坪的耗水量与纯草坪相比低30%左右，因为在复层结构的绿地内，空气湿度较大、温度较低、风速较小、光照较弱，林冠下的植物实际上处在半光照或全遮荫状况，绿地小环境有利于减弱植物的蒸腾速率，从而减少水分消耗。在绿地的总体生态效益方面，无数试验证明，复层结构绿地要大大优于单层绿地。由于园林绿地具有植物种类丰富、群落结构多样的特点。因此通过优化绿地结构配置实现绿地群体节水具有广阔的应用前景。

不同植物间不仅耗水能力差异巨大，而且耗水的季节变化也不同。如油松属春季耗水型，春季耗水显著大于夏季和秋季；栓皮栎属夏季耗水型，夏季耗水最多（王华田，2002）；北京丁香属秋季耗水型，秋季耗水量大于春季和夏季。这种差异体现了植物年周期生长进程和对环境水分利用策略的不同。根据混交林培育理论，当两树种对同一生态因子的要求存在差异时，种间关系表现为互利为主，当两树种对同一生态因子的要求都高时，种间关系以竞争为主（翟明普，1997；沈国舫，2001）。因此，在绿地植物配置时，如果将属于不同季节耗水型的植物搭配在一起，在缺水季节可以缓和不同植物对土壤水分的竞争，从而减轻水资源供需矛盾。

2.2.1.3 按时灌溉

所谓按时灌溉就是确保在植物需水的时候进行灌溉。如果在植物不需水的时间灌溉势必造成水资源浪费，如果在植物需水时没有及时灌溉则影响植物生长，降低景观效果。要做到这一点，必须通过耗水性研究掌握植物在不同土壤水势条件下的生理变化规律和外貌变化特征，在不对植物生长和景观造成长期不利影响的前提下，根据不同的绿地养护等级确定土壤水势的下限，在生产实践中，只需对土壤水势（含水量）进行监测，当水势（含水量）达到选定养护等级的下限时开始进行灌溉。在传统的绿地水分管理中，灌溉时间往往根据天气、植物外观特征或管理者的经验确定，具有很大的盲目性，虽然植物外观能够反映植物对水分的需求，但只有当植物受到严重的缺水伤害时才从外貌上表现出某些干旱特征（武维华，2003），如果每次都以此确定灌溉的起始时间，干旱伤害的积累势必导致植物生长不良，影响生态、景观等多种有益功能的发挥。

2.2.1.4 按量灌溉

所谓按量灌溉就是按植物对水分的需求量确定灌溉量，即确保每次灌溉的水量刚好使土壤水势从所选养护等级的下限提高到上限。因为，如果选择的是特级养护，浇得太多土壤含水量超过田间持水量变成了无效水，不仅浪费水资源，导致地表径流的发生或造成地面积水，而且也不利于植物的生长，降低植物的抗性；如果选择的养护等级较低（一级或二级），说明该处绿地所处位置的重要性较低，对绿地的生态、景观等方面的要求不高或植物比较耐旱，因而也不必浇得太多。灌溉量计算的另一个问题是，为了确保灌溉效果，每次灌溉都应保证植物主要根系的分布层土壤湿润，不同植物种类的主要根系分布层不同。灌溉量的具体计算很简单，根据已知的土壤特征参数可以算出将目标土层的水势从选定养护等级的水势下限提高到水势上限所需的水量。

2.2.1.5 绿地水分分级管理

任何植物都具有抗旱性，所谓抗旱性是指植物在一定的干旱条件下，不但能够生存，而且能维持正常的或接近正常的代谢水平以及维持基本正常的生长发育进程（武维华，2003）。

为了更好地理解植物的抗旱性，有必要分析一下土壤水分的有效性状况。当灌溉或降水使土壤水分饱和然后让多余的水分随重力流失后的土壤含水量叫田间持水量，当土壤含水量下降到一定程度，引起植物萎蔫且不能恢复，此时的含水量为永久凋萎含水量，在这两者之间的水分含量被称为土壤的有效水，但在土壤含水量从田间含水量下降至永久凋萎含水量的过程中，各阶段的土壤水分对植物的有效性是不同的(马履一，1995)。

通常用水势来衡量土壤中水的有效性，水的运动总是从高水势的地点转移到低水势的地点，植物从土壤中吸收水也可以认为是水从高水势的土壤向低水势的植物根系转移的过程。对于湿润的土壤，水势接近于零，当土壤变得干燥时水势就会下降。这是因为当土壤逐渐干燥时，水会附着在土壤颗粒的表面形成一薄层水层，由于土壤颗粒表面凹凸不平，水层的表面也是凹凸不平的，这种凹凸不平的表面会由于水的表面张力而产生很大的负压。例如当表面曲率半径为1μm时，可以产生-0.15MPa的压力，而当土壤非常干燥形成很小的水层表面曲率半径时，产生的压力可达-1~2MPa，当土壤水势下降到低于植物根系的水势时，植物就不能从土壤中吸水。

土壤中水的状况不仅决定土壤水势而且还和土壤中水的运动有关。水在土壤中主要以集流的形式沿水势梯度进行，当根从土壤吸收水时首先会吸收掉根表面与土壤接触部分的水，因而引起表面静水压的下降，这样就形成了根表面与附近土壤间的水势梯度。在田间含水量以下的一定范围内，土壤水分多，水势高，土壤颗粒间充满水并在其间形成彼此相通的微细管道，水会沿此压力梯度形成集流通过这些管道运动到根的表面，植物对水分的需求就会得到充分的满足。当土壤水分进一步减少时，水无法充满土壤颗粒间隙，土壤颗粒间的管道由于被空气充入而使水流中断，这时水只能沿土壤颗粒表面流动，速度变慢，水势急剧变小，土壤水分的有效性降低，植物开始遭受干旱胁迫。

当植物遭受干旱胁迫时，植物的光合作用降低，蒸腾作用减弱，干物质积累减少，但只要干旱胁迫不超过一定程度，植物的发芽、展叶、开花结果等生理活动正常进行，外表上也不会有明显的改变。当土壤含水量继续降低时，植物出现明显的干旱症状，如叶片变小、变黄、落叶、萎蔫直至永久凋萎。可见，在土壤含水量从田间含水量降至凋萎含水量的过程中，有两个含水量的临界值需要把握。一是土壤水分有效性降低，植物开始遭受干旱胁迫时的土壤含水量，可称为土壤水分的“有效性临界值”，高于此值，植物享受充分的水分供应，低于此值，植物开始经历干旱胁迫；二是土壤水分下降至影响植物正常生长、降低植物观赏性时的土壤含水量，可称为土壤含水量的“旱害临界值”，相应的土壤水势可叫“旱害临界水势”。就同一种土壤而言，旱害临界值与植物种类的关系不大，原因是不同植物能达到的旱害临界水势虽然不同，但相差不会超过1MPa，而在旱害临界值附近，含水量的微小变化都能引起水势值的大幅度增减。因此，对于栽培在同一种土壤上的不同植物，确定一个统一的旱害临界值是可行的(武维华，2003)。基于以上分析，在“旱害临界值”至田间含水量范围内，可对绿地实行水分分级管理，其中土壤水分“有效性临界值”至田间含水量为水分充足，确保水分充足的绿地养护等级为特级，在土壤水分“有效性临界值”至“旱害临界值”之间再划分两个养护等级，分别为轻度缺水和中度缺水，对应的等级为一级养护和二级养护(图2-1)。绿地养护包括灌溉、修剪、施肥、防冻等广泛内容，但在缺水地区，灌溉是其中的重点内容，也是养护成本中的主要支出项，因此可以用养护等级代替水分管理等级。

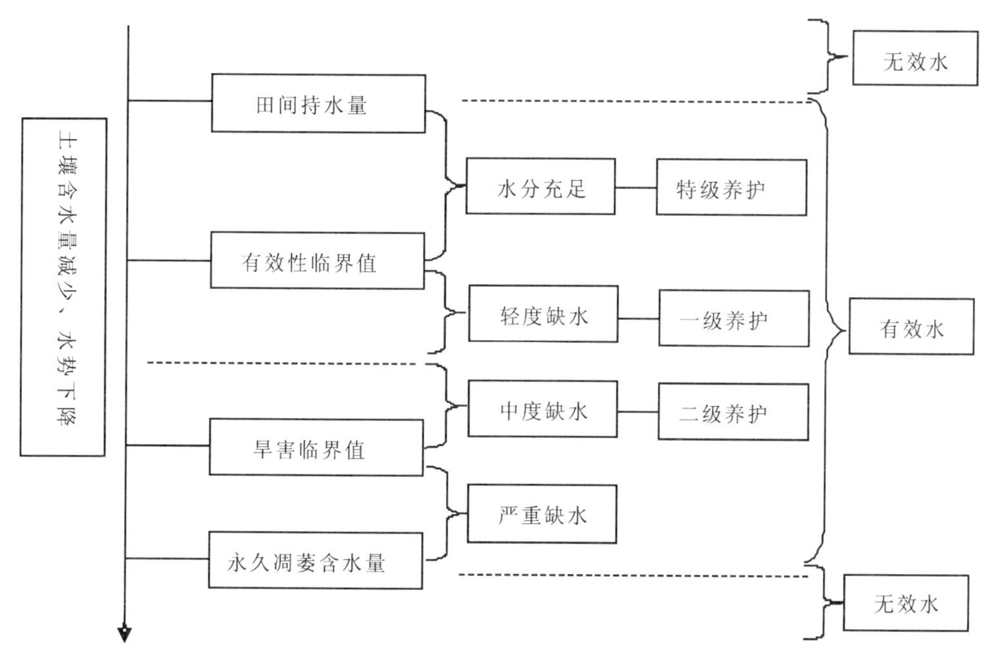

图 2-1　土壤水分有效性及绿地分级养护示意图

对绿地水分实现分级管理不仅具有充分的生理、生态学依据，而且也符合绿地集约管理的需要。在北京这样的大都市，建成区绿地面积已达 30 611hm^2，如果对所有绿地都进行充足供水，已日趋紧缺的水资源将更加不堪重负，即算水资源充分，要确保如此庞大的绿地充足供水，其人力、物力、财力的消耗也将是巨大的，在经济上是不划算的。城市中各个不同位置的绿地，在功能和作用上是与它所处地段的地位相联系的，而城市各个部位在政治、经济、文化和城市功能协调等方面对城市总体的影响是不同的，据此可将城市绿地分为重点地段绿地、次重点地段绿地和一般地段绿地，相应采用特级养护、一级养护和二级养护，至于具体地段的绿地应采取哪一级别的养护，应由园林绿化主管部门和绿地所有者根据绿地的功能作用、当地水资源供需状况等确定。对绿地进行分级养护无疑能节约大量的水资源。

2.2.1.6　节水灌溉方式的选择

当灌溉时间和灌溉量确定以后，如何将水送达至根系所在的土层是又一个需要解决的问题，传统上有漫灌、浇灌、喷灌和滴灌等多种方式，借助先进的设备可以进行微水喷灌、微水滴灌等。总之，灌溉方式的选择应保证水分均匀地浸透根系所在的土层，不发生跑水现象，否则浪费水资源，达不到灌溉的效果，由于这一问题超出本课题的研究范围，固在此不再赘述。

综上所述，在绿地节水的六条途径中，前五条都必须依托植物耗水性研究的成果。在耗水性研究中，通过创建相同的环境平台，对多种树木的耗水能力进行比较，从而为低耗水树种选择提供依据；通过不同时间尺度下树木耗水特性的观测，掌握树木的季节耗水规律，为节水型绿地植物配置奠定基础；通过水分控制试验，观测不同水分梯度下树木的生理和外观变化，从而确定绿地水分管理的等级标准；通过耗水性研究，还可以直接测定植物的耗水量，为准确计算绿地需水量铺平道路。

2.2.2 园林绿地节水灌溉制度的内涵

灌溉制度是在有限的供水条件下，以植物的水分利用效率为依据，以获得最大灌溉效益为目标，根据降水量和土壤含水量的变化动态以及灌溉的目标要求，在植物各生长阶段分配灌溉的可供水量(苏德荣，2002)。城市绿地节水灌溉制度包括：灌溉等级(养护等级)、灌溉定额(月度、年度灌溉的多少)、灌溉时间(即何时灌溉)、灌水次数以及灌溉强度(每次灌溉的量)等，各项指标的确定方法如下：

(1)*养护等级的确定*　通过烘干法和压力膜试验确定土壤的容重、田间持水量等特征值，并绘制土壤水分特征曲线，通过盆栽苗木的水分梯度试验确定土壤水分有效性临界值、旱害临界值和永久凋萎含水量，在此基础上划定各养护等级的土壤水势和含水量标准。

(2)*灌溉时间确定*　每次灌溉的起始时间为土壤水势(含水量)下降到选定养护等级的下限水势(含水量)的时间，通过对土壤水势(含水量)的动态监测确定。

(3)*灌溉量的确定*　先确定灌溉需要湿润土层的厚度，灌溉要保证植物主要根系分布土层的土壤湿润，一般草本植物主要根系分布深度为10cm土层、灌木30cm土层、乔木50cm土层，灌溉湿润土层的厚度可据此确定，每次灌溉的水量为使该土层的土壤从所选养护等级的水势(含水量)下限提高到该等级的水势(含水量)上限所需的水分。

(4)*灌溉次数的确定*　灌溉次数的确定必须先计算绿地水分供求差额，采用水量平衡法，其原理是，在一定的时间内，单位面积绿地上的土壤含水量应保持收支平衡，如果收入大于支出，表示土壤水分有余，不需灌溉，如果支出大于收入，说明土壤水分亏缺，应进行灌溉(孙景生，1999)。在自然状态下，绿地水分的唯一收入项是降雨，支出项有植物蒸腾耗水、土壤蒸发、树冠截留降雨和蒸发、降雨时的地表径流和水分在土壤中的深层渗漏所流失的水分等，当绿地中铺设了草坪时，土壤蒸发已经包含在草坪蒸散中，不需单独计算，如果绿地中没有草坪，则应计算土壤的蒸发量(张宪法，2000)。树冠截留降雨和蒸发一般只占很小的比例，可忽略不计，地表径流和深层渗漏一般发生在降水量大而集中的时候，按照北京的气候特点，大雨和暴雨多集中在7～8月份，而7～8月往往土壤水分的收入大于支出，不需灌溉，所以忽略这两项不会对绿地灌溉产生实质性影响，剩下要确定的就是植物的蒸腾耗水量，可通过耗水性试验加以解决。在确定了绿地水分的各个收支项以后，支出减去收入的余项就是绿地水分供求差额，月度供求差额除以单次灌溉量即为月度灌溉的次数，通过累加可得出季度和年度的灌溉总量和灌溉次数。

2.3 技术路线

本次试验以北京城市绿化主要树种为研究对象，以建立绿地节水灌溉制度为主要目标，通过对树干边材液流和相关环境因子的长期定位观测及盆栽苗木的多时段耗水性测定，掌握树木蒸腾耗水的时空变异规律，分析影响蒸腾耗水的主要因素，建立耗水的预测模型，依托尺度扩展理论推算不同时空尺度下树木的耗水量，进而构建出一套绿地节水灌溉制度，从而迈出绿地水分量化管理的第一步，达到节约水资源的研究目标。具体的技术路线如图2-2。

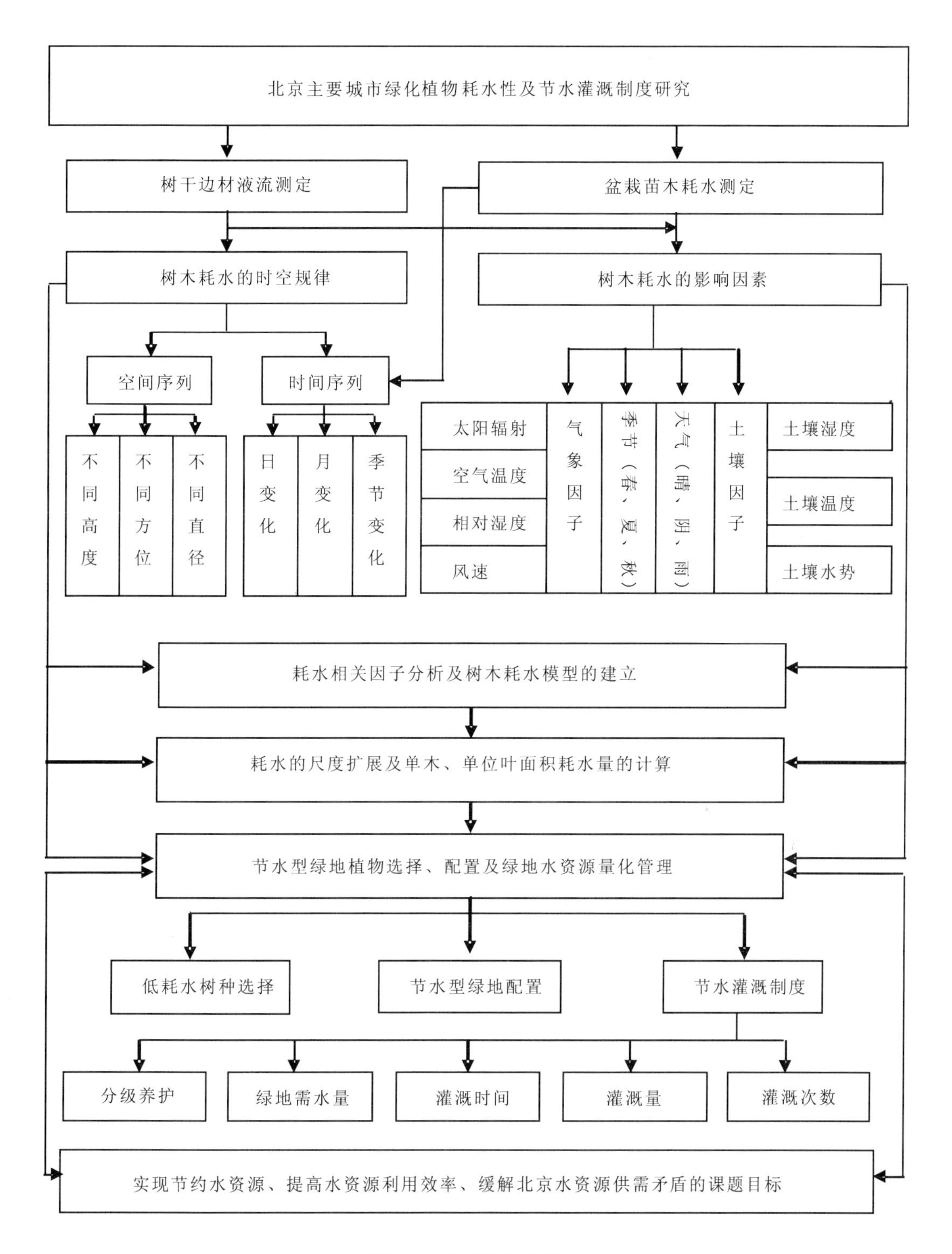
北京主要城市绿化植物耗水性及节水灌溉制度研究
树干边材液流测定
盆栽苗木耗水测定
树木耗水的时空规律
树木耗水的影响因素
空间序列
时间序列
不同高度
不同方位
不同直径
日变化
月变化
季节变化
太阳辐射
空气温度
相对湿度
风速
气象因子
季节（春、夏、秋）
天气（晴、阴、雨）
土壤因子
土壤湿度
土壤温度
土壤水势
耗水相关因子分析及树木耗水模型的建立
耗水的尺度扩展及单木、单位叶面积耗水量的计算
节水型绿地植物选择、配置及绿地水资源量化管理
低耗水树种选择
节水型绿地配置
节水灌溉制度
分级养护
绿地需水量
灌溉时间
灌溉量
灌溉次数
实现节约水资源、提高水资源利用效率、缓解北京水资源供需矛盾的课题目标

图 2-2　技术路线流程

3

试验点概况与试验设计

3.1 试验地点概况

本课题共设置两个试验点：

试验点1：北京市植物园试验点　主要用于树干液流和环境因子的长期定位观测。该试验点地处北京市西郊，海拔170m，土壤为山地褐土，土层厚度80cm以上，砂壤土、通气透水性较好，地面地势平坦，地上树木疏林状种植。

试验点2：北京林业大学校园试验点　主要进行苗木盆栽控水试验和树干液流的阶段性观测研究。北京林业大学位于北京市西北部，试验地地势平坦，海拔75m，表土层为褐土，厚35cm，表土以下为建筑渣土。地上树木疏林状种植，林下有草地早熟禾 *Poa pratensis* 覆盖。

两试验点的气候均属于暖温带半湿润大陆性季风气候型，年平均气温12.8℃，年有效积温4 500℃，无霜期150d，年降水量600mm左右，年蒸发量1 835.8mm。

3.2 试验材料的选择

试验材料从北京市地方标准“城市园林绿化常用植物材料”(DB11/T211－2003)中筛选，选择在北京城市绿化中常见树种油松、侧柏、元宝枫进行长期观测研究，这3个树种位于试验点1，1958年栽植，其他用于树干液流阶段性观测的树木位于试验点2，1960年栽植，部分样木为1991年移植的大树，参试苗木共15种，阔叶乔木、阔叶灌木和针叶树各5种，苗龄为2～4年生，均来自北京西山试验林场丹青苗圃，每种15个重复。树干液流测定样木基本情况见表3-1，供试苗木基本情况见表3-2。

表3-1　树干边材液流测定样木基本情况

树种	编号	部位(m)	径粗(cm)	树高(m)	树皮(cm)	心材(mm)	边材(mm)	边材面积(cm^2)
侧柏 *Platycladus orientalis*	1	1.3	15.6	9.7	0.3	5.05	2.45	96.55
		3.6	12.0		0.2	3.9	1.90	57.87
		4.6	10.6		0.2	3.43	1.67	44.73
		6.6	7.4		0.1	2.44	1.16	22.00
	2	1.3	8.2	7.1	0.1	2.71	1.29	27.18
	3	1.3	12.2	8.8	0.1	4.06	1.94	61.28

（续）

树种	编号	部位(m)	径粗(cm)	树高(m)	树皮(cm)	心材(mm)	边材(mm)	边材面积(cm^2)
侧柏 *Platycladus orientalis*	4	1.3	14.4	9.8	0.2	4.74	2.26	83.31
	5	1.3	18.8	10.1	0.3	6.16	2.94	140.87
油松 *Pinus tabulaeformis*	1	1.3	15.4	6.7	0.4	1.79	5.51	157.27
		3.6	12.2		0.3	1.42	4.38	99.30
		4.6	11.5		0.3	1.34	4.11	87.63
	2	1.3	10.0	5.2	0.3	1.15	3.55	65.21
	3	1.3	14.3	6.6	0.4	1.66	5.09	134.41
	4	1.3	17.6	7.8	0.5	2.04	6.26	203.25
	5	1.3	20.2	9.2	0.6	2.33	7.17	266.34
元宝枫 *Acer truncatum*	1	1.3	14.6	8.3	0.2	4.8	2.3	85.94
		3.6	12.2		0.1	4.06	1.94	61.28
		4.6	7.7		0.1	2.54	1.21	23.90
	2	1.3	8.8	6	0.1	1.65	2.52	46.05
	3	1.3	12.3	7.6	0.1	2.3	3.52	89.75
	4	1.3	15.7	8.6	0.2	2.94	4.49	146.21
	5	1.3	18.0	7.8	0.3	3.37	5.15	192.28
悬铃木 *Platanus hispanica*	1	1.3	16.3	12.2	0.2	2.7	5.2	173.08
紫叶李 *Prunus cerasifera*	1	1.3	19.2	7	0.4	5.7	3.5	163.75
北京桧 *Sabina chinensis*	1	1.3	9.9	4.3	0.2	1.25	3.1	65.94
碧桃 *Prunus persica* f. *duplex*	1	1.3	9.5	3	0.25	1.9	2.6	52.25
杜仲 *Eucommia ulmoides*	1	1.3	18.5	8.2	0.6	5.15	3.5	151.66
栾树 *Koelreuteria paniculata*	1	1.3	18.9	10.1	0.2	5.05	4.2	189.75
刺槐 *Robinia pseudoacacia*	1	1.3	7.3	8.5	0.1	1.05	2.6	38.37
	2	1.3	13.9	10	0.2	3.25	3.5	109.90
	3	1.3	21.3	10.8	1.1	6.9	2.2	110.53
槐树 *Sophora japonica*	1	1.3	15.6	6.9	0.9	4.4	2.5	88.71
白玉兰 *Magnolia denudata*	1	1.3	16.1	8	0.2	5.05	2.8	113.42
马褂木 *Liriodendron chinense*	1	1.3	19.7	10.2	0.2	4.29	5.36	202.19
银杏 *Ginkgo biloba*	1	1.3	15.6	8.6	0.3	3.4	4.1	140.33
	2	1.3	11.7	6.5	0.2	2.55	3.1	70.06

表 3-2　盆栽苗木基本情况

树种类别	树种	平均苗高(m)	平均地径/平均冠幅(cm)	苗龄(年)	叶数/小枝数	单叶/小枝面积(cm^2)	来源
阔叶乔木	北京丁香 *Syringa pekinensis*	1.55	1.03	4	317	5.28	丹青苗圃
	栾树 *Koelreuteria paniculata*	1.69	1.77	3	224	5.83	丹青苗圃
	元宝枫 *Acer truncatum*	1.92	1.42	3	132	14.43	丹青苗圃
	金丝柳 *Salix alba* ‘Tristis’	1.92	1.58	2	307	4.06	丹青苗圃

（续）

树种类别	树种	平均苗高（m）	平均地径/平均冠幅（cm）	苗龄（年）	叶数/小枝数	单叶/小枝面积（cm^2）	来源
阔叶乔木	西府海棠 *Malus micromalus*	1.88	2.04	4	59	14.85	丹青苗圃
	白玉兰 *Magnolia denudata*	1.05	1.45	3	13		丹青苗圃
	鹅掌楸 *Liriodendron chinense*	0.98	2.06	3	22		丹青苗圃
	刺槐 *Robinia pseudoacacia*	1.36	2.51	3	419		丹青苗圃
	槐树 *Sophora japonica*	4.03	3.35	3	275		丹青苗圃
	银杏 *Ginkgo biloba*	1.90	3.30	3	67		丹青苗圃
阔叶灌木	金叶女贞 *Ligustrum × vicaryi*	0.53	54*	4	1167	4.39	丹青苗圃
	大叶黄杨 *Euonymus japonicus*	0.62	35*	4	702	5.28	丹青苗圃
	小叶黄杨 *Buxus microphylla*	0.52	34.125	3	3234	2.63	丹青苗圃
	紫叶小檗 *Berberis thunbergii*	0.69	69.75	3	590	2.42	丹青苗圃
	榆叶梅 *Prunus triloba*	0.9	1.65	4	236	5.23	丹青苗圃
	棣棠 *Kerria japonica*	0.55	46*	4	91	9.1	丹青苗圃
	黄栌 *Cotinus coggygria*	1.4	1.61	4	163	24.1	丹青苗圃
	铺地柏 *Sabina procumbens*	0.53	74*	4	230**	34.4***	丹青苗圃
针叶树种	北京桧 *Sabina chinensis*	0.54	25*	4	93**	37.4***	丹青苗圃
	白皮松 *Pinus bungeana*	0.35	1.67	4	48**	81***	丹青苗圃
	油松 *Pinus tabulaeformis*	0.2	0.58	3	35**	3.75***	丹青苗圃
	侧柏 *Platycladus orientalis*	2.23	1.99	4	900**	7.51***	丹青苗圃

注：* 平均冠幅(cm)；** 小枝数；*** 小枝叶面积(cm^2)。

3.3 试验设计和试验方法

3.3.1 树干边材液流测定

按照试验要求选择一定规格的被测样木，要求树干通直圆满，树形匀称，不偏心，不偏冠，树冠与周边树木不重叠，分别不同的观测项目(长期观测、不同树干高度、不同方位、不同径阶)设置3株重复。其中，长期观测的兼做不同树干高度试验。实测样木的树高、胸径和探针安装处的直径。对于选定作为长期观测和不同树干高度试验的样木，探针安装部位为树干下位(高1.3m处)、中位(高3.6处)和上位(高4.6m处)(侧柏增加6.6m高度)。其他样木探针的安装高度为1.3m(碧桃为灌木，安装在主干1m处)；对于选定作为方位试验的样木，探针分别安装在树干东、南、西、北四个方位，其他样木的探针均安装在树干的南向。在选定的安装部位刮去树干的粗皮，用特定规格的钻头沿树干横切向垂直钻取直径1.2mm、深30mm的孔洞，插入TDP－30探针，用仪器附带的包装材料固定探针并进行密封包扎，将TDP的馈线与数采器(Data Logger)连接，进行树干液流的自动监测，数据采集间隔期为10min。对侧柏、油松、元宝枫进行全年连续观测，其他树种分别在春季(4月)、夏季(7月)、秋季(9月)各测定一次，每次6～9d。试验完成后，用生长锥实测探针安装处的边材和心材长度，计算边材面积。

在试验点1安装自动气象站，记录气温、风速、空气相对湿度、降水量、太阳辐射强度等指标，同时在树冠下挖掘土壤剖面，分别在四个不同深度(5cm、15cm、35cm、65 cm)埋设土壤温度传感器。将气象和土壤温度传感器与数采器连接，设置数据采集间隔期为10min，这样就实现了液流、气象和土壤温度数据的同步自动采集。

为了观测土壤水分的变化，在试验点1还必须再挖一个土壤剖面，先用环刀在15cm和35cm两个深度提取土样，两个重复，用于测定土壤基本特征和绘制土壤水分特征曲线(方法同盆栽)，然后埋设TDR系统(Time Dormain Reflectometry)，测定土壤的容积含水量，根据土壤水分特征曲线求算土壤水势。

边材液流数据处理：根据Grannier(1996)定义的公式$K=(dT\max-dT)/dT$计算无量刚参数K[其中dT是测定期间各测点TDP探头两个探针之间的瞬时温差(℃)，$dT\max$为测定期间的最高探针温差]。在此基础上，计算边材液流速率($cm \cdot s^{-1}$)：$V=0.0119K^{1.231}$。利用公式：$F_S=3.6A_S \cdot V$，计算边材液流通量[F_S为液流通量($cm^3 \cdot s^{-1}$)，A_S为测定部位树干边材面积(cm^2)]。

3.3.2 盆栽试验

3.3.2.1 试验布置

在苗圃中选择苗木，每树种12株，要求同一树种的苗木大小和株形基本相同。在起苗前先配制盆栽土，就近选择苗圃地肥沃的表层土，均匀搅拌后过筛。用于栽植苗木的花盆的直径为30cm、高25cm。于3月底将苗木起出栽于花盆中，浇足定根水，进行常规管理，确保苗木成活。观测时段为春季(5月15~31日)、夏季(7月10~25日)、秋季(9月8日至10月8日)。在春季开始观测前，用环刀提取花盆土壤，3个重复，用于观测土壤的容重、毛管孔隙等指标，并利用SEC广域压力膜仪(美国)绘制土壤水分特征曲线。观测时每树种6盆苗木，编号，其中3盆控水，3盆对照，在观测的前一天将所有参试苗木浇透水，控水的3盆以后不再浇水。为了防止土壤蒸发流失水分，用塑料薄膜将盆体严密包扎，确保苗木蒸腾耗水是土壤水分流失的唯一途径；对照的3盆苗木每天正常浇水，确保苗木水分的充分供应，不受干旱胁迫影响。从控水的第一天开始，每隔2~5d天观测1d，直到控水苗木出现永久凋萎。

3.3.2.2 苗木主要生理指标和环境因子的测定方法

在选定的观测日里，从早晨6:00开始，下午18:00结束，时间间隔为2h。主要观测指标为：

(1)光合速率、蒸腾速率和气象因子　所用仪器为Licor-6400，可同时测定苗木的蒸腾作用、光合作用、气孔导度、空气温度、空气湿度和太阳辐射，大气水势可通过公式3-1求算：

$$\psi_a = RT/V_W \cdot \ln(RH/100) \tag{3-1}$$

式中：ψ_a为大气水势(-Mpa)，R为气体常数($8.3145J \cdot mol^{-1} \cdot K^{-1}$)，$T$为绝对温度($273.15℃+t$)，$V_w$为水的偏摩尔体积($18.0cm^3 \cdot mol^{-1}$)，$RH$为空气相对湿度(%)。

(2)苗木耗水量　用称重法测定整株蒸腾耗水量，用 TG630 扭力天平(最大称量 30kg，精度 0.1g)。

(3)叶片水势、土壤水势和土壤含水量　使用露点水势仪(HR－33T Dew Point Micro－Voltmeter，Wescor，USA)的 C－52 型样品室测定叶片水势，同时，将控水花盆的包扎薄膜解开，用土壤水分速测仪(MPM－26)迅速测定土壤的容积含水量，测完后立即将塑料薄膜包好复原。根据土壤水分特征曲线，用土壤含水量的测定结果计算土壤水势。完成了一个观测期后，用铝盒提取控水花盆中的土壤，在实验室测定土壤含水量，求算花盆中的剩余水量。

3.3.2.3　叶面积测定

在每个季节控水试验开始后的 3d 之内测定叶面积，阔叶树种先用方格纸测定单叶面积，然后再点数叶片的数量，计算总叶面积，针叶树种先点数小枝的数量，再用剪刀剪取 3～5 个小枝(从对照花盆中剪取)，用立体扫描仪分别求算每个小枝的叶面积，求出小枝的平均叶面积，再算出控水花盆每盆的总叶面积和平均总叶面积。

3.3.3　草坪蒸散量和林下土壤蒸发量的测定

草坪蒸散量和林下土壤蒸发量利用自制的微型蒸散皿(Microlysimeter)测定。将横截面积为 47.716 cm^2 的 PVC 塑料管截成长度 18 cm 的圆筒 18 个，一端用胶带封口，在底部钻 3 个品字形小孔，以便浇水时水分能从蒸散皿中沥出，将直径略大的截成同等长度。分别在纯草坪、林下草坪(草坪上有稀疏的树木)和林下土壤中埋设蒸散皿，每处埋设 6 个，其中 3 个为水分充足(每天晚上浇透水)，另外 3 个为控水(第 1 次浇透水后不再浇水)。蒸散皿埋设的方法是：用刀片割取比 PVC 管略小的草皮，先将草坪下的土壤装入蒸散皿，再将草皮盖在上面，草皮应尽量多带土，草皮装入后面上与蒸散皿的上沿齐平，将口径略大的 PVC 圆筒装入土中，圆筒的上端与地面齐平，再将装好草皮的圆筒放入大的圆筒，林下土壤蒸散皿的安装方法相同，只是蒸散皿内没有草皮。观测时，使用精度 0.5 g 的野外电子天平，每 2h 称重一次，按照公式 3－2 计算林地蒸发速率。

$$Eva = (W_1 - W_2)/10A \cdot \Delta t \qquad (3-2)$$

其中 W_1 和 W_2 为 t_1 和 t_2 时间的总质量(g)，A 为蒸散皿内管的面积(cm^2)，Δt 为相邻两次称重的时间间隔(h)，Eva 为蒸发速率($g \cdot cm^{-2} \cdot h^{-1}$)。

3.3.4　土壤水分特征曲线

在固定样地 1 和盆栽苗木花盆中分别提取土样。在固定样地提取土样时，先挖土壤剖面，用环刀分别在 15cm、35cm 和 65cm 三个土层处取样，每层 3 个重复。盆栽的土样在春季开始蒸腾观测前提取，此时苗木已成活，花盆中的土壤已处于稳定状态，注意要有 3 个重复。将土样在实验室进行处理，测定土壤容重等特征值，并制成土粒，用 SEC 广域压力膜仪(美国)测定不同大气压力下的含水率，设置的压力梯度为 0.1bar、0.2bar、0.3bar、0.5bar、1.0bar、1.5bar、2.0bar、3.0bar、5.0bar、10.0 bar、15.0bar、20.0bar (1bar = 0.1MPa)，每一压力下的水分平衡时间为 2d，根据所得的实验数据，以土壤含水量(%)为因变量，土壤水势(－MPa)为自变量，利用 SPSS12.0(苏金明，2004)进行 11 种曲线类型模型的拟合，置信度为 95%。11 种曲线类型分别为线性函数型、二次多项式型、复合模型、生长模型、对数模型、3次多项式型、S形曲线型、指数模型、双曲线型、幂指函数型和逻辑模型，以相关系数 R 最大者为最佳模型。拟合结果两种土壤的水分特征曲线均为对数模型，绘制最佳模型的拟合曲线(土壤水分特征曲线)于图3-1。

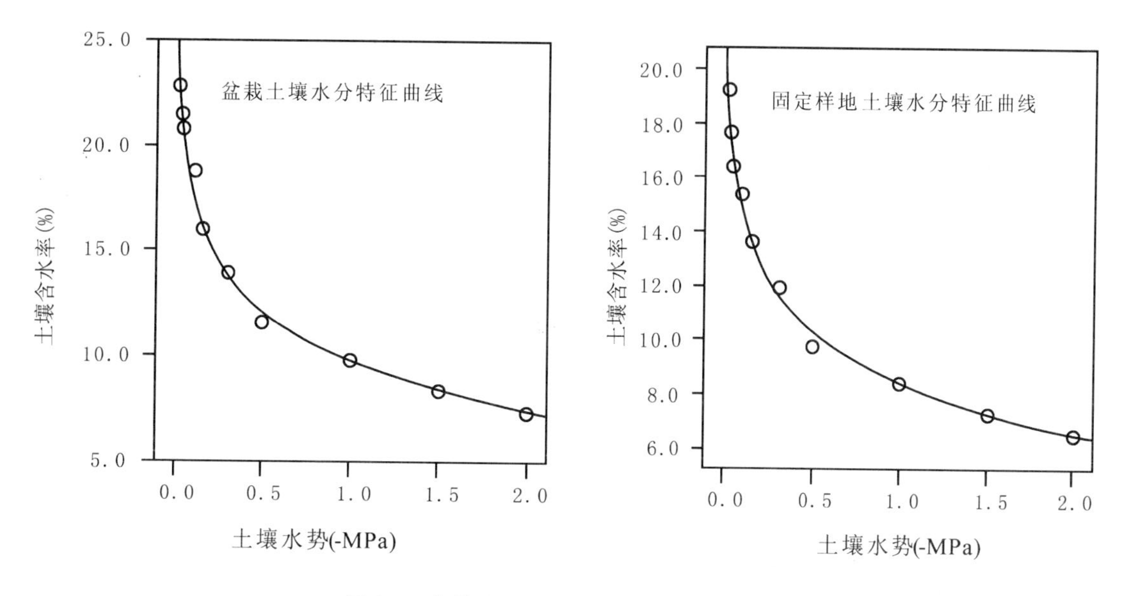

图3-1 盆栽和固定样地土壤水分特征曲线

盆栽苗木土壤水分特征曲线模型为：

$$W_s = 9.782 - 3.42\ln\Psi_s \quad R = 0.994 \tag{3-3}$$

$$\Psi_s = e^{\frac{9.782 - W_s}{3.42}} \tag{3-4}$$

固定样地1土壤水分特征曲线模型为：

$$W_s = 8.388 - 2.722\ln\Psi_s \quad R = 0.992 \tag{3-5}$$

$$\Psi_s = e^{\frac{8.388 - W_s}{2.722}} \tag{3-6}$$

式中：W_s 为土壤含水量(%)，Ψ_s 为土壤水势(-MPa)。

4

主要园林植物苗木耗水特性研究

选择北京城市绿化常见的24种园林植物，在盆栽控制条件下对植物的蒸腾耗水性进行研究，目的是创造相似的环境平台，比较不同植物的耗水能力和耗水规律，为低耗水植物选择、绿地植物优化配置和绿地灌溉制度的制订提供基本数据。

盆栽控制试验分水分充足和控水两种基本处理，水分充足试验的目的是为了观测植物在没有水分胁迫时的耗水能力和耗水规律以及与环境因子之间的关系；控水试验的目的是为了掌握不同树种对土壤干旱胁迫的反映，为绿地水分分级管理打下基础。

4.1 水分充足条件下盆栽植物的耗水规律

4.1.1 植物蒸腾的日变化规律

在水分充足条件下，在9月选择5个典型晴天(9月10日、13日、17日、18日、20日)用称重法测定苗木蒸腾的日变化，每天6:00～18:00，每2h测定一次。将5d测得的数值进行平均，将每盆的植物蒸腾量换算成单位叶面积(灌木)和单位绿地面积(草坪草)蒸腾量，绘制日变化曲线图(4-1)。

从图4-1可以看出，各植物的蒸腾都是早晚低、中午高，日变化曲线基本呈单峰形，与气温和太阳辐射等环境因子具有较好的生态学同步性，但不同植物峰形的宽窄起伏不完全相同，反映出不同植物的蒸腾作用对环境因子的反应存在差异性。在阔叶乔木中，栾树、白玉兰和金丝柳为典型的单峰型。栾树的蒸腾高峰期为10:00～12:00，白玉兰和金丝柳蒸腾的高峰期为12:00～14:00，其他阔叶乔木的峰形比较平缓，蒸腾的高峰期为10:00～14:00，阔叶乔木蒸腾峰值栾树最高，为427.8 $g\cdot m^{-2}$；银杏最小，为63.7 $g\cdot m^{-2}$。在针叶乔木中，北京桧、白皮松、油松和侧柏均为比较典型的单峰形，蒸腾高峰期为10:00～12:00。蒸腾峰值北京桧最大，为167.6 $g\cdot m^{-2}$，侧柏最小，为81.1 $g\cdot m^{-2}$。在灌木中，榆叶梅、紫叶小檗和铺地柏为典型的单峰形。榆叶梅和铺地柏蒸腾高峰期为10:00～12:00，紫叶小檗蒸腾的高峰期为12:00～14:00，其他灌木的峰形比较平缓，蒸腾的高峰期大叶黄杨为10:00～14:00，金叶女贞、小叶黄杨、棣棠和黄栌为10:00～16:00。蒸腾峰值榆叶梅最大，为436.0 $g\cdot m^{-2}$；黄栌最小，为57.6 $g\cdot m^{-2}$。在草坪草中草地早熟禾为典型的单峰形，蒸腾高峰期为12:00～14:00，峰值为2 064.8$g\cdot m^{-2}$。高羊茅的峰形平缓，蒸腾的高峰期为10:00～16:00，峰值为1 115.2$g\cdot m^{-2}$。

4.1.2 植物光合作用的日变化规律

光合作用具有与蒸腾作用相似的日变化趋势，在阔叶乔木中，北京丁香、栾树、元宝

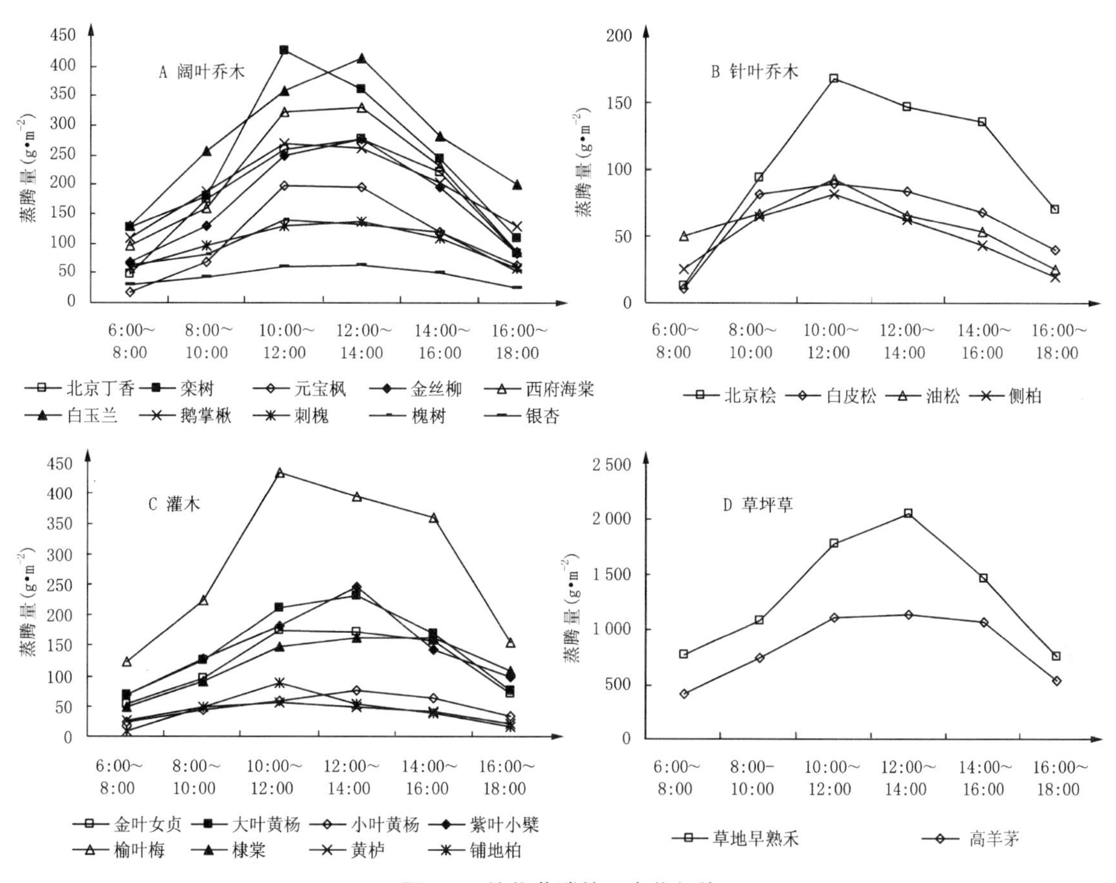

图 4-1 植物蒸腾的日变化规律

枫、金丝柳、西府海棠、刺槐和槐树为典型的单峰型，光合峰值出现时间元宝枫和刺槐为10:00，北京丁香、栾树、金丝柳、西府海棠为12:00，槐树为14:00。白玉兰、鹅掌楸和银杏为双峰型，在10:00和14:00出现峰值，在12:00左右出现暂缓期。光合峰值元宝枫最大，为9.4μmol · m^{-2} · s^{-1}，银杏最小，为4.3μmol · m^{-2} · s^{-1}；针叶乔木树种光合作用的日变化均为单峰型，峰值出现时间白皮松8:00、油松10:00、北京桧和侧柏14:00，光合峰值北京桧最大，为4.6μmol · m^{-2} · s^{-1}，白皮松最小，为1.9μmol · m^{-2} · s^{-1}；在灌木树种中，榆叶梅和小叶黄杨为典型单峰型，光合峰值出现时间分别为12:00和10:00，铺地柏和紫叶小檗的光合日变化不显著，在10:00~14:00光合强度略大于其他时间；其他灌木光合的峰形比较平缓，峰值出现时间金叶女贞和黄栌为10:00~14:00，大叶黄杨和棣棠为12:00~14:00。光合峰值黄栌最大，为6.3μmol · m^{-2} · s^{-1}；紫叶小檗最小，为1.4μmol · m^{-2} · s^{-1}(图4-2)。

4.1.3 植物水分利用效率的日变化规律

水分利用效率(WUE)是指植物在单位蒸腾耗水量下所积累的单位干物质量(武维华，2003)，通常用光合速率与蒸腾速率的比值来表示，单位是$\mu molCO_2/mmolH_2O$。其值越大说明植物能利用较少的水分生产较多的光合产物，植物对土壤水分的利用越经济。对于经济作物、用材林和经济林来说，一般以光合产物的最大化为经营目的，因而水分利用效率是一个

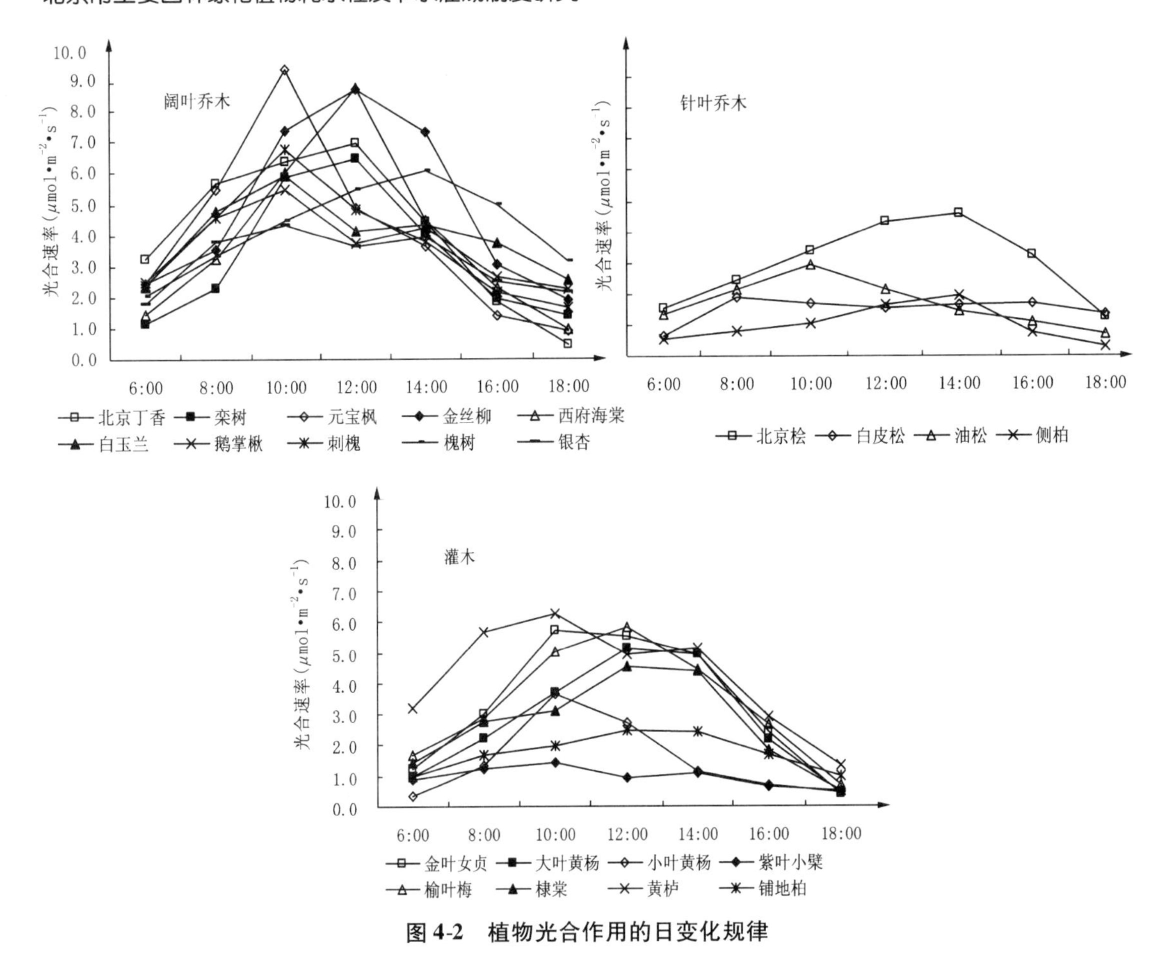

图 4-2　植物光合作用的日变化规律

很重要的指标。

对于园林植物，光合产量已经不是主要经营目的，但光合作用仍然是植物发挥多种生态效益的基础。例如光合作用决定植物释氧固碳的多少，而植物通过释氧固碳改善空气质量、减轻温室效应，光合作用还直接关系到植物绿量的大小，而绿量大小与植物的降噪、滞尘等作用息息相关。因此，对于园林植物水分利用效率仍然具有重要意义。

如图 4-3 所示，阔叶乔木的水分利用效率起步较低，8:00～10:00 出现最高值，然后持续下降，至 16:00 降至全天最低，然后又有所上升。元宝枫峰值最大，为 5.1μmolCO_2/mmolH_2O；刺槐最小，为 1.9μmolCO_2/mmolH_2O。水分利用效率日均值元宝枫最大，为 3.4μmolCO_2/mmolH_2O；刺槐最小，为 1.5μmolCO_2/mmolH_2O。针叶乔木树种水分利用效率的日变化起伏比较大，其中白皮松的水分利用效率远远高于其他 3 种针叶乔木，日均值白皮松 6.4μmolCO_2/mmolH_2O，北京桧 3.1μmolCO_2/mmolH_2O，侧柏 2.7μmolCO_2/mmolH_2O，油松 2.2μmolCO_2/mmolH_2O；灌木中，金叶女贞、大叶黄杨、小叶黄杨、棣棠和黄栌的水分利用效率日变化为单峰曲线，峰值出现时间金叶女贞和小叶黄杨为 10:00，大叶黄杨、棣棠和黄栌为 12:00，榆叶梅、紫叶小檗和铺地柏一天中变化比较平缓，水分利用效率日均值金叶女贞、小叶黄杨和黄栌较大，分别为 5.5μmolCO_2/mmolH_2O、5.4、5.5μmolCO_2/mmolH_2O，其他树种日均值较小，其中榆叶梅最小，为 2.2μmolCO_2/mmolH_2O。

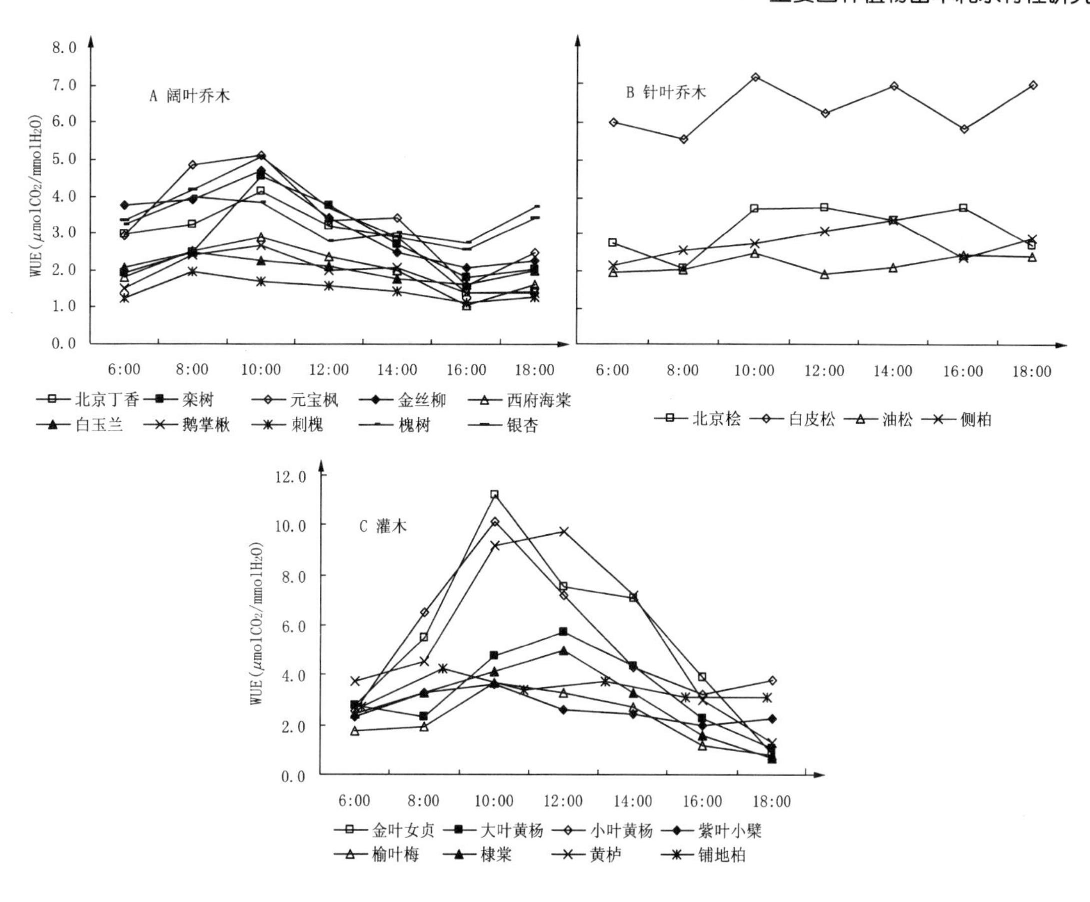

图 4-3 水分利用效率的日变化规律

4.1.4 植物不同季节和全年的耗水量

4.1.4.1 植物季节耗水型的划分

根据盆栽试验称重结果，可以计算出不同季节和全年日均耗水量(表 4-1)，其中，木本植物为单位叶面积的日耗水量(g·m^{-2})，草坪草为单位绿地面积的日耗水量(g·m^{-2})。

表 4-1 园林植物不同季节和全年日耗水量 g·m^{-2}

种类	树种	季节日平均耗水量			年日平均耗水量
		春季(4~5月)	夏季(6~8月)	秋季(9~10月)	
阔叶乔木	白玉兰	2577.5	1631.6	1642.3	1904.3
	栾树	1899.2	1911	1449.2	1753.1
	金丝柳	1727.9	2200.8	1000.8	1724
	鹅掌楸	2200.8	1179.1	1163	1465.7
	元宝枫	1916.5	1301	661.9	1294.3
	西府海棠	579.9	1255.2	1224.9	1020.1
	刺槐	1265.8	985.5	588.8	952.3
	槐树	831.4	1146.5	590.7	898.3
	银杏	792.3	847.2	268.2	666.5

（续）

种类	树种	季节日平均耗水量			年日平均耗水量
		春季(4～5月)	夏季(6～8月)	秋季(9～10月)	
灌木	北京丁香	325.3	611	1067.5	659.7
	榆叶梅	2147.5	2127	1696.9	2010.2
	紫叶小檗	1228.7	1045.3	870.6	1047.8
	棣棠	830.9	1120	723.4	924.6
	大叶黄杨	770.8	964	887.5	887.1
	金叶女贞	512.8	705	731	657.6
	铺地柏	370.3	629.6	263.7	451.4
	小叶黄杨	336.1	342.2	306.7	330.3
	黄栌	345	284.1	245.2	290.3
针叶乔木	油松	848	1099.2	350.7	814.2
	白皮松	551.7	904.8	367.8	651.1
	北京桧	464.1	698.1	623.3	610.1
	侧柏	582.2	654.8	293.7	531.2
草坪草	草地早熟禾	4350	7336.6	6754.9	6319.5
	高羊茅	4149.6	6685.4	5037.8	5492.9

从表4-1可以看到，同一种植物在不同季节的日耗水量差异很大，根据这种差异，可将不同植物的季节耗水特征分为5类(表4-2)。归类以标准差率为准，以耗水多的季节的日耗水量与全年平均日耗水量的差值占全年平均日耗水量的百分比为标准差率，标准差率大于20%的说明该季节的耗水量显著高于其他季节，计算公式为：

$$Z = \frac{100(W_{季节} - W_{平均})}{W_{平均}} \quad (4-1)$$

表4-2 植物的季节耗水型

季节耗水型	树种	Z值(%)	季节耗水特征
春季耗水型	鹅掌楸	50.1	春季耗水量显著大于夏季和秋季
	元宝枫	48.2	
	白玉兰	35.4	
	刺槐	32.9	
夏季耗水型	铺地柏	39.5	夏季的耗水量明显大于其他两季
	白皮松	39.0	
	油松	35.0	
	金叶女贞	32.9	
	大叶黄杨	29.5	
	金丝柳	27.7	
	银杏	27.1	
	侧柏	23.3	
	棣棠	21.1	

季节耗水型	树种	Z 值(%)	季节耗水特征
秋季耗水型	北京丁香	61.8	秋季耗水量远多于春季和夏季
夏秋耗水型	西府海棠	23.0，20.1	夏、秋两季耗水量显著多于春季
均衡耗水型	栾树 槐树 小叶黄杨 紫叶小檗 榆叶梅 黄栌 北京桧 草地早熟禾 高羊茅	<20	春、夏、秋三季的日耗水量差不多，没有哪一个季节的 Z 值大于 20%

公式 4－1 中 $W_{季节}$ 为季节日耗水量平均值，$W_{平均}$ 为年度日耗水量平均值，Z 为标准差率(%)。

植物蒸腾耗水的季节差异与植物的生长节律和水分利用策略有关。掌握植物季节耗水规律的意义在于指导绿地植物配置和灌溉，在同一绿地上，应尽量避免将相同季节耗水型的植物配置在一起，以免加剧水分竞争。在北京，春季降水量少，土壤比较缺水，因此尤其要避免将同为春季耗水型的植物配置在同一块绿地上，同时在灌溉次数和强度的掌握上应充分考虑植物耗水的季节差异。

4.1.4.2 植物蒸腾耗水能力评价

从表 4-1 还可以看到，22 个乔灌木树种年平均日耗水量为 907.7g · m^{-2}。其中榆叶梅最大，为 2 010.2 g · m^{-2}；黄栌最小，为 290.3 g · m^{-2}。黄栌、小叶黄杨和铺地柏为低耗水树种，年平均日耗水量低于 500g · m^{-2}。榆叶梅、白玉兰、栾树、金丝柳、鹅掌楸、元宝枫、紫叶小檗和西府海棠为高耗水树种，年平均日耗水量超过 1 000 g · m^{-2}。北京丁香、刺槐、槐树、银杏、金叶女贞、大叶黄杨、棣棠、北京桧、白皮松、油松和侧柏的耗水量中等，年平均日耗水量为 500～1 000 g · m^{-2}。

相同环境条件下植物耗水量的大小取决于遗传特性，主要与叶片气孔的结构和数目有关，比较一下榆叶梅和黄栌的叶片可以发现，榆叶梅叶片背面凹凸不平、输导脉络密、栅栏组织发达；而黄栌叶片背面光滑、输导脉络稀、栅栏组织不发达。根据植物生理学知识，前者具有较高的气孔频度(单位叶面积的气孔数目)，后者的气孔频度较低(武维华，2003)。

单位叶面积年平均日耗水量是表示植物耗水能力的重要指标，可以作为低耗水植物选择的标准之一。

4.1.5 植物耗水的影响因子

4.1.5.1 气孔导度的影响

气孔是植物蒸腾耗水的调节器，为了弄清它们之间的关系，在 9 月选择 5 个典型晴天(9

月 10、13、17、18、20 日）通过 Li－6400 同步观测蒸腾速率和气孔导度的日变化，计算 5d 的平均值，绘制图 4-4。

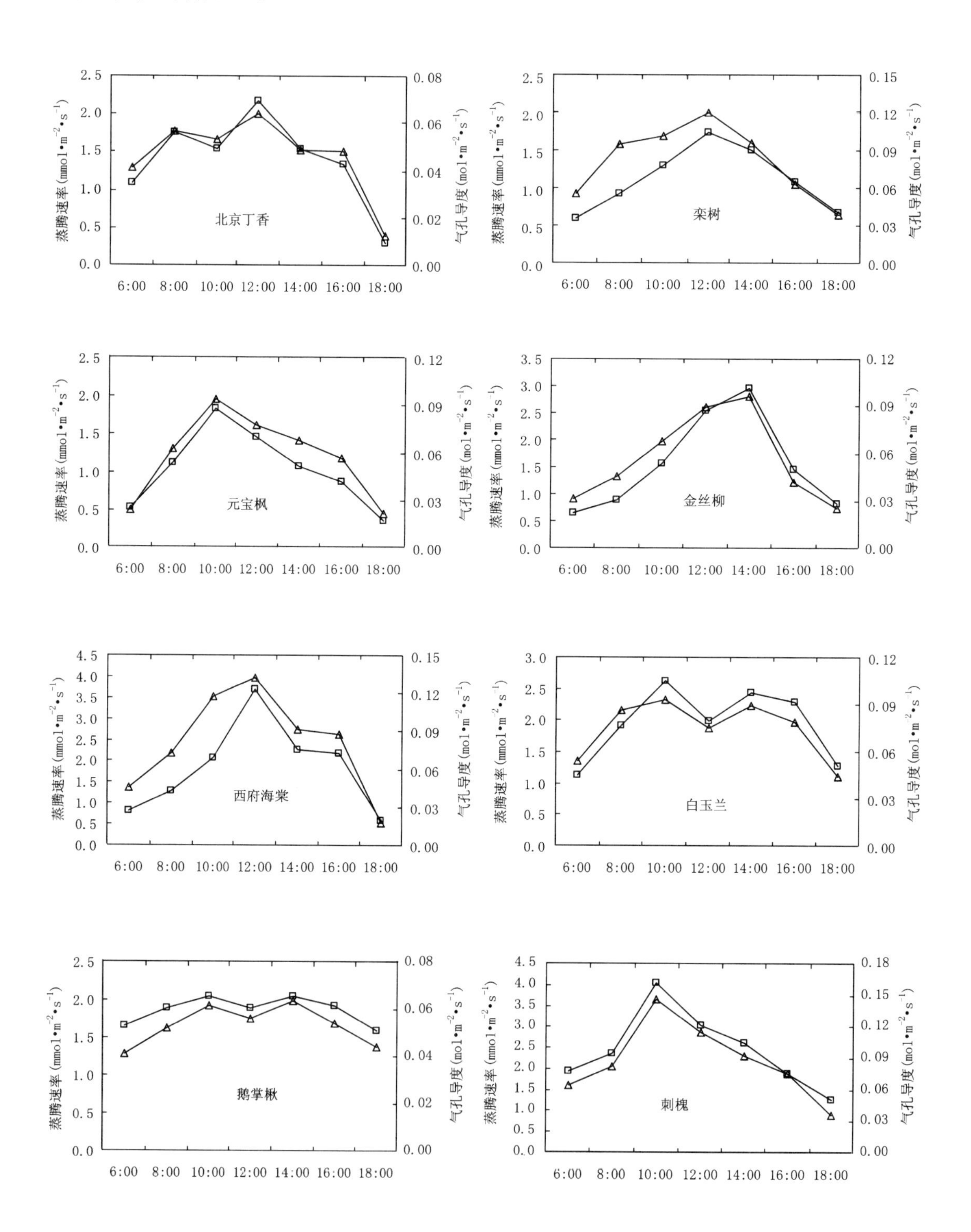

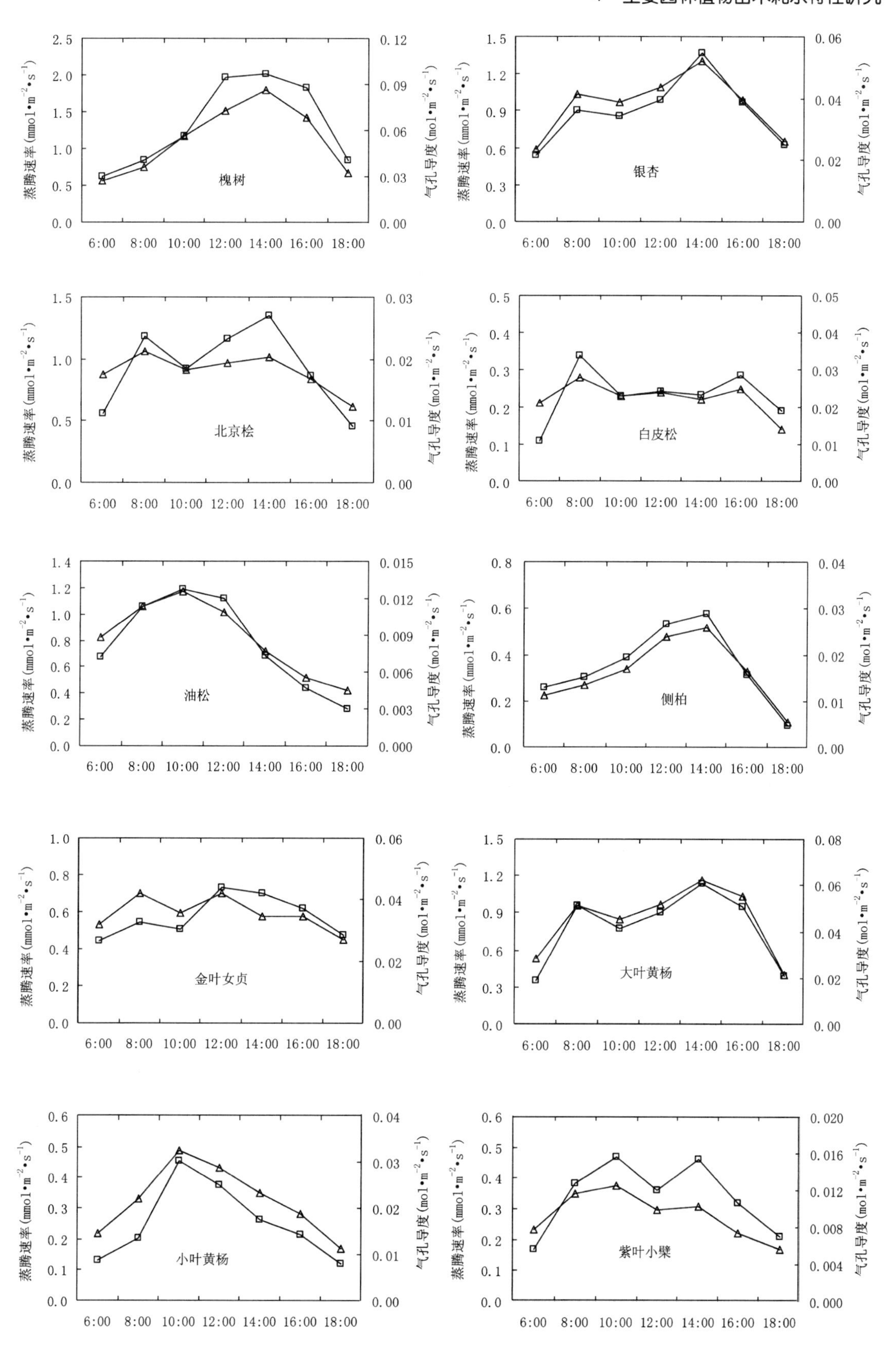
槐树
银杏
北京桧
白皮松
油松
侧柏
金叶女贞
大叶黄杨
小叶黄杨
紫叶小檗
蒸腾速率(mmol•m⁻²•s⁻¹)
气孔导度(mol•m⁻²•s⁻¹)
6:00
8:00
10:00
12:00
14:00
16:00
18:00

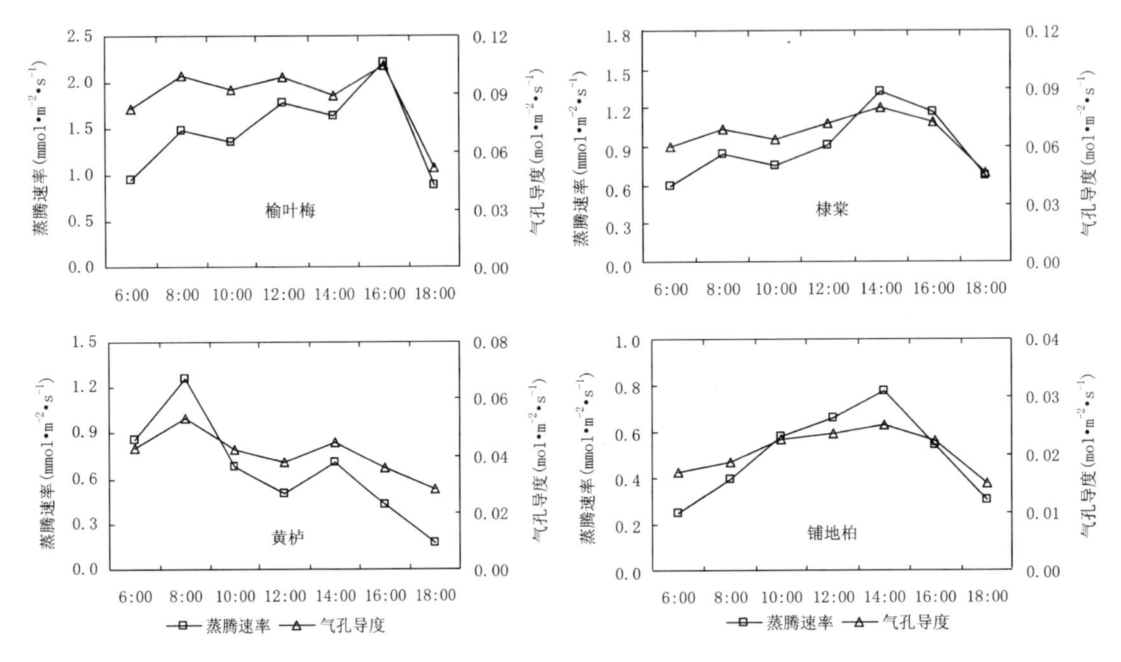

图 4-4 蒸腾速率与气孔导度的关系

植物蒸腾耗水的绝大多数是通过叶片上的气孔进行的，叫气孔蒸腾；植物通过茎、枝上的皮孔也可以蒸腾，叫皮孔蒸腾，但皮孔的蒸腾量非常小，仅占全部蒸腾量的 0.1% 左右(武维华，2003)。气孔导度即是单位时间内气孔通过水蒸气的量，单位为 $mol \cdot m^{-2} \cdot s^{-1}$。从图 4-4 可以看到，叶片蒸腾速率和气孔导度的日变化总体上表现出较强的一致性，但一天中各个时段仍有差异，全天各时段两者的步调几乎完全一致的有北京丁香、元宝枫、金丝柳、西府海棠、白玉兰、鹅掌楸、刺槐、银杏、油松、侧柏、大叶黄杨和小叶黄杨。全天两者的步调一致性差的有北京桧、金叶女贞、铺地柏、紫叶小檗和黄栌。上午一致性较差，下午一致性较好的有栾树、榆叶梅和棣棠。中午前后一致性较差，其他时段一致性较好的有槐树。中午前后一致性好，其他时间一致性差的有白皮松。气孔导度与蒸腾速率并非完全一致说明叶片蒸腾除受气孔运动制约外，还受自身生理特性和各种环境因子的影响。分析气孔运动与叶片蒸腾的关系可以帮助我们更好地理解环境因子对蒸腾耗水的作用原理。

4.1.5.2 气象因子的影响

图 4-5 为 22 个树种蒸腾量与同步观测的主要气象因子的日变化，显示了它们在变化趋势上的相关性。可以看出，树种蒸腾量与太阳辐射和温度具有相似的日变化趋势，与空气相对湿度具有相反的日变化趋势。在多种气象因子中，太阳辐射处于主宰地位，其他因子都是随太阳的升落而变化。在秋季晴天里，太阳辐射从早晨 6:00 左右增强，12:00 达到最大值，然后下降，在 18:00 前后降为零。与此同时，空气相对湿度随太阳辐射的增强而降低，在 14:00 左右达到最低值，然后缓慢上升。与太阳辐射同步涨落的是空气温度，但空气温度在 14:00 左右到达高峰后下降缓慢，5cm 土层温度的日变化趋势与空气温度类似，但变化幅度小，节律延迟。树种蒸腾量为早晚低，10:00～14:00 为高峰期。

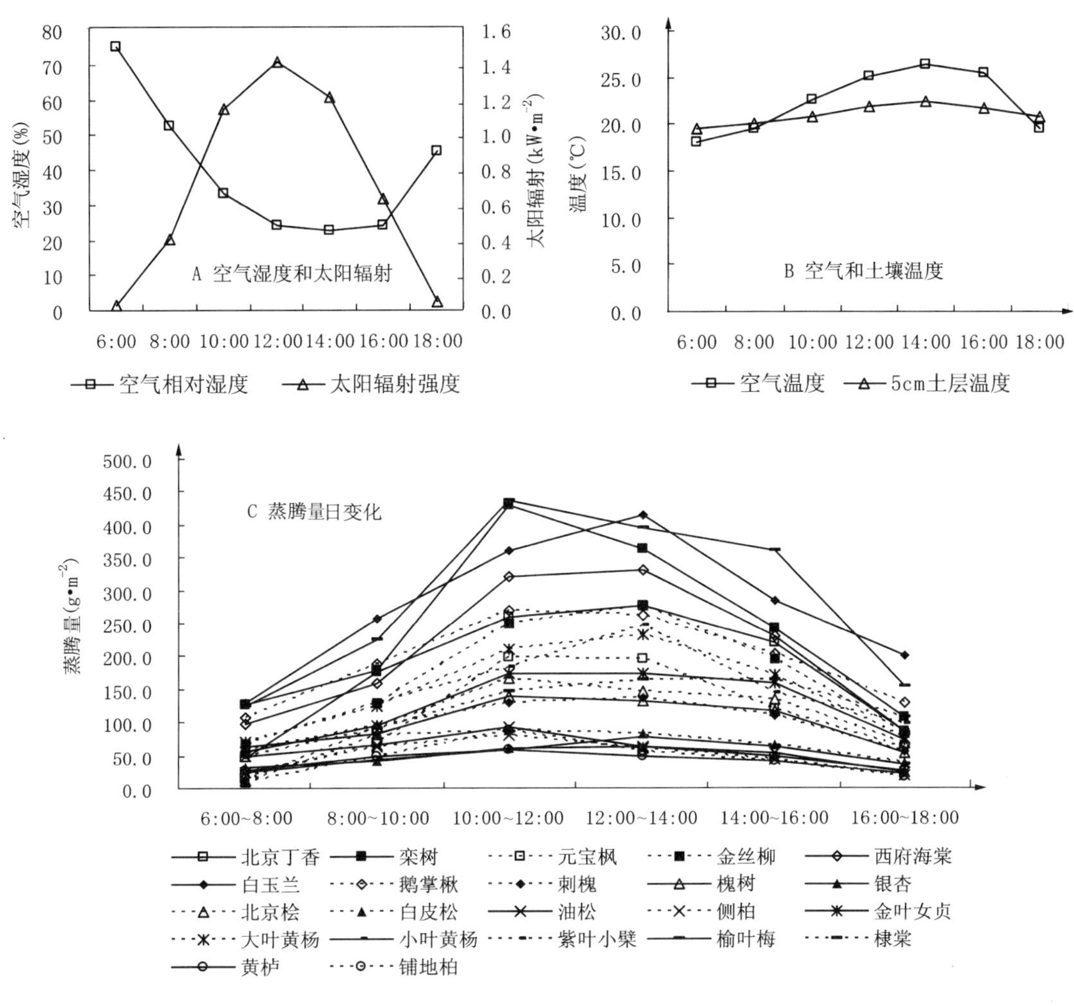

图 4-5 环境因子对树种蒸腾的影响

4.1.5.3 SPAC 水势的影响

SPAC 水势是指土壤－植物－大气连续体(Soil-Plant－Atmosphere Continuum)的水势，SPAC 水势差是植物蒸腾的直接动力。为了从总体上把握植物蒸腾耗水的影响因素，为后面的数量化分析打下基础，本试验选择9月的5个典型晴天(9月10日、13日、17日、18日、20日)同步观测22个树种苗木的蒸腾速率和各种环境因子的日变化，将5d的平均值绘制图4-6。

从图4-6A、B、C可以看到，由于前一晚上浇透了水，各树种在早晨6:00时的土壤水势相差不大，一般在－0.13～－0.06MPa。随着植物蒸腾速率增强，土壤水势下降，多数在12:00～16:00到达最低值，然后徘徊前进，18:00时的土壤水势比6:00时的土壤水势低0.1M～0.2MPa。榆叶梅的日耗水量明显高于其他阔叶灌木，土壤水势下降的幅度也明显大于其他灌木(图4-6B)，4个针叶树种的日蒸腾耗水量比阔叶树种低，水势下降幅度小，水势的日变化曲线相对比较平缓(图4-6C)。

叶片水势受土壤水势和蒸腾速率的影响。如图4-6D、E、F所示，由于土壤水分供应充

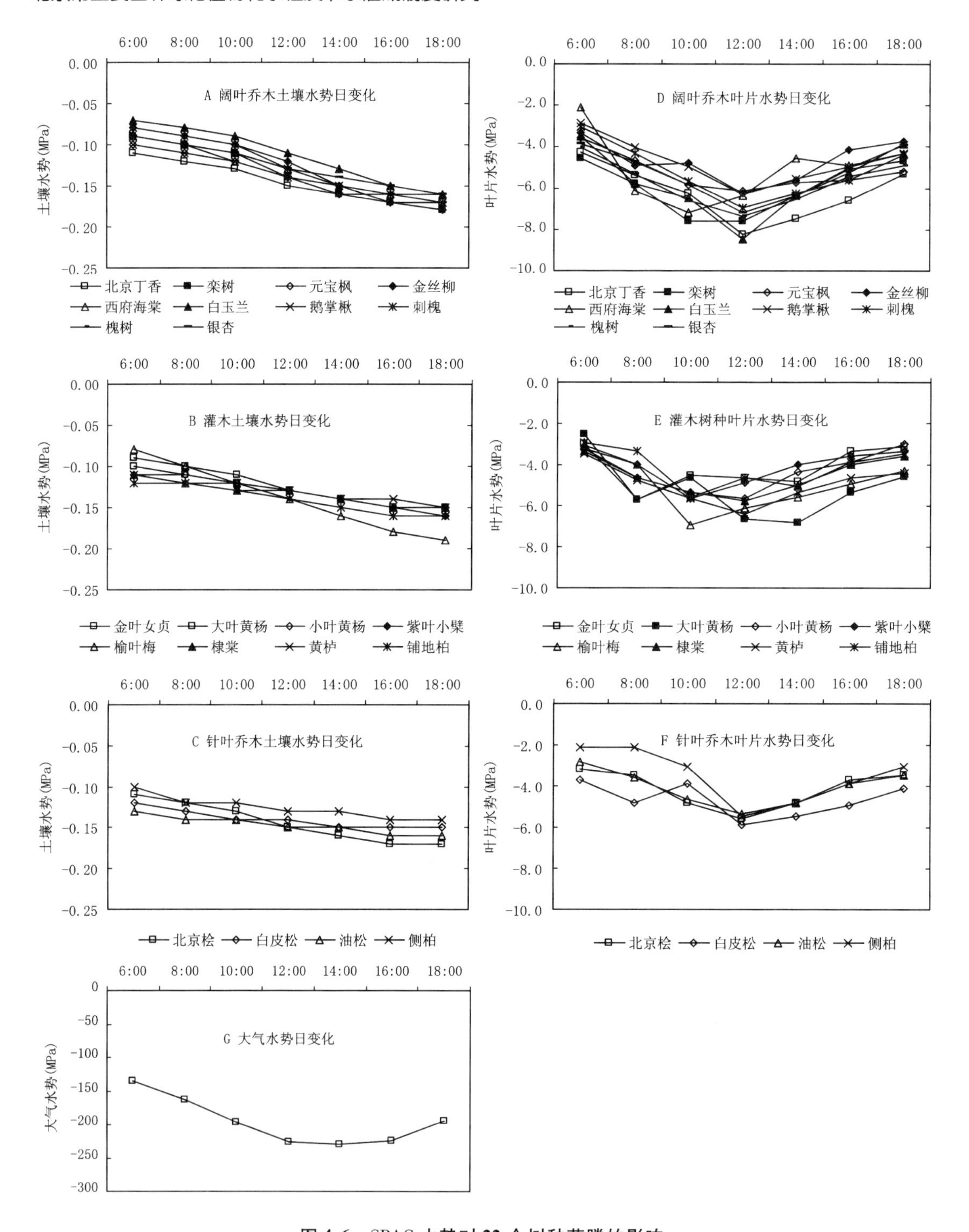

图 4-6　SPAC 水势对 22 个树种蒸腾的影响

足，在早晨蒸腾未启动前，叶片的含水量呈饱和状态，此时水势普遍比较大，10 个阔叶乔木早晨的叶水势变动在 -4.5 ~ -2.0MPa，平均为 -3.6MPa；8 种灌木早晨的叶水势变动在 -3.5 ~ -2.5MPa，平均为 -3.1MPa；4 个针叶树种早晨叶水势变动在 -3.7 ~ -2.1MPa，

平均为 -3.1MPa。太阳升起后，随着蒸腾速率的加快，叶片出现水分亏缺，水势下降，在中午前后降到最低值，12:00 的平均叶水势 10 个阔叶乔木为 -6.9MPa、8 种灌木为 -5.6MPa、4 种针叶乔木为 -5.4MPa。午后，随着蒸腾速率的减缓，叶片水势缓慢回升，18:00 左右的叶水势要比早晨 6:00 时的叶水势略低。

在水分充足情况下，蒸腾速率主要决定于叶片气孔下空间的水蒸汽浓度和大气水蒸气浓度之间的浓度差。由于土壤水分供应充足，叶片气孔下空间的水蒸气浓度接近饱和，此时，大气水蒸气浓度成为蒸腾速率的决定性因素。大气水蒸气浓度一般用大气水势表示。虽然空气温度对大气水势有一定影响，但决定大气水势的主要因素是空气相对湿度。从图 4-6G 可以看到，大气水势早晨 6:00 最高，为 -134.7MPa；日出后开始下降，14:00 降至最低点，为 -230.2MPa；以后缓慢回升，18:00 的大气水势为 -194.9MPa。通过与图 4-5A 的比较可以看出，大气水势的日变化趋势与空气相对湿度的日变化趋势相似。

通过上述分析发现，在 SPAC 水势系统中，大气水势大大低于植物(叶片)水势，植物水势又低于土壤水势，在土壤 - 植物 - 大气连续体中存在巨大的水势梯度。气象条件适宜时，土壤水分将沿着这个梯度进入根系，再经过树干木质部上升到叶片，最后通过气孔蒸散到大气中，完成耗水的整个过程。

4.1.6 蒸腾速率与环境因子的相关性分析

在春季(5 月 20 ~29 日)、夏季(7 月 10 ~20 日)、秋季(9 月 10 ~28 日)选择 3 ~4 个典型晴天观测叶片蒸腾的日变化规律，同步观测环境因子，利用 SPSS12.0 统计软件对蒸腾速率与太阳辐射强度、气温、空气相对湿度、土壤水势、叶片水势、大气水势和气孔导度进行相关分析，22 个树种 3 个季度可组成 66 个环境因子与蒸腾速率的关系组合，分季度列出相关性分析表(表 4-3 ~4-11)。

从 9 个表中可以看出，太阳辐射与叶片蒸腾具有很强的相关性，在总共 66 组蒸腾速率与环境因子的相关关系中，与太阳辐射有 61 个为极显著，5 个为显著。

表 4-3 阔叶乔木蒸腾速率与环境因子的相关性(春)

树种	n	蒸腾速率 (mmol · m⁻² · s⁻¹)	太阳辐射强度 (kW · m⁻²)	气温 (℃)	空气相对湿度 (%)	土壤水势 (MPa)	叶片水势 (MPa)	大气水势 (MPa)	气孔导度 (mol · m⁻² · s⁻¹)
北京丁香	21	1.000	0.865**	0.155	0.218	-0.239	-0.743**	-0.869**	0.967**
栾树	21	1.000	0.642**	0.577**	-0.581**	-0.208	-0.269	-0.465*	0.888**
元宝枫	21	1.000	0.608**	0.425	-0.346	0.167	-0.562**	-0.304	0.829**
金丝柳	21	1.000	0.546*	0.479*	0.112	-0.037	-0.686**	-0.390	0.945**
西府海棠	21	1.000	0.582**	0.276	0.249	0.196	-0.440*	-0.155	0.678**
白玉兰	21	1.000	0.755**	0.764**	-0.725**	-0.083	-0.665**	-0.728**	0.917**
鹅掌楸	21	1.000	0.803**	0.651**	-0.606**	0.050	-0.615**	-0.623**	0.959**
刺槐	21	1.000	0.918**	0.063	-0.397	0.405	-0.530*	-0.475*	0.990**
槐树	21	1.000	0.485*	0.741**	-0.698**	-0.593**	-0.759**	-0.779**	-0.972**
银杏	21	1.000	0.550**	0.731**	-0.638**	-0.300	-0.749**	-0.637**	-0.971**

注：* 表示在 0.05 水平上相关关系显著，** 表示在 0.01 水平上相关关系显著，n 观测次数。

表 4-4　灌木蒸腾速率与环境因子的相关性(春)

树种	n	蒸腾速率(mmol·m⁻²·s⁻¹)	太阳辐射强度(kW·m⁻²)	气温(℃)	空气相对湿度(%)	土壤水势(MPa)	叶片水势(MPa)	大气水势(MPa)	气孔导度(mol·m⁻²·s⁻¹)
金叶女贞	21	1.000	0.724**	0.396	-0.370	0.146	-0.647**	-0.331	0.855**
大叶黄杨	21	1.000	0.674**	0.612**	-0.528*	0.002	-0.786**	-0.574**	0.904**
小叶黄杨	21	1.000	0.939**	0.559**	-0.607**	0.150	-0.909**	-0.694**	0.971**
紫叶小檗	21	1.000	0.852**	0.721**	-0.685**	0.012	-0.755**	-0.670**	0.829**
榆叶梅	21	1.000	0.621**	0.426	-0.463*	0.040	-0.476*	-0.326	0.849**
棣棠	21	1.000	0.726**	0.192	-0.439*	-0.372	-0.846**	-0.477*	0.898**
黄栌	21	1.000	0.520*	0.255	0.367	-0.134	-0.396	-0.579**	0.801**
铺地柏	21	1.000	0.513*	-0.026	-0.509*	0.070	-0.204	-0.511*	0.694**

注：*表示在0.05水平上相关关系显著，**表示在0.01水平上相关关系显著，n观测次数。

表 4-5　针叶乔木蒸腾速率与环境因子的相关性(春)

树种	n	蒸腾速率(mmol·m⁻²·s⁻¹)	太阳辐射强度(kW·m⁻²)	气温(℃)	空气相对湿度(%)	土壤水势(MPa)	叶片水势(MPa)	大气水势(MPa)	气孔导度(mol·m⁻²·s⁻¹)
北京桧	21	1.000	0.730**	0.212	-0.672**	-0.148	-0.374	-0.688**	0.916**
白皮松	21	1.000	0.792**	0.393	-0.673**	0.012	-0.806**	-0.653**	0.729**
油松	21	1.000	0.735**	0.199	-0.714**	-0.120	-0.503*	-0.726**	0.876**
侧柏	21	1.000	0.863**	0.331	-0.663**	-0.046	-0.454*	-0.693**	0.926**

注：*表示在0.05水平上相关关系显著，**表示在0.01水平上相关关系显著，n观测次数。

表 4-6　阔叶乔木蒸腾速率与环境因子的相关性(夏)

树种	n	蒸腾速率(mmol·m⁻²·s⁻¹)	太阳辐射强度(kW·m⁻²)	气温(℃)	空气相对湿度(%)	土壤水势(MPa)	叶片水势(MPa)	大气水势(MPa)	气孔导度(mol·m⁻²·s⁻¹)
北京丁香	21	1.000	0.716**	0.381	-0.417	0.105	-0.454*	-0.497*	0.957**
栾树	21	1.000	0.812**	0.496*	-0.639**	0.219	-0.649**	-0.742**	0.875**
元宝枫	21	1.000	0.912**	0.706**	-0.758**	0.196	-0.611**	-0.783**	0.916**
金丝柳	21	1.000	0.835**	0.673**	-0.632**	0.353	-0.564**	-0.771**	0.965**
西府海棠	21	1.000	0.730**	0.559**	-0.532*	0.315	-0.364	-0.667**	0.976**
白玉兰	21	1.000	0.918**	0.721**	-0.856**	-0.030	-0.778**	-0.515*	0.961**
鹅掌楸	21	1.000	0.948**	0.624**	0.775**	0.158	-0.677**	-0.512*	0.936**
刺槐	21	1.000	0.898**	0.541*	-0.674**	0.186	-0.721**	-0.598**	0.914**
槐树	21	1.000	0.501*	0.605**	-0.652**	-0.459*	-0.851**	-0.983**	0.896**
银杏	21	1.000	0.807**	0.696**	0.787**	-0.148	-0.997**	-0.855**	0.954**

注：*表示在0.05水平上相关关系显著，**表示在0.01水平上相关关系显著，n观测次数。

表 4-7 灌木蒸腾速率与环境因子的相关性(夏)

树种	n	蒸腾速率(mmol·m^{-2}·s^{-1})	太阳辐射强度(kW·m^{-2})	气温(℃)	空气相对湿度(%)	土壤水势(MPa)	叶片水势(MPa)	大气水势(MPa)	气孔导度(mol·m^{-2}·s^{-1})
金叶女贞	21	1.000	0.809**	0.623**	-0.737**	0.136	-0.797**	-0.768**	0.929**
大叶黄杨	21	1.000	0.804**	0.608**	-0.678**	0.307	-0.849**	-0.715**	0.944**
小叶女贞	21	1.000	0.839**	0.719**	-0.787**	-0.030	-0.957**	-0.740**	0.970**
紫叶小檗	21	1.000	0.991**	0.675**	-0.806**	0.220	-0.953**	-0.433*	0.961**
榆叶梅	21	1.000	0.856**	0.592**	-0.668**	0.117	-0.753**	-0.700**	0.937**
棣棠	21	1.000	0.732**	0.649**	0.688**	-0.047	-0.61**	-0.709**	0.946**
黄栌	21	1.000	0.793**	0.399	-0.506*	-0.134	-0.703**	-0.734**	0.845**
铺地柏	21	1.000	0.830**	0.674**	-0.564**	-0.279	-0.918**	-0.618**	0.989**

*表示在0.05水平上相关关系显著，**表示在0.01水平上相关关系显著，n观测次数。

表 4-8 针叶乔木蒸腾速率与环境因子的相关性(夏)

树种	n	蒸腾速率(mmol·m^{-2}·s^{-1})	太阳辐射强度(kW·m^{-2})	气温(℃)	空气相对湿度(%)	土壤水势(MPa)	叶片水势(MPa)	大气水势(MPa)	气孔导度(mol·m^{-2}·s^{-1})
北京桧	21	1.000	0.878**	0.753**	-0.621**	-0.394	-0.917**	-0.72**	0.979**
白皮松	21	1.000	0.846**	0.606**	-0.433	-0.107	-0.663**	-0.531*	0.994**
油松	21	1.000	0.916**	0.878**	-0.819**	-0.507*	-0.823**	-0.898**	0.958**
侧柏	21	1.000	0.880**	0.659**	-0.494	-0.082	-0.828*	-0.607**	0.992**

注：*表示在0.05水平上相关关系显著，**表示在0.01水平上相关关系显著，n观测次数。

表 4-9 阔叶乔木蒸腾速率与环境因子的相关性(秋)

树种	n	蒸腾速率(mmol·m^{-2}·s^{-1})	太阳辐射强度(kW·m^{-2})	气温(℃)	空气相对湿度(%)	土壤水势(MPa)	叶片水势(MPa)	大气水势(MPa)	气孔导度(mol·m^{-2}·s^{-1})
北京丁香	21	1.000	0.653**	0.463*	-0.465*	-0.020	-0.551**	-0.319	0.896**
栾树	21	1.000	0.670**	-0.011	-0.003	-0.021	-0.699**	-0.417*	0.939**
元宝枫	28	1.000	0.708**	0.207	-0.037	-0.015	-0.584**	-0.431*	0.931**
金丝柳	28	1.000	0.679**	0.408*	-0.378*	-0.217	-0.602**	-0.614**	0.933**
西府海棠	21	1.000	0.690**	0.136	-0.385*	0.012	-0.534**	-0.458*	0.840**
白玉兰	21	1.000	0.782**	0.573**	-0.633**	0.018	-0.791**	-0.337	0.953**
鹅掌楸	21	1.000	0.871**	0.703**	0.737**	0.049	-0.787**	-0.469*	0.859**
刺槐	21	1.000	0.975**	0.741*	-0.731**	-0.054	-0.856**	-0.649**	0.662**
槐树	21	1.000	0.989**	0.854**	0.851**	-0.227	-0.993**	-0.802**	0.776**
银杏	21	1.000	0.904**	0.653**	0.627**	-0.077	-0.938**	-0.682**	0.931**

注：*表示在0.05水平上相关关系显著，**表示在0.01水平上相关关系显著，n观测次数。

表 4-10 灌木蒸腾速率与环境因子的相关性(秋)

树种	n	蒸腾速率(mmol·m⁻²·s⁻¹)	太阳辐射强度(kW·m⁻²)	气温(℃)	空气相对湿度(%)	土壤水势(MPa)	叶片水势(MPa)	大气水势(MPa)	气孔导度(mol·m⁻²·s⁻¹)
金叶女贞	21	1.000	0.723**	0.241	-0.336	-0.130	-0.442	-0.538**	0.971**
大叶黄杨	21	1.000	0.776**	0.393*	-0.026	-0.166	-0.699**	-0.437*	0.933**
小叶黄杨	21	1.000	0.818**	0.759**	-0.704**	0.016	-0.840**	-0.669**	0.840**
紫叶小檗	21	1.000	0.681**	0.632**	-0.695**	-0.026	-0.883**	-0.554**	0.913**
榆叶梅	21	1.000	0.682**	0.537**	0.163	-0.185	-0.578**	-0.640**	0.969**
棣棠	21	1.000	0.678**	0.492**	-0.36	-0.426*	-0.519**	-0.775**	0.867**
黄栌	21	1.000	0.687**	0.133	-0.040	0.124	-0.567**	-0.331	0.919**
铺地柏	21	1.000	0.821**	0.279	-0.574**	-0.156	-0.749**	-0.646**	0.899**

注：*表示在0.05水平上相关关系显著，**表示在0.01水平上相关关系显著，n观测次数。

表 4-11 针叶乔木蒸腾速率与环境因子的相关性(秋)

树种	n	蒸腾速率(mmol·m⁻²·s⁻¹)	太阳辐射强度(kW·m⁻²)	气温(℃)	空气相对湿度(%)	土壤水势(MPa)	叶片水势(MPa)	大气水势(MPa)	气孔导度(mol·m⁻²·s⁻¹)
北京桧	21	1.000	0.763**	-0.088	-0.272	0.065	-0.707**	-0.404	0.937**
白皮松	21	1.000	0.626**	0.184	-0.447*	-0.152	-0.417	-0.400	0.503*
油松	21	1.000	0.670**	0.195	-0.126	0.251	-0.547*	-0.231	0.947**
侧柏	21	1.000	0.569**	-0.057	-0.459*	-0.127	-0.465*	-0.412	0.972**

注：*表示在0.05水平上相关关系显著，**表示在0.01水平上相关关系显著，n观测次数。

气温与叶片蒸腾的相关性强弱依季节和树种而异。在每个季节的22组相关关系中，春季有1组为显著、8组为极显著，夏季有2组为显著、18组为极显著，秋季有4组为显著、8组为极显著。可见，两者的相关性夏季最强、春季最弱、秋季居中，从树种来看，春秋季针叶树种蒸腾作用与气温的相关性较弱。

相对湿度与叶片蒸腾多数呈负相关，其强弱也依季节和树种而异。在每个季节的22组相关关系中，春季有4组为显著、11组为极显著，夏季有2组为显著、17组为极显著，秋季有5组为显著、8组为极显著，两者的相关性夏季较强、春秋季较弱。

由此可见，气温和相对湿度与蒸腾速率的相关性夏季明显大于春秋季，根据北京的气候特点，春秋季降雨少、空气湿度小，夏季降雨多、空气湿度大。因此，在春秋季，太阳辐射的主导作用强，气温和相对湿度的影响被相对弱化；而在夏季，虽然太阳辐射仍然起着主导作用，但气温和相对湿度的影响也比较大。

土壤水势与叶片蒸腾仅3个达显著、1个达极显著水平，表明相关性很弱，但这并不代表土壤水势对蒸腾没有影响。事实上，土壤水势是决定植物蒸腾大小的主要因素，之所以相关性弱，是因为土壤水势的日变化为下滑线，而蒸腾速率为抛物线，两者不是同一种曲线类型。

叶片水势与叶片蒸腾全部为负相关，在总共66组相关性组合中，9组为显著，50组为极显著；大气水势与叶片蒸腾也全部为负相关，在总共66组相关性组合中，14组为显著，40组为极显著，总体表现为夏季的相关性大于春季和秋季；气孔导度与叶片蒸腾的66组相关性组合中，1组为显著，其余65组均为极显著，再一次说明了气孔运动对蒸腾的制约作用。

通过蒸腾速率与环境因子的相关性分析，可以得出两个基本结论。一是在容易观测的环境因子中，与蒸腾速率的相关性大小依次为：太阳辐射、相对湿度、气温、土壤水势，其中尤以太阳辐射最为突出，表明太阳辐射对树木蒸腾具有决定性影响。一方面，太阳辐射可以直接影响气孔运动，另一方面，太阳辐射带动相对湿度和气温的变化，多种大气因子协同作用于气孔运动，引起蒸腾的一系列变化。二是夏季环境因子与蒸腾速率的相关性大于春季和秋季，说明夏季蒸腾作用的日变化与太阳辐射、气温和相对湿度日变化在步调上更趋一致。

4.1.7 蒸腾速率与环境因子的优化模型

在园林绿地水分管理实践中，环境因子是比植物蒸腾耗水更直观和更容易观测的指标，为了能够通过对环境因子的分析而准确掌握植物蒸腾耗水的信息，有必要建立蒸腾速率与环境因子关系的数学模型，实现从定性分析到定量分析的过渡。

模型拟合在SPSS12.0统计软件上进行，建模时以蒸腾速率($mmol \cdot m^{-2} \cdot s^{-1}$)为因变量$y$，分别以太阳辐射值$x_1$($kW \cdot m^{-2}$)、气温$x_2$(℃)和空气相对湿度$x_3$(%)为自变量，通过以下方法对蒸腾速率与环境因子关系模型进行优化选择：

(1)进行11种曲线类型模型拟合，置信度为95%　11种曲线类型分别为线性函数型、二次多项式型、复合模型、生长模型、对数模型、3次多项式型、S形曲线型、指数模型、双曲线型、幂指数函数型和逻辑模型。

(2)建立逐步回归分析模型　因变量为y，自变量为x_1、x_2、x_3，F检验临界值0.05。

将两种建模结果统一考虑，择其相关系数R达显著水平，且R值最大者为最佳模型(表4-12～4-14)。

表4-12　阔叶乔木叶片蒸腾速率与环境因子关系的优化模型

树种	季节	模型	R	α	n
北京丁香	春(5月)	$y=0.404x_1+0.163$	0.865	0.05	21
	夏(7月)	$y=0.272x_1+0.574$	0.716	0.05	21
	秋(9月)	$y=0.804x_1+0.678$	0.653	0.05	21
栾树	春(5月)	$y=1.369x_1+1.519$	0.642	0.05	21
	夏(7月)	$y=0.921x_1+1.799$	0.812	0.05	21
	秋(9月)	$y=1.178x_1+1.148$	0.670	0.05	28
元宝枫	春(5月)	$y=0.849x_1+2.009$	0.608	0.05	21
	夏(7月)	$y=0.934x_1+1.036$	0.912	0.05	21
	秋(9月)	$y=0.621x_1+0.432$	0.708	0.05	28

（续）

树种	季节	模型	R	α	n
金丝柳	春(5月)	$y=1.138x_1+0.223x_2-3.373$	0.727	0.05	21
	夏(7月)	$y=1.864x_1+1.482$	0.835	0.05	21
	秋(9月)	$y=0.99x_1+0.719$	0.679	0.05	28
西府海棠	春(5月)	$y=13.472x_1-29.14x_1^2+17.8x_1^3-0.42$	0.764	0.05	21
	夏(7月)	$y=1.574x_1+1.005$	0.730	0.05	21
	秋(9月)	$y=1.167x_1+0.802$	0.690	0.05	21
白玉兰	春(5月)	$y=0.456x_1+0.209x_2+0.049x_3-5.282$	0.821	0.05	28
	夏(7月)	$y=0.108x_1-0.328x_2-0.103x_3+16.35$	0.954	0.05	28
	秋(9月)	$y=1.004x_1+0.781$	0.782	0.05	28
鹅掌楸	春(5月)	$y=0.188x_1+1.663$	0.803	0.05	28
	夏(7月)	$y=0.541x_1+1.539$	0.899	0.05	28
	秋(9月)	$y=\exp(2.739-4.024/x_1)$	0.945	0.05	28
刺槐	春(5月)	$y=1.272x_1+0.013x_3+0.685$	0.891	0.05	28
	夏(7月)	$y=0.246x_1+1.995$	0.898	0.05	28
	秋(9月)	$y=0.2x_1-0.056x_2+2.611$	0.962	0.05	28
槐树	春(5月)	$y=56.685x_2-18.352x_2^2-12.356$	0.839	0.05	28
	夏(7月)	$y=3.039-0.03x_3$	0.652	0.05	28
	秋(9月)	$y=0.375x_1-0.002x_3+0.769$	0.987	0.05	28
银杏	春(5月)	$y=0.157x_1+0.158x_2+0.04x_3-4.465$	0.901	0.05	28
	夏(7月)	$y=\exp(1.94-2.056/x_1)$	0.891	0.05	28
	秋(9月)	$y=0.01-1.125x_1+6.23x_1^2-3.535x_1^3$	0.898	0.05	28

注：y 叶片蒸腾速率（$mmol \cdot m^{-2} \cdot s^{-1}$）；$x_1$ 太阳辐射（$kW \cdot m^{-2}$）；x_2 气温（℃）；x_3 空气相对湿度（%）。

表 4-13　灌木叶片蒸腾速率与环境因子关系的优化模型

树种	季节	模型	R	α	n
金叶女贞	春(5月)	$y=0.452x_1+0.409$	0.724	0.05	21
	夏(7月)	$y=0.595x_1+0.510$	0.809	0.05	21
	秋(9月)	$y=0.298x_1+0.144$	0.723	0.05	28
大叶黄杨	春(5月)	$y=0.772x_1+0.455$	0.674	0.05	21
	夏(7月)	$y=0.921x_1+0.578$	0.804	0.05	21
	秋(9月)	$y=0.299x_1+0.226$	0.776	0.05	21
小叶黄杨	春(5月)	$y=3.289+1.498\ln x_1$	0.929	0.05	28
	夏(7月)	$y=\exp(1.672-0.866/x_1)$	0.907	0.05	28
	秋(9月)	$y=2.727x_1 1.842$	0.909	0.05	28
紫叶小檗	春(5月)	$y=0.123x_1+0.044x_2+0.012x_3-1.256$	0.925	0.05	28
	夏(7月)	$y=0.374x_1+0.282$	0.982	0.05	28
	秋(9月)	$y=\exp(3.241-0.887/x_1)$	0.923	0.05	28

（续）

树种	季节	模型	R	α	n
榆叶梅	春(5月)	$y=1.559x_1+1.674$	0.621	0.05	21
	夏(7月)	$y=1.303x_1+1.782$	0.856	0.05	21
	秋(9月)	$y=1.213x_1+0.135x_2-1.485$	0.773	0.05	28
棣棠	春(5月)	$y=0.79x_1+0.539$	0.726	0.05	21
	夏(7月)	$y=1.169x_1+0.59$	0.732	0.05	21
	秋(9月)	$y=0.463x_1+0.064x_2-0.009x_3-0.34$	0.818	0.05	21
黄栌	春(5月)	$y=0.319x_1+0.306$	0.520	0.05	21
	夏(7月)	$y=0.44x_1+0.603$	0.793	0.05	21
	秋(9月)	$y=0.233x_1+0.144$	0.687	0.05	21
铺地柏	春(5月)	$y=0.465x_1+0.2$	0.513	0.05	21
	夏(7月)	$y=1.05x_1^{0.34}$	0.839	0.05	21
	秋(9月)	$y=0.167x_1-0.006x_3+0.371$	0.867	0.05	21

表 4-14　针叶乔木叶片蒸腾速率与环境因子关系的优化模型

树种	季节	模型	R	α	n
北京桧	春(5月)	$y=0.645x_1+0.196$	0.730	0.05	21
	夏(7月)	$y=0.366x_1+0.118x_2+0.026x_3-4.1$	0.946	0.05	21
	秋(9月)	$y=0.635x_1-0.049x_2+1.453$	0.824	0.05	21
白皮松	春(5月)	$y=0.448x_1+0.301$	0.792	0.05	21
	夏(7月)	$y=1.279-3.412x_1+4.85x_1^2-1.476x_1^3$	0.918	0.05	21
	秋(9月)	$y=0.316x_1+0.254$	0.626	0.05	21
油松	春(5月)	$y=0.86x_1+0.355$	0.735	0.05	21
	夏(7月)	$y=0.538x_1+0.059x_2-0.005x_3-0.368$	0.998	0.05	21
	秋(9月)	$y=0.3x_1+0.226$	0.670	0.05	21
侧柏	春(5月)	$y=0.893x_1+0.188$	0.863	0.05	21
	夏(7月)	$y=0.467x_1+0.557$	0.880	0.05	21
	秋(9月)	$y=0.257x_1+0.229$	0.569	0.05	21

由表4-12～4-14可以看到，在66个优化模型中，逐步回归模型55个，三次多项式3个、二次多项式1个、S形曲线4个、幂指数模型2个、对数模型1个。从逐步回归模型中引入的因子来看，只含光照因子的(光照型)35个，含光照和温度因子的(光温型)4个，含光照和湿度因子的(光湿型)3个，含光照、温度、湿度因子的(光温湿型)7个，只含湿度因子的(湿度型)1个。在11个非逐步回归模型中，1个为温度型，10个为光照型。

表4-12～4-14表明，蒸腾作用与环境因子的关系模型随树种和观测期不同而有一定差异，说明了树木蒸腾速率与环境因子关系的复杂性。在所有66个优化模型中，有64个含有光照因子，且只含光照1个因子的模型就有45个，再一次说明在影响树木蒸腾速率的诸因素中，太阳辐射具有决定性意义。蒸腾速率与环境因子关系模型的建立为准确预测树木耗水量和实现耗水量的时间尺度扩展打下了基础。

4.1.8 天气状况对植物蒸腾的影响

在9月选择3个典型晴天(天空晴朗无云)和3个典型阴天(天空被云层覆盖，见不到太阳，但未下雨)。在水分充足条件下，测定蒸腾速率的日变化，计算日平均蒸腾速率，绘制表4-15~4-17，计算各个观测点的平均值绘制图4-7。

表4-15 阔叶乔木不同天气蒸腾速率

树种	日平均蒸腾速率($mmol \cdot m^{-2} \cdot s^{-1}$)		阴天/晴天	峰值出现时间	
	晴天	阴天	(%)	晴天	阴天
北京丁香	1.196	0.362	30.3	12:00	10:00
栾树	2.785	1.606	57.7	12:00	14:00
元宝枫	1.155	0.675	58.5	16:00	16:00
金丝柳	2.678	1.442	53.8	12:00	16:00
西府海棠	2.682	1.247	46.5	16:00	16:00
白玉兰	2.666	1.411	52.9	12:00	10:00
鹅掌楸	1.897	0.910	48.0	10:00	10:00
刺槐	1.749	1.147	65.6	10:00	10:00
槐树	1.717	0.949	55.2	10:00	12:00
银杏	1.090	0.600	55.1	12:00	12:00
平均	1.961	1.035	52.4		

表4-16 灌木树种不同天气蒸腾速率

树种	日平均蒸腾速率($mmol \cdot m^{-2} \cdot s^{-1}$)		阴天/晴天	峰值出现时间	
	晴天	阴天	(%)	晴天	阴天
金叶女贞	1.075	1.158	107.6	12:00	14:00
大叶黄杨	1.065	0.589	55.3	12:00	16:00
小叶黄杨	0.278	0.121	43.6	14:00	10:00
紫叶小檗	1.094	0.889	81.2	10:00	10:00
榆叶梅	3.038	1.740	57.3	12:00	14:00
棣棠	1.423	1.082	76.0	16:00	16:00
黄栌	1.097	0.705	64.3	12:00	14:00
铺地柏	0.501	0.309	61.8	14:00	14:00
平均	1.197	0.824	68.4		

表4-17 针叶乔木不同天气蒸腾速率

树种	日平均蒸腾速率($mmol \cdot m^{-2} \cdot s^{-1}$)		阴天/晴天	峰值出现时间	
	晴天	阴天	(%)	晴天	阴天
北京桧	0.929	0.418	45.0	14:00	14:00
白皮松	0.889	0.598	67.3	12:00	14:00
油松	1.373	0.870	63.4	12:00	14:00
侧柏	0.841	0.578	68.8	12:00	14:00
平均	1.008	0.616	61.1		

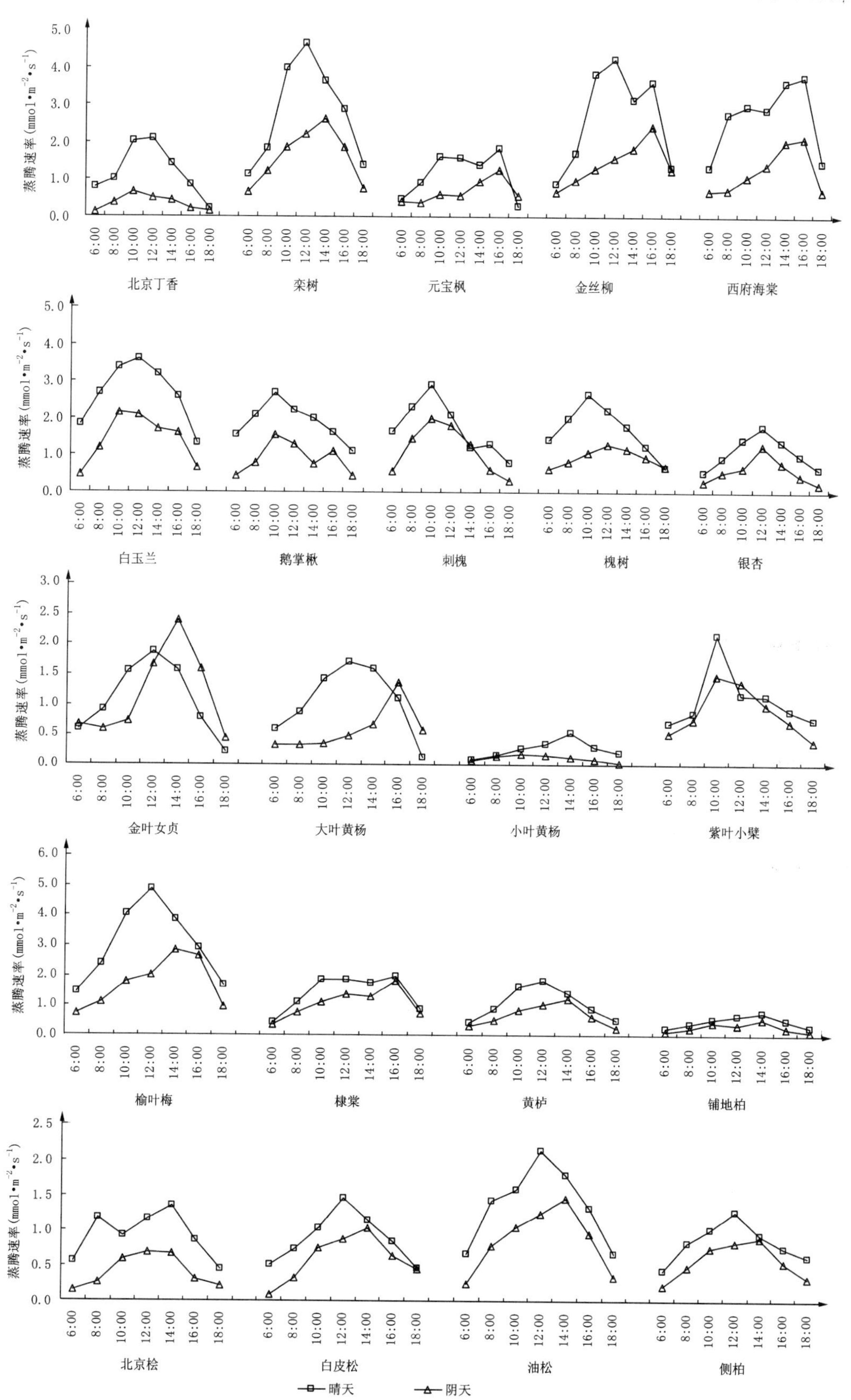

图 4-7 天气状况对蒸腾速率的影响

从表4-15 ~4 -17 可以看到，除金叶女贞外，其他树种阴天的蒸腾速率均小于晴天。阴天平均日蒸腾速率与晴天平均日蒸腾速率的百分比阔叶乔木为52.4%。其中北京丁香最低，为30.3%；刺槐最高，为65.6%。灌木平均为68.4%，其中小叶黄杨最低，为45.0%；金叶女贞最高，为107.6%。针叶树种平均为61.1%，其中北京桧最低，为43.6%；侧柏最高，为68.8%。阴天植物蒸腾比晴天弱的原因是因为阴天光照弱、气温低，不利于气孔开张。本次试验对有限树种测定的结果表明，树木蒸腾对光照的敏感性，阔叶乔木>针叶乔木>灌木。金叶女贞阴天的蒸腾速率比晴天略有增加。从图4-7 的日变化趋势来看，晴天与阴天蒸腾速率的差异早晚较小，中午前后较大。总之，树种不同，气孔运动对光照的要求就不同，这是由植物的遗传特性决定的。了解树木在不同天气的耗水差异，对于准确计算绿地需水量，并根据天气有针对性地选择灌溉方案具有重要意义。

4.1.9 遮荫对灌草蒸腾的影响

在城市高度人工化的环境里，园林植物特别是灌木和草本可能经常处在光照不足的状态下，为了观测在不同光照条件下植物蒸腾作用的差异，选择6 种灌草植物在4 个典型晴天里进行光照强度试验，给予充分的水分供应，每种植物5 次重复，每天6:00 ~18:00 每2h 观测1 次，分别季节和光照强度计算平均值绘制表4-18 和图4-8。

表4-18　不同光照强度下植物的日蒸腾耗水量

季节	植物种类	日平均蒸腾耗水量($kg \cdot m^{-2}$)			比值(%)	
		全光照	半遮荫	全遮荫	半遮荫/全光照	全遮荫/全光照
春	草地早熟禾	4.90	2.94	1.93	61.3	40.2
夏	草地早熟禾	6.37	4.35	3.36	68.3	52.7
秋	草地早熟禾	5.78	3.86	2.75	66.7	47.5
	高羊茅	3.19	2.23	1.75	70.0	54.8
	金叶女贞	0.73	0.27		37.0	
	大叶黄杨	0.89	0.31		34.8	
	小叶黄杨	0.31	0.21		67.4	
	紫叶小檗	0.85	0.68		80.0	
	平均				60.7	48.8

注：日平均蒸腾耗水量灌木为单位叶面积，草坪草为单位绿地面积。

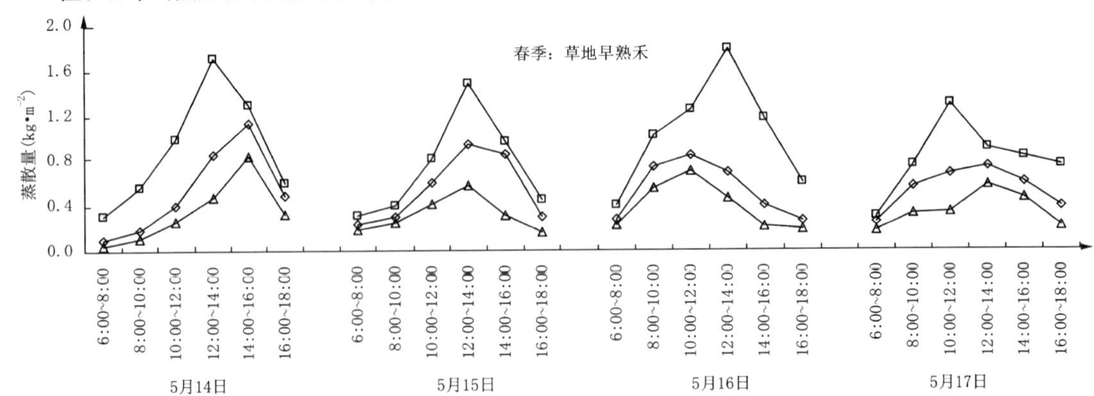

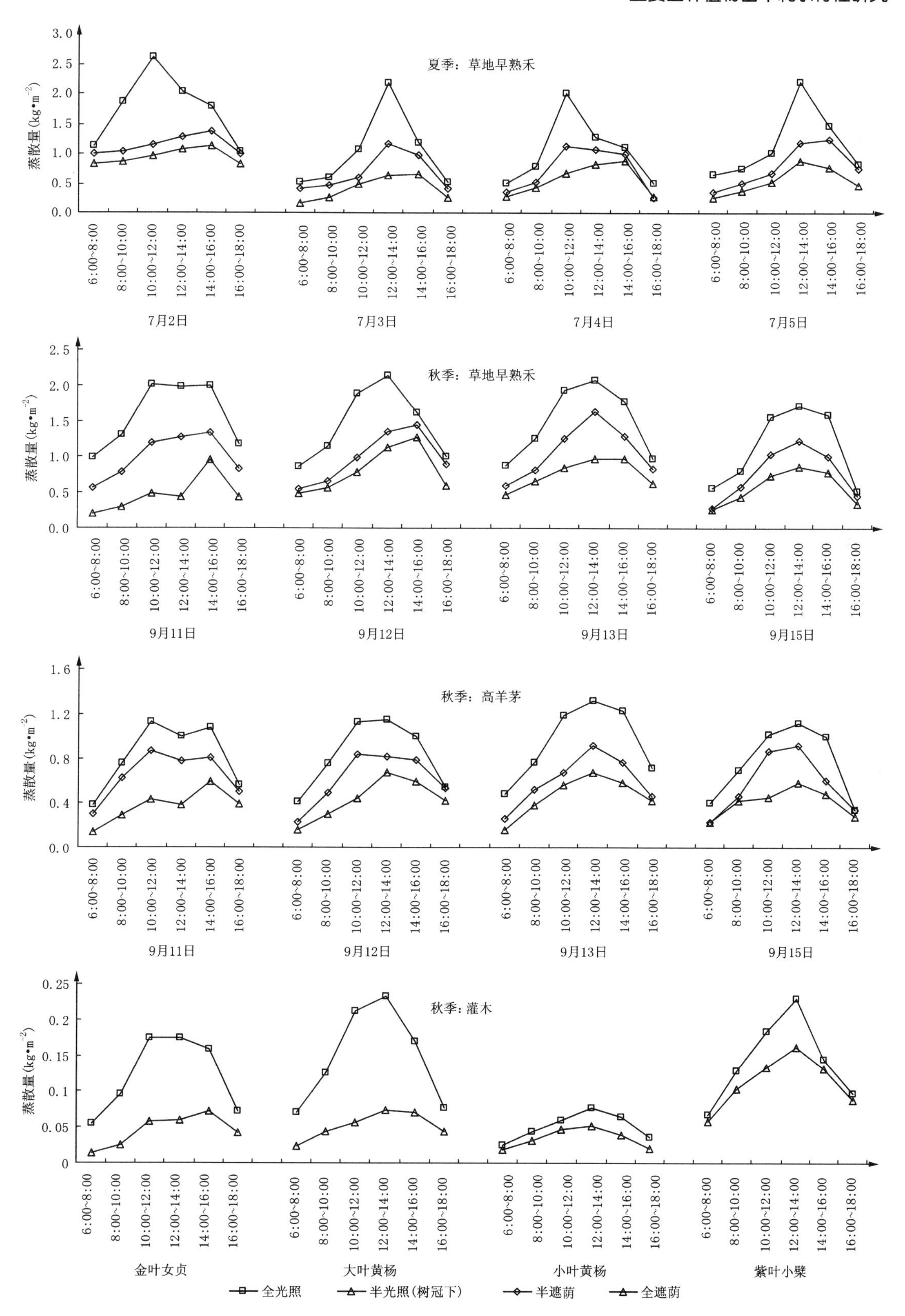

图 4-8 遮荫对植物蒸腾耗水的影响

从表 4-18 可以看到，遮荫能显著降低植物的蒸腾强度，参试的 6 种植物半光照时的日耗水量平均为全光照时的 60.7%，其中草坪草为 66.6%、灌木为 54.8%，草坪草全遮荫时的日耗水量平均为全光照时的 48.8%。不同光照条件下植物蒸腾耗水的差异主要决定于植物对光照的敏感性和适应性，与植物的耐荫性相关。从试验结果看，早熟禾和高羊茅的耐荫性强于金叶女贞等 4 种灌木，在两种草坪草中，高羊茅的耐荫性强于早熟禾，在 4 种灌木中小叶黄杨和紫叶小檗的耐荫性强于金叶女贞和大叶黄杨。

从图 4-8 可以看出，遮荫能明显地改变植物蒸腾的日变化曲线，这种改变主要通过降低蒸腾的峰值或调整峰值的出现时间实现，在早晨和傍晚，遮荫对蒸腾的影响较小。例如，草地早熟禾全光照、半遮荫和全遮荫 4 天蒸腾峰值的平均值分别为春季 1.60 $g\cdot m^{-2}$、0.92 $g\cdot m^{-2}$、0.68 $g\cdot m^{-2}$，夏季 2.26 $g\cdot m^{-2}$、1.26 $g\cdot m^{-2}$、1.01 $g\cdot m^{-2}$，秋季 1.99 $g\cdot m^{-2}$、1.32 $g\cdot m^{-2}$、1.03 $g\cdot m^{-2}$，早晚的平均值分别为春季 0.47 $g\cdot m^{-2}$、0.29 $g\cdot m^{-2}$、0.19 $g\cdot m^{-2}$，夏季 0.72 $g\cdot m^{-2}$、0.56 $g\cdot m^{-2}$、0.43 $g\cdot m^{-2}$，秋季 0.48 $g\cdot m^{-2}$、0.36 $g\cdot m^{-2}$、0.30 $g\cdot m^{-2}$。

遮荫试验的意义在于指导绿地植物配置，可以充分利用植物的耐荫性，通过优化绿地的种植结构实现绿地节水。城市园林绿地一般经营强度较高，可以通过不断调整绿地的光照分配，使绿地水分消耗处于最少状态。

4.2 控水条件下灌木和草坪草的耗水规律

4.2.1 控水后蒸腾量日变化

本研究分别在春季(5 月 15～31 日)、夏季(7 月 10～25 日)、秋季(9 月 8 日～10 月 8 日)设计了 24 种园林植物的盆栽控水试验，考虑到控水后苗木的蒸腾作用受季节因素的影响不大，为了减少篇幅，下面仅用秋季控水试验的数据描述植物蒸腾量与控水时间的关系，春、夏季的情况与秋季类似。在开展盆栽苗木控水试验时，先天晚上将所有参试的盆栽苗木浇透水，从第 2 天开始算控水的第 1 天，如此类推。控水的 3 个重复以后不再浇水，对照(充分浇水)的 3 个重复以后每天晚上浇透水，确保植物不受土壤干旱胁迫的影响。用观测值的平均值绘制图 4-9。

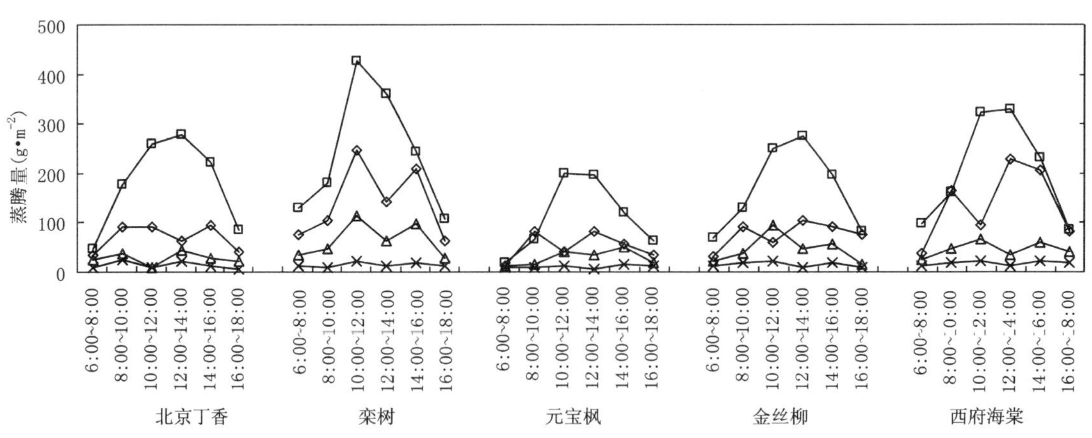

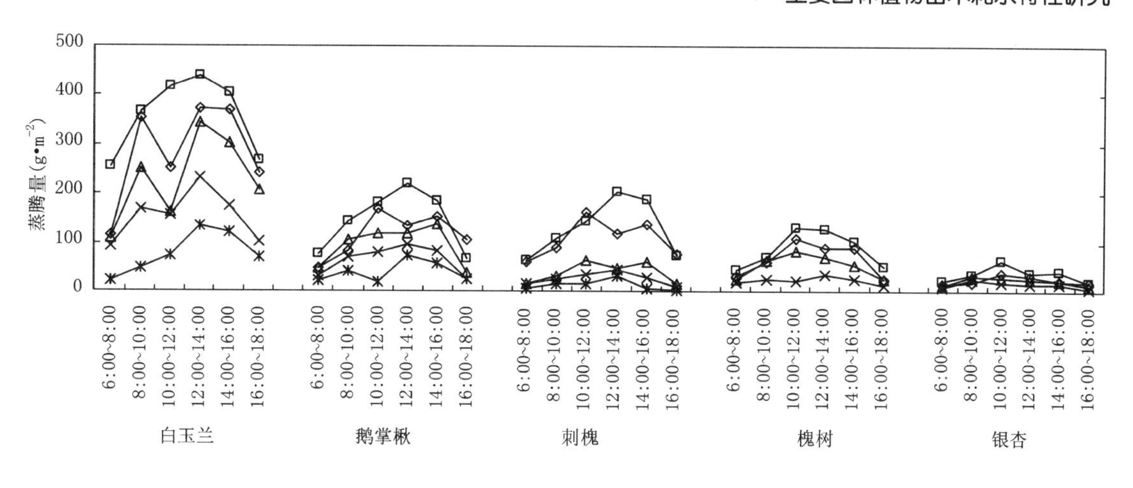
500
400
300
200
100
0
蒸腾量(g•m⁻²)
6:00~8:00
8:00~10:00
10:00~12:00
12:00~14:00
14:00~16:00
16:00~18:00
白玉兰
鹅掌楸
刺槐
槐树
银杏

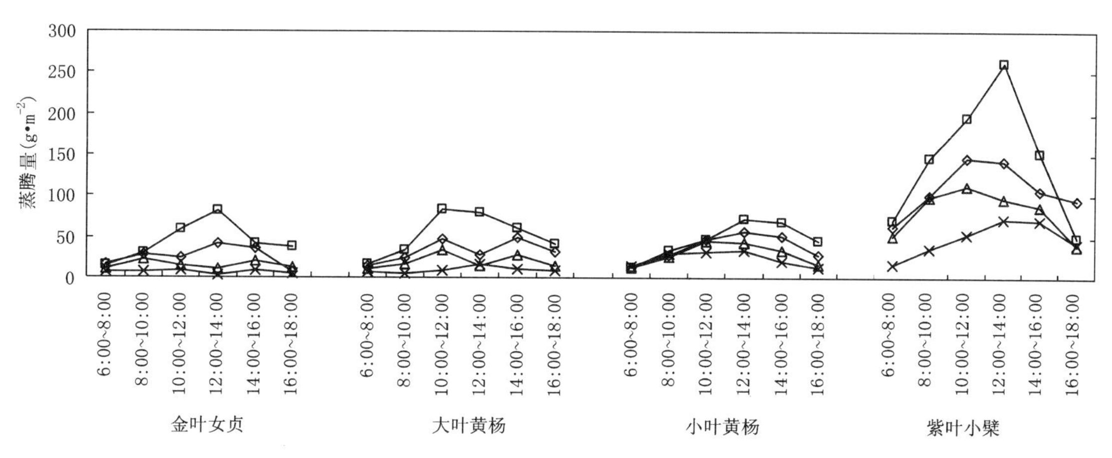
300
250
200
150
100
50
0
蒸腾量(g•m⁻²)
6:00~8:00
8:00~10:00
10:00~12:00
12:00~14:00
14:00~16:00
16:00~18:00
金叶女贞
大叶黄杨
小叶黄杨
紫叶小檗

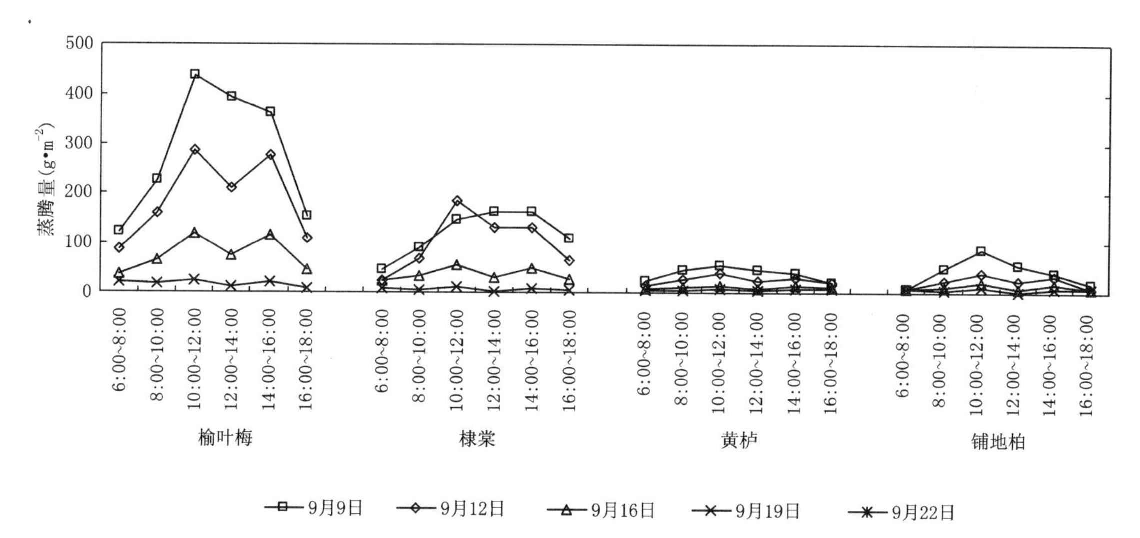
500
400
300
200
100
0
蒸腾量(g•m⁻²)
6:00~8:00
8:00~10:00
10:00~12:00
12:00~14:00
14:00~16:00
16:00~18:00
榆叶梅
棣棠
黄栌
铺地柏
9月9日
9月12日
9月16日
9月19日
9月22日

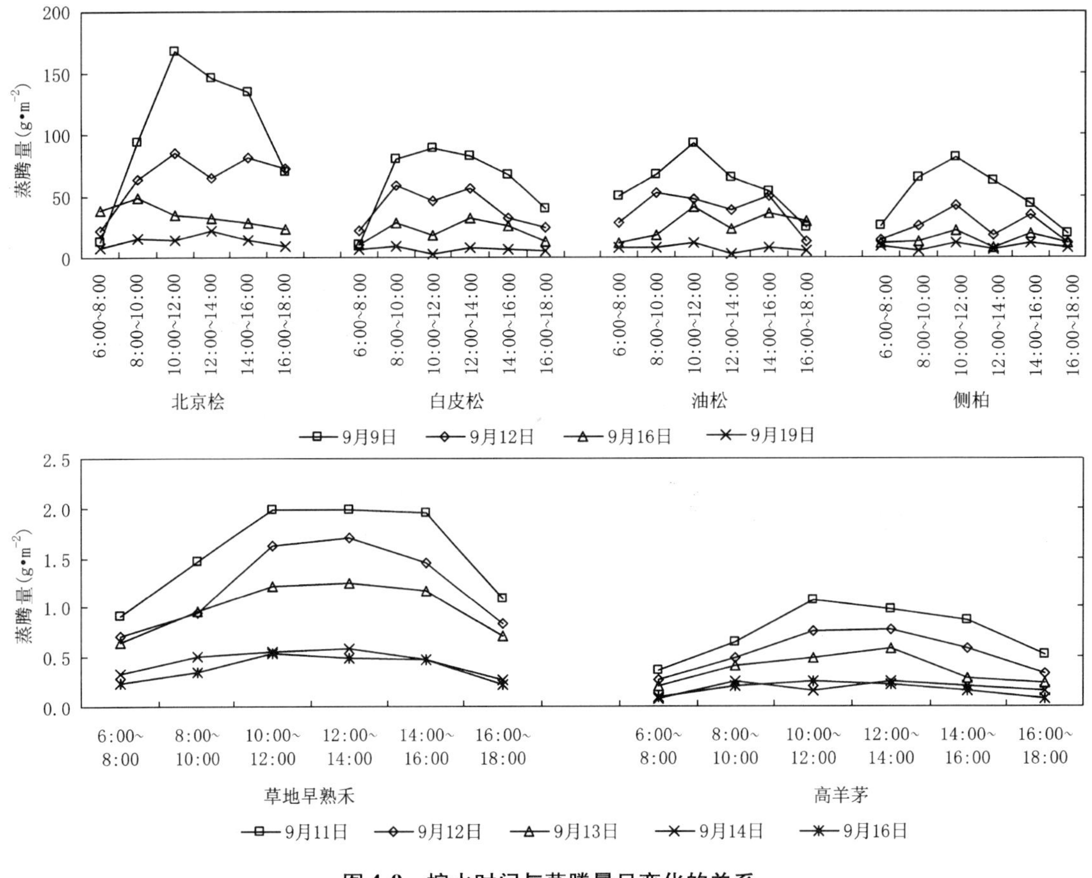

图 4-9　控水时间与蒸腾量日变化的关系

如图 4-9 所示，各种植物的蒸腾量随控水时间的延续而下降，日变化中的峰值显著降低。在控水的第 1 天(9 月 9 日)，由于水分供应充足，树种蒸腾量的日变化呈单峰曲线；在控水的第 4 天(9 月 12 日)，由于土壤已经开始出现水分胁迫，多数乔木蒸腾量的日变化呈现双峰曲线，中午前后有一个明显的暂缓期，耗水量大的栾树、白玉兰和西府海棠更明显。在灌木中，大叶黄杨和榆叶梅也出现明显的双峰曲线；至控水的第 8 天(9 月 16 日)，随着干旱胁迫的发展，多数乔灌木树种的蒸腾曲线仍为双峰形，元宝枫、鹅掌楸、北京桧为旗形，双峰形和旗形都是典型的环境胁迫特征；至控水的第 11 天(9 月 19 日)，由于土壤中可供蒸腾利用的水分已不多，各树种的蒸腾量显著减弱，日变化曲线呈平缓形，日周期里不再有大的变化，白玉兰、鹅掌楸和紫叶小檗呈旗形；草本植物随控水时间延续蒸腾量降低，日变化曲线逐渐变为平缓形。控水 15d 以后，所有阔叶树种、草本植物和部分针叶树种出现永久性凋萎，只有北京桧、铺地柏和侧柏未出现永久凋萎，但仪器已测不出它们的蒸腾作用。至此，控水试验结束。

4.2.2　控水后植物的日耗水量

将控水后观测到的日耗水量进行统计，结果见表 4-19 ~ 4-22。

表 4-19 阔叶乔木控水后日蒸腾耗水量

g · m^{-2}

树种	9月9日	9月12日	9月16日	9月19日	9月22日
	控水第1天	控水第4天	控水第8天	控水第11天	控水第14天
北京丁香	1067.5 ±53.4	418.2 ±20.9	167.3 ±8.6	84.3 ±4.2	
栾树	1449.2 ±72.5	840.5 ±42.0	386.6 ±19.3	91.0 ±4.6	
元宝枫	661.9 ±33.1	312.3 ±15.6	179.0 ±9.0	65.2 ±3.3	
金丝柳	1000.8 ±50.3	452.6 ±22.6	273.1 ±13.7	91.1 ±4.6	
西府海棠	1224.9 ±61.2	812.7 ±40.6	274.0 ±13.7	106.4 ±5.3	
白玉兰	2152.6 ±107.6	1706.9 ±85.3	1375.6 ±68.8	929.5 ±46.5	470.3 ±23.5
鹅掌楸	873.0 ±43.7	690.9 ±34.5	565.4 ±28.3	387.2 ±19.4	239.9 ±12.0
刺槐	780.5 ±39.0	642.1 ±32.1	238.1 ±11.9	160.5 ±8.0	79.8 ±4.0
槐树	526.0 ±26.3	407.8 ±20.4	321.3 ±16.1	143.8 ±7.2	
银杏	219.5 ±10.0	148.2 ±7.4	131.4 ±6.6	92.4 ±4.6	

表 4-20 灌木控水后日蒸腾耗水量

g · m^{-2}

树种	9月9日	9月12日	9月16日	9月19日	9月22日
	控水第1天	控水第4天	控水第8天	控水第11天	控水第14天
金叶女贞	266.3 ±14.2	155.9 ±8.9	96.8 ±6.2	44.4 ±2.4	
大叶黄杨	315.3 ±17.5	195.3 ±11.4	124.6 ±6.6	62.6 ±3.6	
小叶黄杨	280.7 ±13.9	225.1 ±11.3	181.9 ±9.8	146.8 ±7.1	
紫叶小檗	876.2 ±44.9	654.0 ±35.4	487.5 ±25.7	292.5 ±15.0	
榆叶梅	1696.9 ±89.9	1134.0 ±56.7	463.3 ±22.1	112.3 ±6.5	
棣棠	723.4 ±38.3	608.7 ±32.2	230.3 ±12.0	49.2 ±3.1	
黄栌	245.2 ±13.8	162.4 ±10.6	78.2 ±4.9	44.7 ±2.8	
铺地柏	263.0 ±14.3	147.1 ±7.0	78.9 ±4.7	47.2 ±2.6	

表 4-21 针叶乔木树种控水后日蒸腾耗水量

g · m^{-2}

树种	9月9日	9月12日	9月16日	9月19日	9月22日
	控水第1天	控水第4天	控水第8天	控水第11天	控水第14天
北京桧	623.3 ±33.7	387.4 ±21.2	201.3 ±11.0	80.8 ±4.6	
白皮松	367.8 ±19.9	238.0 ±12.3	125.3 ±6.5	37.1 ±2.0	
油松	350.7 ±18.8	226.2 ±12.4	157.6 ±8.3	43.8 ±3.1	
侧柏	293.7 ±14.4	144.6 ±8.1	85.2 ±4.9	51.2 ±2.7	

表 4-22 草坪草控水后日蒸腾耗水量

g · m^{-2}

草坪草种类	9月11日	9月12日	9月13日	9月14日	9月16日
	控水第1天	控水第2天	控水第3天	控水第4天	控水第6天
草地早熟禾	6377.7 ±313.5	5226.3 ±269.2	3921.8 ±302.9	2715.2 ±189.7	2281.0 ±117.6
高羊茅	4408.8 ±236.6	3189.8 ±164.1	2216.7 ±108.3	1090.6 ±58.8	882.2 ±47.4

表4-19～4-22可以看到，随着控水时间的延续，所有植物的日耗水量均不断减少，但植物种类不同，减少的幅度不同，木本植物控水的第11天(9月19日)日耗水量与控水的第1天(9月9日)相比下降的比例最多的是栾树，9月19日的日耗水量只相当于9月9日的6.3%，下降比例最少的是小叶黄杨，9月19日的日耗水量为9月9日的64.8%；草坪草控水的第6天(9月16日)日耗水量与控水第1天(9月11日)日耗水量的百分比早熟禾为35.8%、高羊茅为20.0%。

4.2.3 土壤干旱胁迫对植物蒸腾和光合的影响

土壤含水量对于植物地上部分的水分消耗有很重要的作用，它决定耗水量的大小，当受到水分胁迫时，树木在生理学上表现为蒸腾速率、光合速率、水分利用效率和气孔导度的相关变化。通过控水使盆栽土壤形成水分梯度，再测定不同水分梯度下的蒸腾、光合和气孔导度，可以搞清楚它们之间的相互关系，下面用秋季的观测数据来说明这种关系。

图4-10显示了3类植物在控水过程中土壤含水量、蒸腾速率和光合速率的变化。从图上可以看出，由于先天晚上浇透水后，第2天(控水的第1天)早晨盆栽土壤已排干了多余的水，此时土壤含水量应为田间含水量，各树种土壤田间含水量相差不大，约为17.5%～20.0%，平均为18.6%。控水后，土壤含水量持续下降，由于不同树种的蒸腾强度和每盆植物的叶面积不同，含水量下降的速度也不同，总的表现为控水前期，土壤含水量下降快，控水后期，土壤含水量下降慢，控水18d后，土壤含水量阔叶乔木平均为5.7%，灌木平均为6.5%，针叶乔木平均为6.1%。

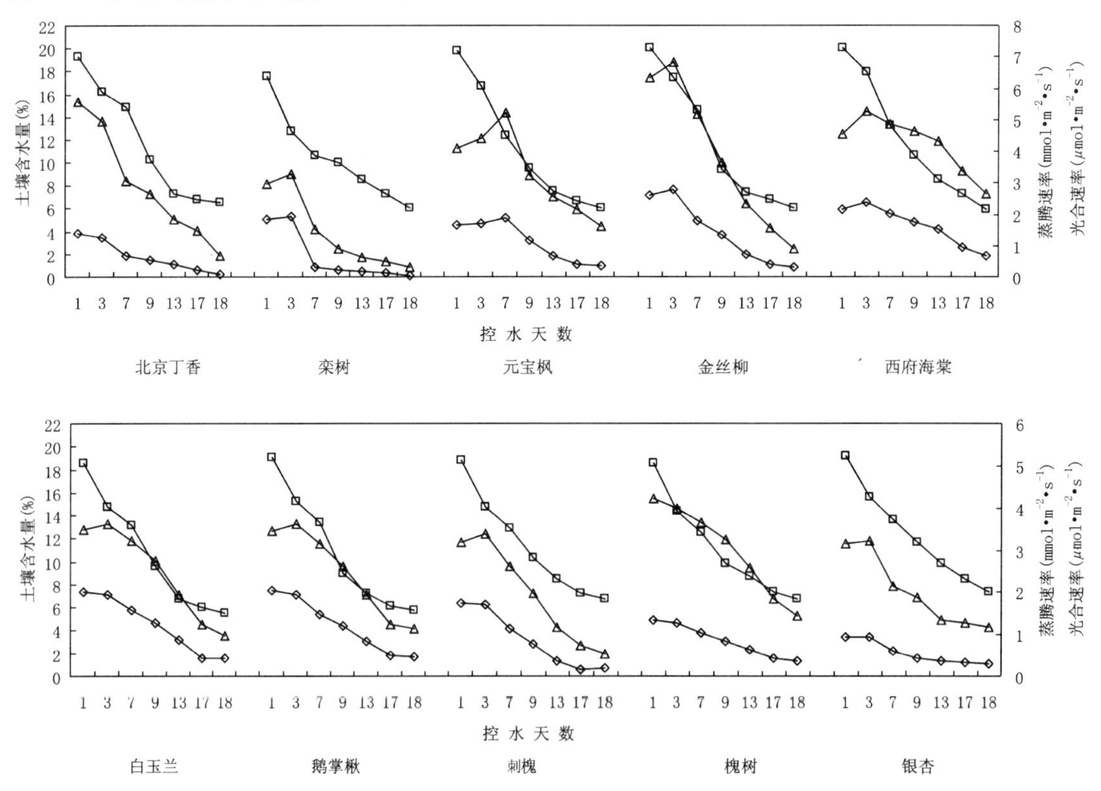

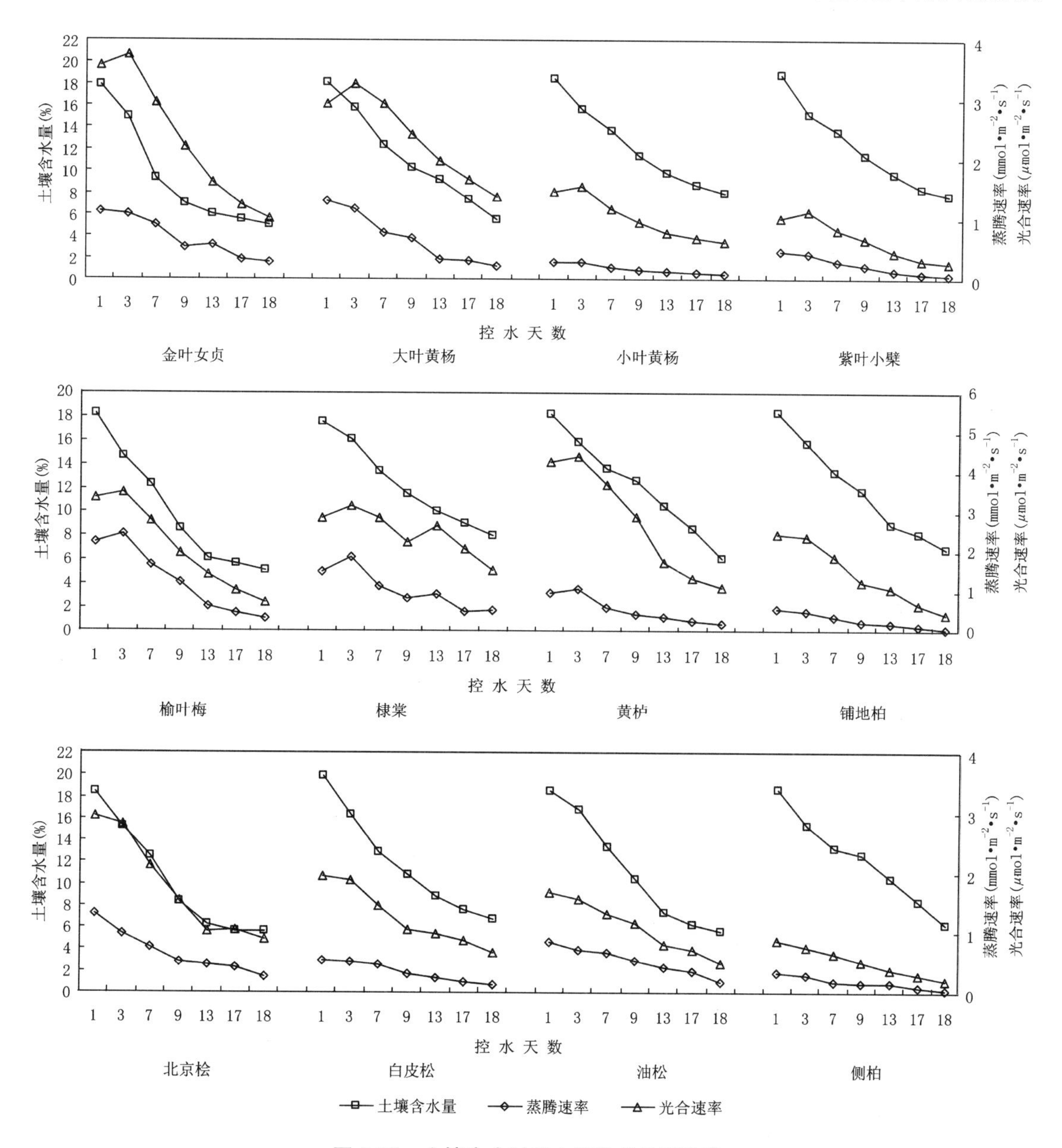

图 4-10　土壤失水过程中植物的生理变化

植物蒸腾速率随控水时间的延续呈总体下降趋势，但阔叶乔木和针叶乔木的表现明显不同，阔叶乔木和阔叶灌木中的均呈现慢－快－慢的规律，即控水的前期蒸腾速率缓慢下降或有降有升，中期快速下降，后期缓慢下降。栾树、金丝柳、西府海棠、银杏、榆叶梅、棣棠和黄栌的蒸腾速率在控水的第 3 天达到最大值，上述树种第 1 天和第 3 天的蒸腾速率（mmol $\cdot m^{-2} \cdot s^{-1}$）分别为栾树 1.86、1.92，金丝柳 2.60、2.78，西府海棠 2.14、2.36，榆叶梅 2.25、2.45，棣棠 1.50、1.88，黄栌 0.97、1.06。元宝枫在控水的第 7 天蒸腾速率达到最大值，第 1 天和第 7 天的蒸腾速率（mmol $\cdot m^{-2} \cdot s^{-1}$）分别为 1.64、1.87。可见植物蒸腾的最大值不一定出现在土壤水分饱和或近饱和的时候，因为有的树种根系活动对土壤氧气的要求较高，水分太多，土壤孔隙度小，不利于根系的呼吸作用，根系吸水能力下降(武维华，2003)。针叶乔木和针叶灌木铺地柏随控水时间的延续蒸腾速率呈持续下降态势，北京桧前期下降较快，后期平缓下降，其他针叶植物在整个控水期间均呈平缓下降。

植物光合速率随控水时间延续的变化趋势与蒸腾速率大致相似，多数树种表现为慢－快－慢的节奏，少数树种如油松和侧柏呈持续平缓下降趋势。可见，在土壤干燥过程中，各树种的蒸腾和光合速率虽然具有一定的差别，但总的变化趋势是一致的，土壤内可利用的有效水的含量直接影响各树种的蒸腾作用和光合作用。

在控水过程中，植物的外貌特征也发生很大变化，在控水的前3d，土壤水分充足，植物生长旺盛，从外貌上看不出干旱胁迫的症状，至第7天，少数树种如金丝柳、栾树、白玉兰、榆叶梅等在晴天的中午出现轻度萎蔫，但午后可逐渐恢复，至傍晚时可恢复到常态，至第9天，出现这种症状的树种增多，至第13天，所有树种都出现不同程度的暂时萎蔫，多数阔叶植物下部叶片变黄，有的凋落，控水至第17天，多数阔叶树种已出现严重萎蔫，下部叶片大量枯黄、凋落，仅上部保留少量叶片维持蒸腾和光合，针叶植物叶片萎蔫，下部叶片大量脱落。

4.2.4 园林绿地土壤水分等级的划分

水的运动总是从水势高的地点转移到水势低的地点，因此用水势衡量土壤中的水分能更好地说明土壤中可供植物吸收的水分状况。当土壤含水量在田间含水量及以下的一定范围内时，土壤水分多，水势高，土壤颗粒间充满水并在其间形成彼此相通的微细管道，水会沿此压力梯度形成集流通过这些管道运动到根的表面，植物对水分的需求就会得到充分的满足。当土壤水分进一步减少时，水无法充满土壤颗粒间隙，土壤颗粒间的管道由于被空气充入而使水流中断，这时水只能沿土壤颗粒表面流动，速度变慢，水势急剧变小，土壤水分的有效性降低，植物开始经受干旱胁迫，当土壤含水量继续下降时，附着在土壤颗粒表面上的水层变薄，土壤水势进一步下降，植物旱害加剧，当土壤水势下降到低于植物根系的水势时，植物就不能从土壤中吸水，植物出现永久凋萎(武维华，2003)。可见，在土壤含水量从田间含水量降至凋萎含水量的过程中，有两个临界值需要把握，一是土壤水分有效性降低，植物开始遭受干旱胁迫时的土壤水势，可称为土壤水分的“有效性临界值”，高于此值，植物享受充分的水分供应，低于此值，植物开始经历干旱胁迫；二是土壤水分下降至影响植物正常生长、降低植物观赏性时的土壤水势，可称为土壤水分的“旱害临界值”。就同一种土壤而言，旱害临界值与植物种类的关系不大，原因是不同植物能达到的旱害临界水势虽然不同，但相差不会超过1MPa，而在旱害临界值附近，含水量的微小变化都能引起水势值的大幅度增减。因此，对于栽培在同一种土壤上的不同植物，确定一个统一的旱害临界值是可行的(武维华，2003)。

土壤干旱胁迫进程中各阶段土壤含水量所对应的土壤水势可以通过土壤水分特征曲线查得。通过对植物在不同土壤水分梯度下生理和外貌变化的观测和分析，可以找到土壤水分的几个特征值：田间含水量平均值盆栽土壤为18.6 %(水势－0.08 MPa)、草坪土壤为19.6 %(水势－0.06MPa)，水分有效性临界值盆栽土壤为－0.24 MPa(含水量14.6 %)、草坪土壤为－0.18 MPa(含水量15.6 %)，旱害临界值盆栽土壤为－1.41 MPa(含水量8.6 %)、草坪土壤为－1.06MPa(含水量9.6%)。在田间含水量至旱害临界值范围内，可对植物实行水

表 4-23 园林绿地土壤水分等级标准

供水等级	盆栽树木土壤		草坪土壤		植物生长特点	水分管理等级
	水势(-MPa)	含水量(%)	水势(-MPa)	含水量(%)		
水分充足	0.24~0.08	14.6~18.6	0.18~0.06	15.6~19.6	生长旺盛	特级
轻度缺水	0.59~0.24	11.6~14.6	0.44~0.18	12.6~15.6	生长正常，无干旱胁迫症状	一级
中度缺水	1.41~0.59	8.6~11.6	1.06~0.44	9.6~12.6	出现暂时凋萎，可恢复，下部少量叶片变黄	二级
严重缺水	>1.41	<8.6	>1.06	<9.6	出现永久性凋萎，大量叶片变黄，脱落	

分分级管理。绿地土壤水分等级标准见表 4-23。

如表 4-23 所示，当土壤水分为田间含水量至土壤水分有效性临界值范围时，土壤水分能完全满足植物蒸腾的需要，植物生长旺盛，此时的供水等级为水分充足，维持土壤水分充足的管理等级为“特级”；在土壤水分有效性临界值至旱害临界值之间可划分两个水分等级，分别为轻度缺水和中度缺水，对应的管理等级为一级和二级。当发生轻度缺水时，植物蒸腾和光合减弱，但生长正常，外貌上不表现干旱胁迫症状，因此不影响观赏效果；当发生中度缺水时，植物在高温时段可能出现暂时性萎蔫，随着缺水时间的延续下部少量叶片变黄，但对总体观赏效果影响不大。

将上述单株灌木和小面积草坪的水分等级管理应用到大面积绿地需要解决 3 个问题。一是土壤水势的监测，用土壤水分速测仪可以随时测定土壤的含水量，用铝盒取土样进行烘干测定精度更高，但需要花费几个小时的时间，测定了含水量后，根据土壤水分特征曲线换算水势；二是不同土壤上的同类植物能否采用相同的水势等级标准，由于水势是一个能量指标，因此不同土壤上的同类植物能够采用相同的水势等级标准，只是不同土壤的水势值所对应的土壤含水量不同而已；三是盆栽和蒸散皿能否代表大面积绿地。毫无疑问，盆栽和蒸散皿对植物根系的生长发育和水分吸收有一定的影响，但只要选用足够大的花盆，观测时尽量模拟绿地真实环境，就能将这种不利影响降至最低。

对绿地水分实现分级管理不仅具有充分的生理、生态学依据，而且也符合绿地集约管理的需要。在北京这样的大都市，建成区绿地面积已达 40 216 hm^2(2004 年)，如果对所有绿地都进行充分供水，已日趋紧缺的水资源将更加不堪重负。即便水资源充分，要确保如此庞大的绿地充分供水，其人力、物力和财力的消耗也将是巨大的，在经济上是不划算的。城市中各个不同位置的绿地的功能和作用是不同的，据此可将城市绿地分为重点地段绿地、次重点地段绿地和一般地段绿地，相应地对绿地水分采用特级、一级和二级管理。

4.2.5 控水后植物的水分利用效率

4.2.5.1 不同水分梯度下植物的水分利用效率

为了观察不同土壤水分梯度下植物的水分利用效率，根据 Li-6400 测得的不同供水等级下的光合速率和蒸腾速率计算水分利用效率，绘制图 4-11。

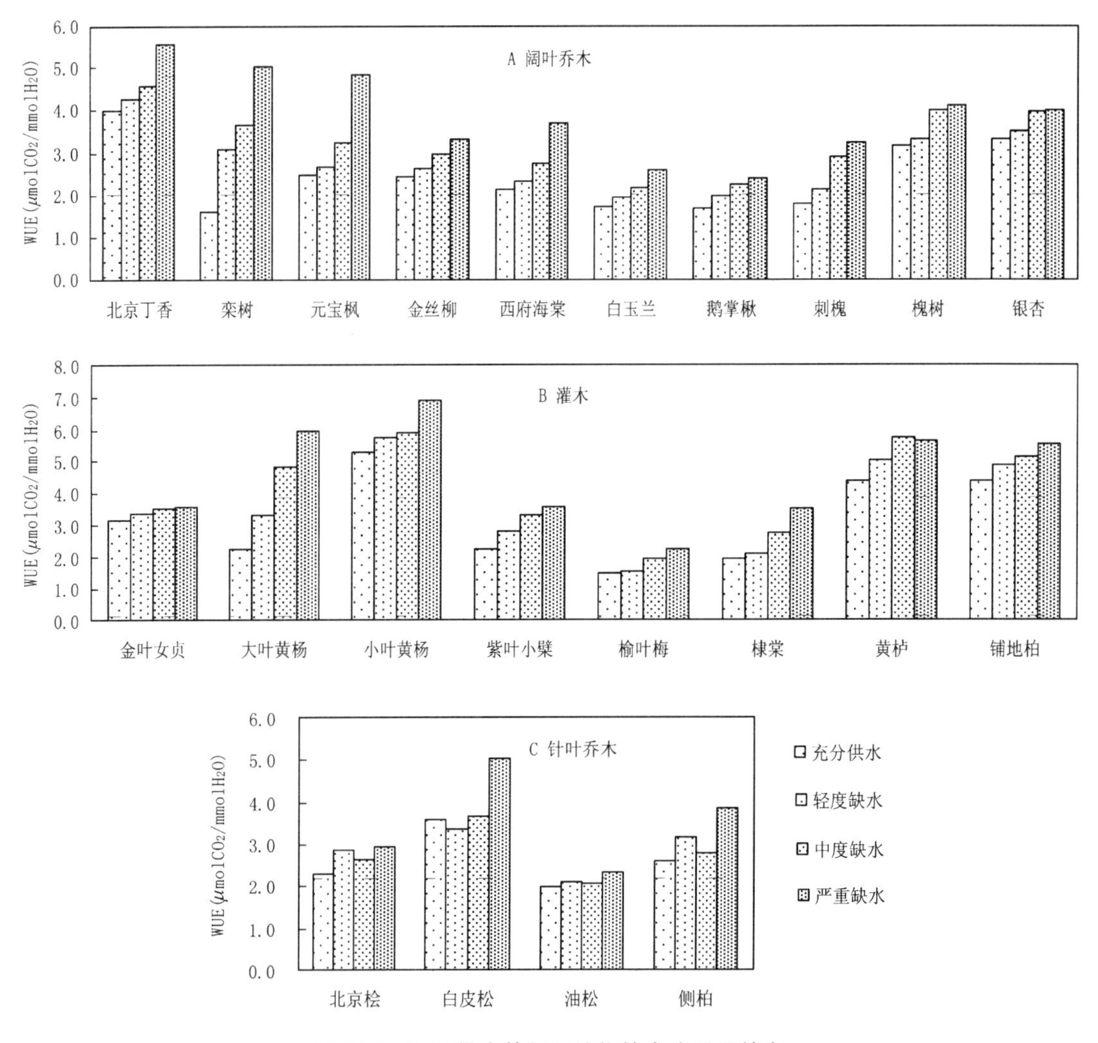

图4-11 不同供水等级下植物的水分利用效率

如图4-11所示，各树种的水分利用效率在遭受水分胁迫后表现出不同程度的提高，阔叶乔木树种中栾树提高最明显，北京丁香提高不明显，灌木中大叶黄杨提高最明显，金叶女贞和小叶黄杨提高不明显，针叶乔木中白皮松和侧柏在严重缺水时水分利用效率会显著提高。如果排除严重缺水这一极端情况，用中度缺水时的水分利用效率占充分供水时的水分利用效率的倍数来衡量水分利用效率提高的程度，则各树种的倍数如下：北京丁香1.14、栾树2.29、元宝枫1.31、金丝柳1.21、西府海棠1.30、白玉兰1.26、鹅掌楸1.33、刺槐1.61、槐树1.27、银杏1.19、金叶女贞1.11、大叶黄杨2.13、小叶黄杨1.12、紫叶小檗1.48、榆叶梅1.27、棣棠1.44、黄栌1.31、铺地柏1.18、北京桧1.16、白皮松1.03、油松1.03、侧柏1.07，阔叶乔木树种平均为1.39，灌木平均为1.38，针叶乔木平均为1.07。孙鹏森(2001)在对栓皮栎、火炬树等8个北京水源保护林主要树种苗木进行盆栽耗水试验时也发现，随着土壤含水量的减少，苗木的水分利用效率上升，与本试验的结果一致。

4.2.5.2　不同水分梯度下植物的水分利用效率排序

图4-12显示了不同水分梯度下各树种水分利用效率的排列顺序，从图4-12A可以看到，阔叶乔木树种在不同水分梯度下水分利用效率排列前3位的是北京丁香、银杏、槐树，其中北京丁香的水分利用效率最高，总是排在第1位，栾树在充分供水时水分利用效率最低，排名最后，但在轻度和中度缺水时，水分利用效率大幅提高，排名上升至第4，从图4-12A还可以看到，白玉兰和鹅掌楸的水分利用效率低，在不同水分梯度下排名都靠后。

从图4-12B可以看到，在灌木中，小叶黄杨、黄栌和铺地柏的水分利用效率较高。它们在不同水分梯度下均排在前3位，紫叶小檗、棣棠和榆叶梅的水分利用效率较低，它们在不同水分梯度下均排在后3位，金叶女贞和大叶黄杨的水分利用效率居中。

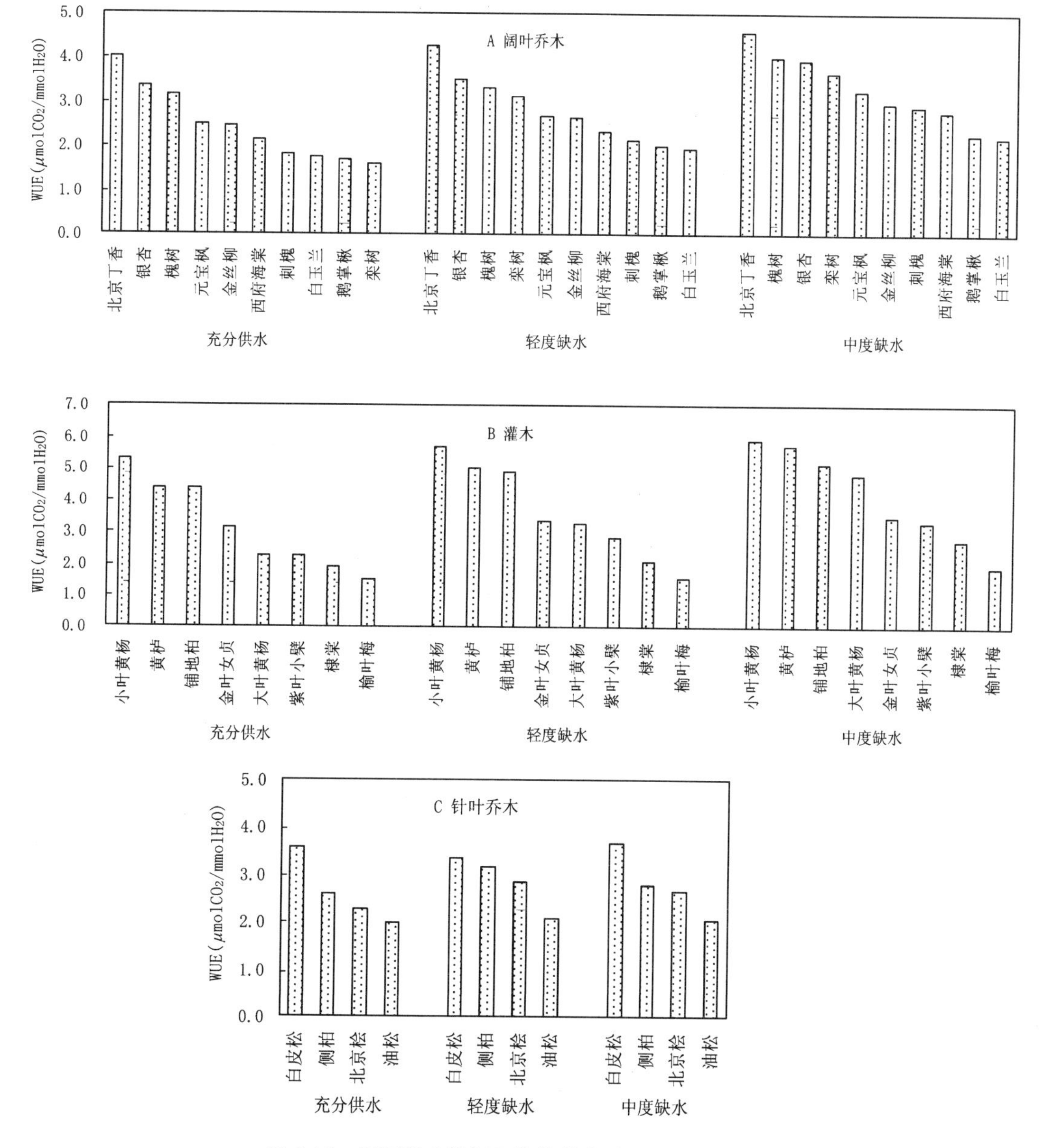

图4-12　不同供水等级下植物的水分利用效率排序

从图4-12C可以看到，针叶乔木不同水分梯度下水分利用效率的排序均为：白皮松 > 侧柏 > 北京桧 > 油松。

4.2.6 不同水分梯度下植物的蒸腾耗水量

在4.1.4中，已经对水分充足条件下苗木不同季节的耗水量进行了计算，使用的是典型晴天的观测数据，目的是比较和评价不同树种的潜在耗水能力，为低耗水植物选择服务。在这里，按照建立绿地灌溉制度的要求，根据称重试验的气候观测数据，算出各树种在不同土壤水分梯度、不同月份和季节、不同天气状况下的实际耗水量，结果见表4-24～4-26。

表4-24 阔叶乔木不同土壤水分梯度下的耗水量 kg·m⁻²

树种	水分	春季(4～5月)			夏季(6～8月)			秋季(8～9月)			生长
	等级	晴天	阴雨天	总计	晴天	阴雨天	总计	晴天	阴雨天	总计	期
北京丁香	a	0.33	0.09	15.4	0.61	0.17	38.7	1.07	0.3	50.6	104.8
	b	0.23	0.07	11.0	0.43	0.12	27.1	0.42	0.12	19.8	57.9
	c	0.16	0.04	7.4	0.22	0.06	13.8	0.17	0.05	7.9	29.1
栾树	a	1.9	1.1	100.6	1.91	1.1	143.5	1.45	0.84	76.8	320.8
	b	1.3	0.75	69.0	1.15	0.66	86.1	0.84	0.48	44.5	199.6
	c	0.64	0.37	33.7	0.76	0.44	57.4	0.39	0.22	20.5	111.6
元宝枫	a	1.92	1.12	101.8	1.3	0.76	98.1	0.66	0.39	35.2	235.1
	b	1.37	0.8	72.8	1.12	0.65	84.1	0.31	0.18	16.6	173.4
	c	0.88	0.51	46.5	0.56	0.33	42.0	0.18	0.1	9.5	98.1
金丝柳	a	1.73	0.93	90.2	2.2	1.18	161.8	1.00	0.54	52.3	304.3
	b	0.69	0.37	36.2	1.24	0.67	91.5	0.45	0.24	23.6	151.4
	c	0.26	0.14	13.4	0.31	0.17	22.8	0.27	0.15	14.3	50.4
西府海棠	a	0.58	0.27	29.5	1.77	0.82	124.8	1.22	0.57	62.3	216.5
	b	0.41	0.19	21.0	1.26	0.58	88.6	0.81	0.38	41.3	150.9
	c	0.29	0.13	14.5	0.54	0.25	37.9	0.27	0.13	13.9	66.4
白玉兰	a	2.58	1.36	134.2	1.63	0.86	119.4	1.64	0.87	85.5	339.1
	b	1.85	0.98	96.1	1.17	0.62	85.5	1.18	0.62	61.2	242.7
	c	0.84	0.44	43.7	0.53	0.28	38.9	0.54	0.28	27.9	110.5
鹅掌楸	a	2.20	1.06	112.5	1.18	0.57	83.9	1.16	0.56	59.4	255.9
	b	1.58	0.76	80.9	0.85	0.41	60.4	0.84	0.40	42.8	184.1
	c	0.79	0.38	40.3	0.42	0.20	30.1	0.42	0.20	21.3	91.7
刺槐	a	1.27	0.83	68.9	0.99	0.65	77.1	0.59	0.39	32.1	178.1
	b	0.71	0.47	38.8	0.56	0.36	43.4	0.33	0.22	18.1	100.3
	c	0.26	0.17	14.2	0.20	0.13	15.9	0.12	0.08	6.6	36.7
槐树	a	0.83	0.46	43.6	1.15	0.63	85.0	0.59	0.33	31.0	159.6
	b	0.58	0.32	30.6	0.80	0.44	59.6	0.41	0.23	21.8	112.0
	c	0.37	0.20	19.3	0.51	0.28	37.6	0.26	0.14	13.7	70.7
银杏	a	0.79	0.44	41.6	0.85	0.47	62.7	0.27	0.15	14.1	118.3
	b	0.53	0.29	28.0	0.57	0.31	42.2	0.18	0.10	9.5	79.6
	c	0.40	0.22	21.2	0.43	0.24	31.9	0.14	0.08	7.2	60.2

注：a水分充足；b轻度缺水；c中度缺水。

表 4-25 灌木不同土壤水分梯度下的耗水量 kg·m^{-2}

种名	水分等级	春季(4~5月)			夏季(6~8月)			秋季(8~9月)			生长期
		晴天	阴雨天	总计	晴天	阴雨天	总计	晴天	阴雨天	总计	
金叶女贞	a	0.54	0.58	33.6	0.71	0.76	67.0	0.27	0.29	16.6	117.3
	b	0.42	0.46	26.4	0.47	0.51	44.7	0.16	0.17	9.8	80.9
	c	0.16	0.17	9.9	0.24	0.26	22.9	0.1	0.1	6.0	38.7
大叶黄杨	a	0.77	0.43	40.4	0.96	0.53	71.5	0.32	0.17	16.6	128.4
	b	0.59	0.33	31.0	0.71	0.39	52.3	0.2	0.11	10.3	93.5
	c	0.2	0.11	10.7	0.39	0.21	28.6	0.12	0.07	6.5	45.8
小叶黄杨	a	0.34	0.15	16.9	0.34	0.15	23.8	0.31	0.13	15.4	56.1
	b	0.26	0.11	13.3	0.27	0.12	18.6	0.24	0.10	12.1	44.0
	c	0.21	0.09	10.7	0.22	0.09	15.1	0.19	0.08	9.8	35.6
紫叶小檗	a	1.23	1.00	70.6	1.05	0.85	88.3	0.87	0.71	50.0	208.9
	b	0.92	0.74	52.7	0.78	0.63	65.9	0.65	0.53	37.3	155.9
	c	0.68	0.56	39.3	0.58	0.47	49.2	0.48	0.39	27.9	116.4
榆叶梅	a	2.15	1.19	112.9	2.13	1.18	157.9	1.7	0.94	89.2	360.0
	b	1.28	0.71	67.2	1.52	0.84	112.8	1.13	0.63	59.6	239.6
	c	0.64	0.36	33.9	1.22	0.68	90.2	0.46	0.26	24.4	148.5
棣棠	a	0.83	0.63	46.8	1.12	0.85	92.3	0.72	0.55	40.8	180.0
	b	0.5	0.38	28.5	0.5	0.38	41.6	0.61	0.46	34.4	104.4
	c	0.44	0.33	24.7	0.44	0.33	36.0	0.23	0.18	13.0	73.7
黄栌	a	0.35	0.23	19.0	0.73	0.47	56.8	0.25	0.16	13.3	89.0
	b	0.22	0.14	12.1	0.42	0.27	32.6	0.16	0.1	8.8	53.5
	c	0.15	0.09	8.0	0.21	0.14	16.7	0.08	0.05	4.2	28.9
铺地柏	a	0.37	0.23	19.9	0.63	0.39	48.3	0.26	0.16	14.2	82.4
	b	0.3	0.19	16.2	0.44	0.27	33.8	0.15	0.09	8.0	57.9
	c	0.19	0.12	10.3	0.3	0.18	22.8	0.08	0.05	4.2	37.3

注：a 水分充足；b 轻度缺水；c 中度缺水。

表 4-26 针叶乔木不同土壤水分梯度下的耗水量 kg·m^{-2}

种名	水分等级	春季(4~5月)			夏季(6~8月)			秋季(8~9月)			生长期
		晴天	阴雨天	总计	晴天	阴雨天	总计	晴天	阴雨天	总计	
北京桧	a	0.46	0.21	23.5	0.7	0.31	48.9	0.62	0.28	31.5	103.8
	b	0.43	0.19	21.6	0.3	0.14	21.1	0.39	0.17	19.6	62.2
	c	0.25	0.11	12.6	0.21	0.09	14.6	0.2	0.09	10.2	37.5

（续）

种名	水分等级	春季(4~5月)			夏季(6~8月)			秋季(8~9月)			生长期
		晴天	阴雨天	总计	晴天	阴雨天	总计	晴天	阴雨天	总计	
白皮松	a	0.55	0.42	31.1	0.9	0.68	74.4	0.37	0.28	20.7	126.2
	b	0.41	0.31	23.2	0.84	0.64	69.3	0.24	0.18	13.5	106.0
	c	0.27	0.21	15.5	0.42	0.31	34.3	0.13	0.09	7.1	56.8
油松	a	0.85	0.55	46.2	1.1	0.71	85.6	0.32	0.21	17.6	149.4
	b	0.54	0.35	29.1	0.58	0.37	45.0	0.25	0.16	13.4	87.6
	c	0.34	0.22	18.4	0.34	0.22	26.4	0.16	0.1	8.6	53.5
侧柏	a	0.58	0.32	30.6	0.65	0.36	48.5	0.28	0.15	14.6	93.7
	b	0.38	0.21	19.9	0.36	0.2	26.5	0.14	0.08	7.6	54.0
	c	0.18	0.1	9.4	0.24	0.13	17.8	0.09	0.05	4.5	31.6

注：a 水分充足；b 轻度缺水；c 中度缺水。

从这 3 个表上可以看到，各树种随供水量的减少，耗水量均大幅下降，从天气来看，除金叶女贞阴雨天的耗水量略大于晴天外，其他树种在 3 个供水等级上的耗水量都是晴天大于阴雨天。

4.2.7 不同水分梯度下植物耗水量排序

为了更直观地比较各树种在不同土壤水分梯度下的耗水量大小，可以对所有参试植物分为乔木和灌木两大类，然后对它们的耗水量进行分季节排序。

4.2.7.1 乔木

从图 4-13 可以看出，参试的 14 种乔木的耗水量在不同季节或同一季节不同水分梯度下的排序不一致。春季(图 4-13A)，白玉兰、鹅掌楸、元宝枫耗水量大，在 3 种水分梯度下均位列前 3 位，在充分供水和轻度缺水时顺序为白玉兰、鹅掌楸、元宝枫，在中度缺水时变为元宝枫、白玉兰、鹅掌楸。北京丁香耗水量最少，在 3 种水分梯度下均位列最后一位，处于后 3 位的充分供水时还有北京桧和西府海棠，轻度缺水时还有侧柏和西府海棠，中度缺水时还有侧柏和北京桧，其他树种耗水量的排列在不同的水分梯度下会有所变化，但都处在第 4 至第 11 的中间位置上；夏季(图 4-13B)，在充分供水和轻度缺水时金丝柳、栾树和西府海棠的耗水量大，排列前 3 位，中度缺水时，栾树、元宝枫、白玉兰排列前 3 位，金丝柳排名第 10，可见金丝柳对夏季土壤的低水势很敏感，排列后 3 位的都是北京丁香、北京桧和侧柏，后 3 位的排列顺序充分供水时为北京桧、侧柏、北京丁香，轻度缺水时为北京丁香、侧柏、北京桧，中度缺水时为侧柏、北京桧、北京丁香；秋季(图 4-13C)，前 3 位的排列顺序充分供水时为白玉兰、栾树、西府海棠，轻度缺水时为白玉兰、栾树、鹅掌楸，中度缺水时为白玉兰、鹅掌楸、栾树。后 3 位的排列顺序充分供水时为油松、侧柏、银杏，轻度缺水时为油松、银杏、侧柏，中度缺水时为白皮松、刺槐、侧柏；全年(图 4-13D)，前 3 位的排列顺序充分供水时为白玉兰、栾树、金丝柳，轻度缺水时为白玉兰、栾树、鹅掌楸，中度缺水

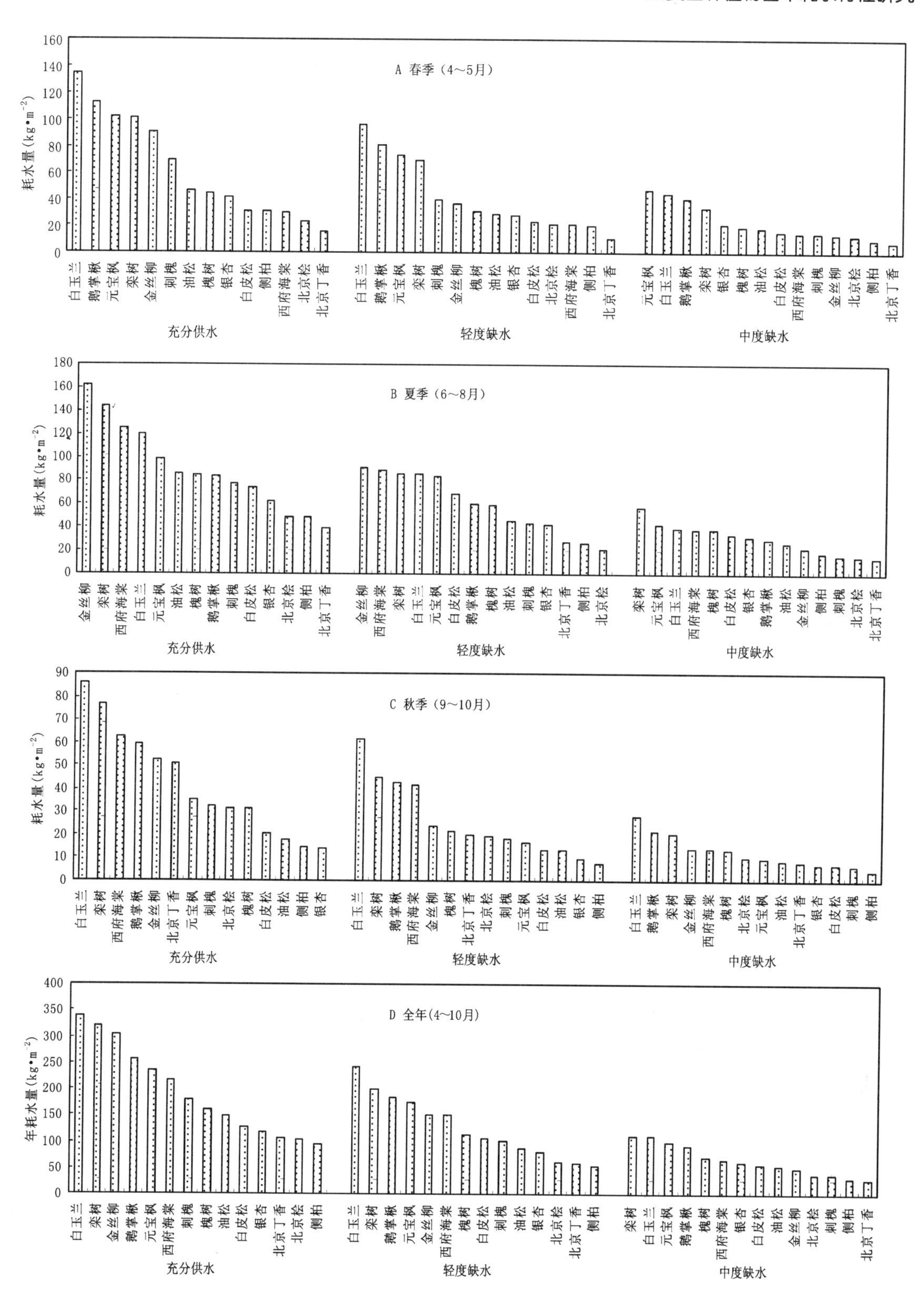

图 4-13　乔木树种不同水分梯度下耗水量排序

时为栾树、白玉兰、元宝枫。后3位的排列顺序充分供水时为北京丁香、北京桧、侧柏，轻度缺水时为北京桧、北京丁香、侧柏，中度缺水时为刺槐、侧柏、北京丁香。

4.2.7.2　灌木

如图4-14所示，参试的8个灌木的耗水量在不同季节或同一季节不同水分梯度下的排序均有一定差异。春季(图4-14A)，榆叶梅、紫叶小檗耗水量大，在3个水分梯度下均位列前两位，在充分供水和轻度缺水时顺序为榆叶梅、紫叶小檗，在中度缺水时顺序变为紫叶小檗、榆叶梅。后两位的排列顺序充分供水时为黄栌、小叶黄杨，轻度缺水时为小叶黄杨、黄栌，中度缺水时为金叶女贞、黄栌，可见黄栌是春季低水势条件下耗水最少的灌木；夏季(图4-14B)，前两位的排列顺序充分供水时为榆叶梅、棣棠，轻度缺水和中度缺水时为榆叶梅、紫叶小檗。后两位的排列顺序充分供水时铺地柏、小叶黄杨，轻度缺水和中度缺水时为黄栌、小叶黄杨，可见黄栌是夏季低水势条件下耗水最少的灌木树种；秋季(图4-14C)，前两位的排列顺序充分供水和轻度缺水时均为榆叶梅、紫叶小檗，中度缺水时为紫叶小檗、榆叶梅。后两位的排列顺序充分供水时为铺地柏、黄栌，轻度缺水和中度缺水时均为黄栌、铺地柏，可见铺地柏是秋季低水势条件下耗水最少的灌木；全年(图4-14D)，3个水分梯度下耗水量前两位的排列顺序均为榆叶梅、紫叶小檗，后两位的排列顺序充分供水时为小叶黄杨、铺地柏，轻度缺水时为黄栌、小叶黄杨，中度缺水时为小叶黄杨、黄栌，可见黄栌、小叶黄杨和铺地柏是低水势条件下耗水较少的灌木。

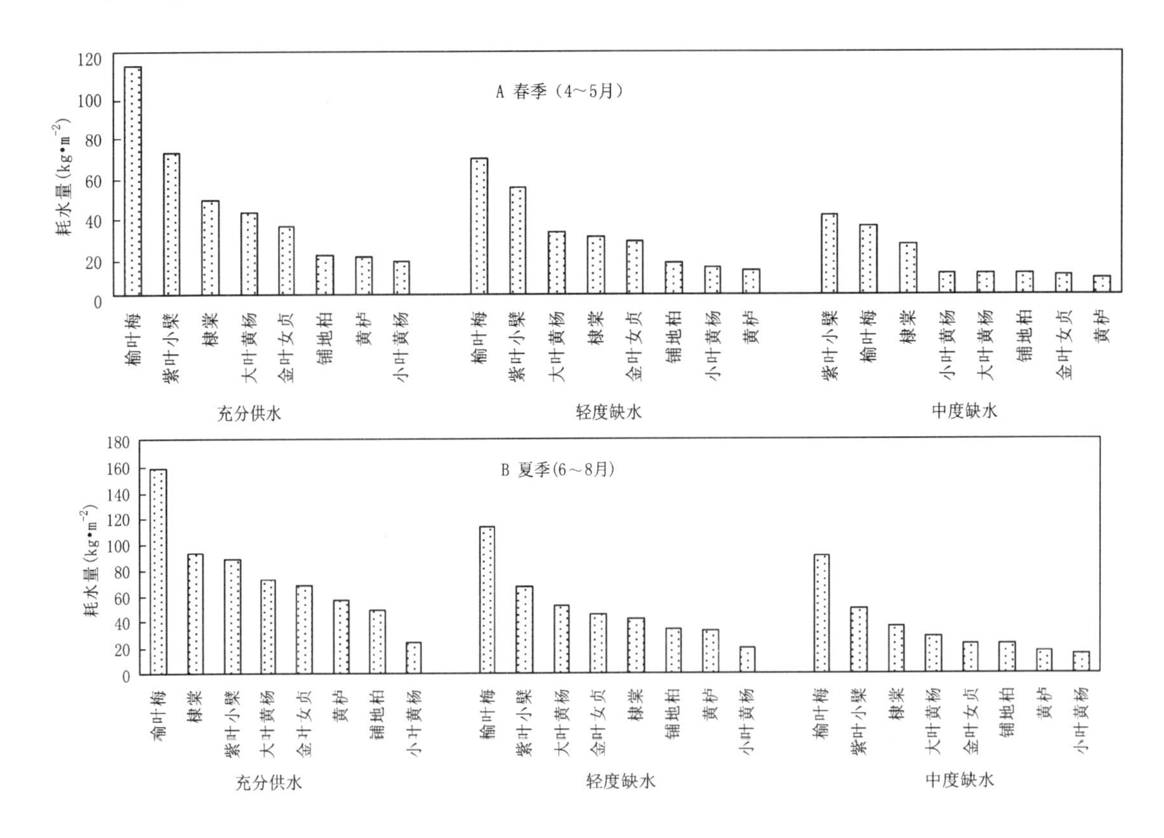

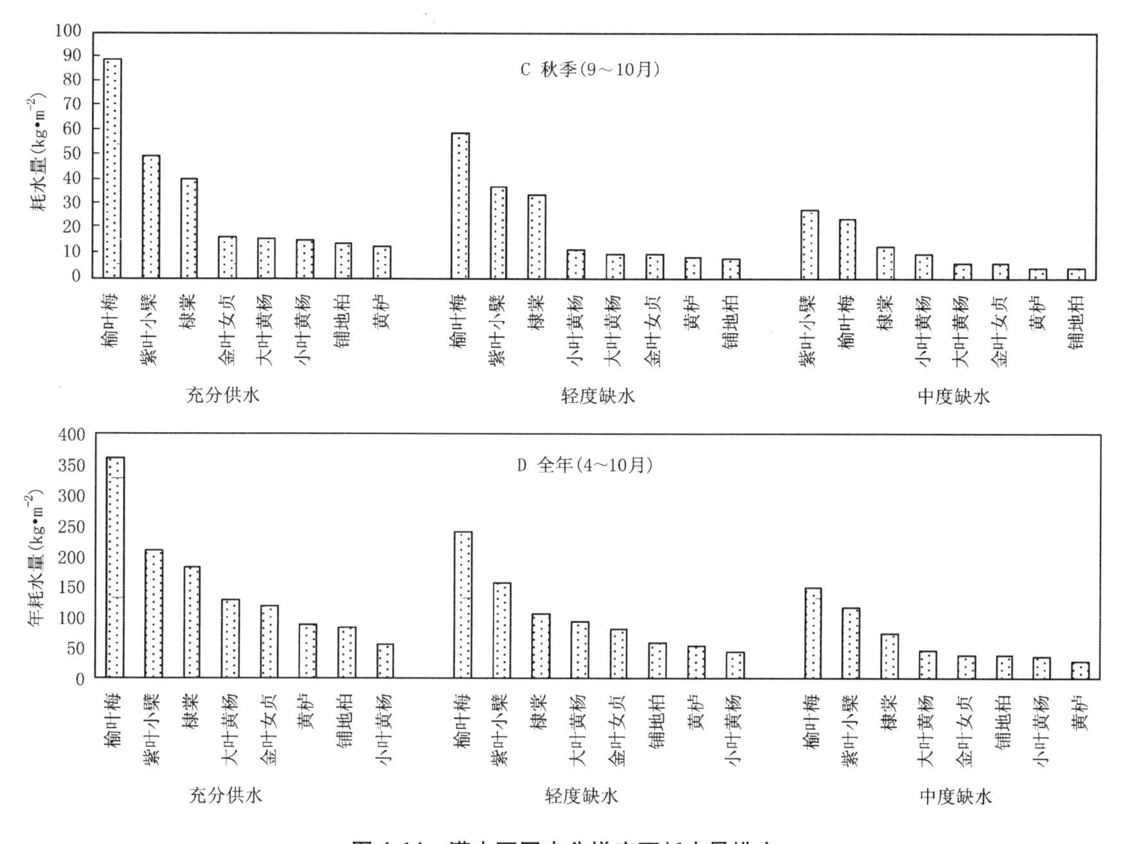

图 4-14　灌木不同水分梯度下耗水量排序

通过对不同水分梯度下树种的耗水量进行排序，为在确定的水分管理等级下选择低耗水植物提供了依据。

4.2.8　不同水分梯度下植物年耗水量的聚类分析

4.2.8.1　乔木树种

利用 SPSS12.0 对乔木树种不同水分梯度下年耗水量进行聚类分析，统计软件将 14 个树种生长期耗水量的实际距离按比例调整为欧氏距离 0～25，聚类结果见图 4-15～4-17。

从图 4-15 可以看到，当充分供水时，如果欧氏距离选择 15，相当于类内耗水量相差 150 $kg \cdot m^{-2}$，则分为两类。白玉兰、栾树、金丝柳、鹅掌楸、元宝枫、西府海棠归一类，为高耗水；其他树种归一类，为低耗水。如果欧氏距离选择 5(相当于类内耗水量相差 50 $kg \cdot m^{-2}$)，则分为三类。白玉兰、栾树、金丝柳归一类，为高耗水；鹅掌楸、元宝枫、西府海棠归一类，为中等耗水；其他树种归一类，为低耗水。

从图 4-16 可以看到，当轻度缺水时，如果欧氏距离选择 15，相当于类内耗水量相差 120 $kg \cdot m^{-2}$，则分为两类。白玉兰、栾树、鹅掌楸、元宝枫、金丝柳、西府海棠归一类；为高耗水，其他树种归一类，为低耗水。如果欧氏距离选择 7.5(相当于类内耗水量相差 55 $kg \cdot m^{-2}$)，则分为三类。白玉兰单独一类，为高耗水；栾树、鹅掌楸、元宝枫、金丝柳、西府海棠归一类，为中等耗水；其他树种归一类，为低耗水。

从图4-17可以看到，当中度缺水时，如果欧氏距离选择15，相当于类内耗水量相差50 kg·m^{-2}，则分为两类，栾树、白玉兰、元宝枫、鹅掌楸归一类，为高耗水，其他树种归一类，为低耗水；如果欧氏距离选择4(相当于类内耗水量相差20 kg·m^{-2})，则分为三类，栾树、白玉兰、元宝枫、鹅掌楸归一类，为高耗水，槐树、西府海棠、银杏、白皮松、油松、金丝柳归一类，为中等耗水，北京桧、刺槐、侧柏、北京丁香归一类，为低耗水。

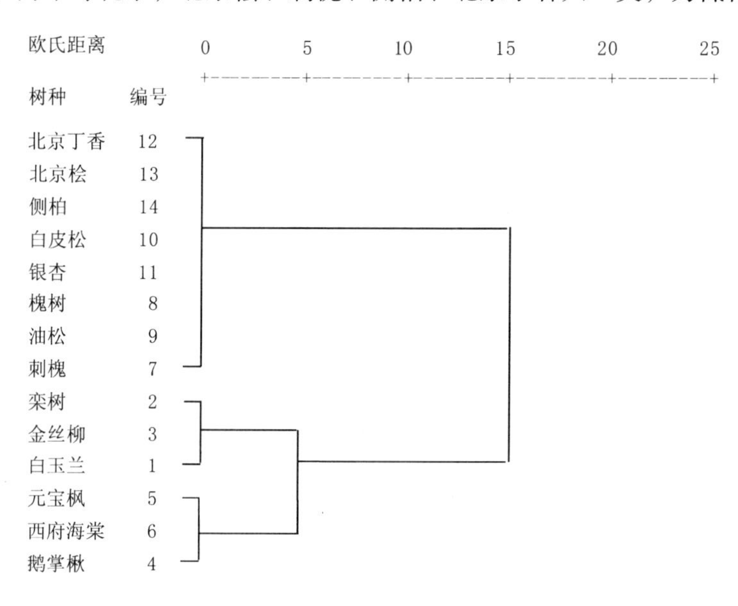

图4-15　乔木树种充分供水时生长期耗水量聚类图

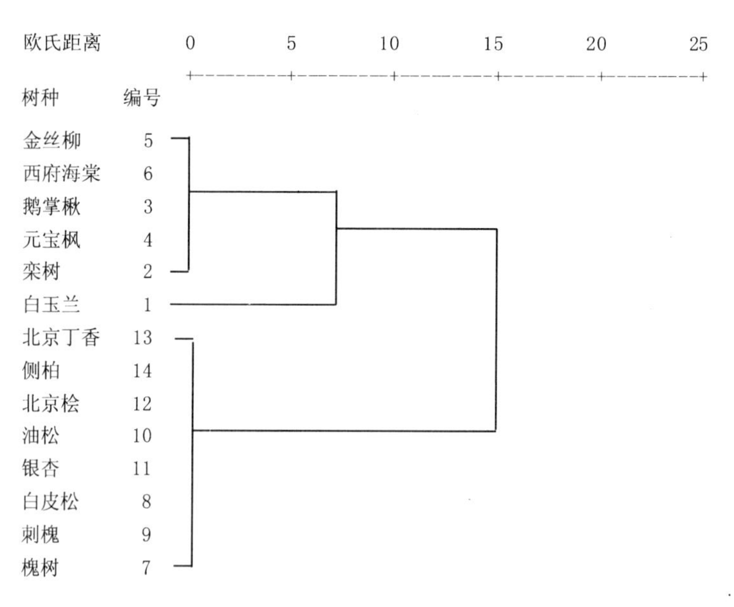

图4-16　乔木树种轻度缺水时生长期耗水量聚类图

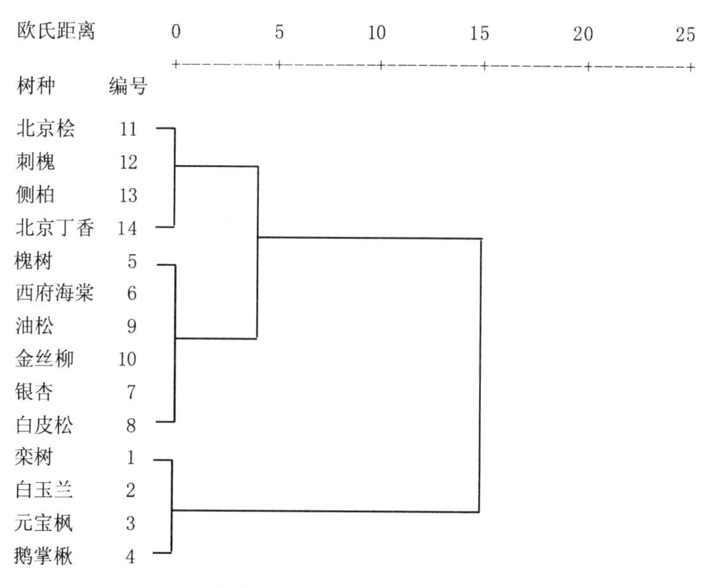

图 4-17 乔木树种中度缺水时生长期耗水量聚类图

4.2.8.2 灌木

利用 SPSS12.0 对灌木不同水分梯度下年耗水量进行聚类分析，统计软件将 8 种灌木生长期耗水量的实际距离按比例调整为欧氏距离 0~25，聚类结果见图 4-18~4-20。

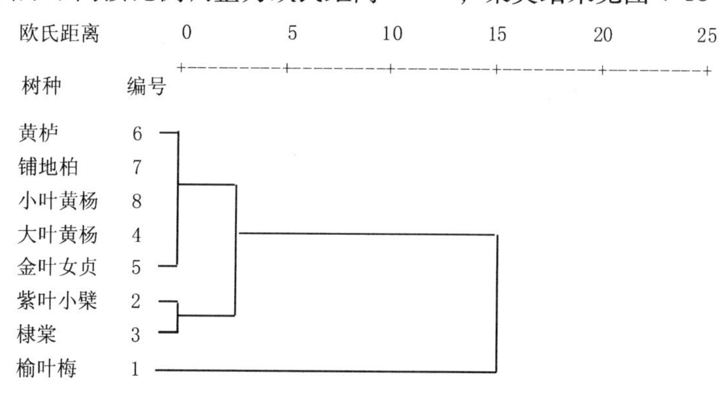

图 4-18 灌木充分供水时生长期耗水量聚类图

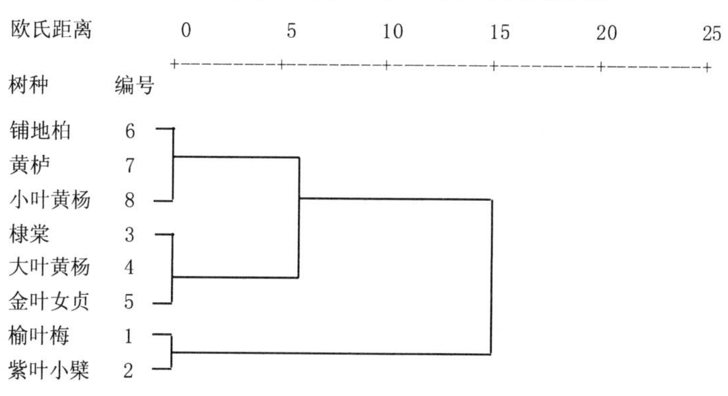

图 4-19 灌木轻度缺水时生长期耗水量聚类图

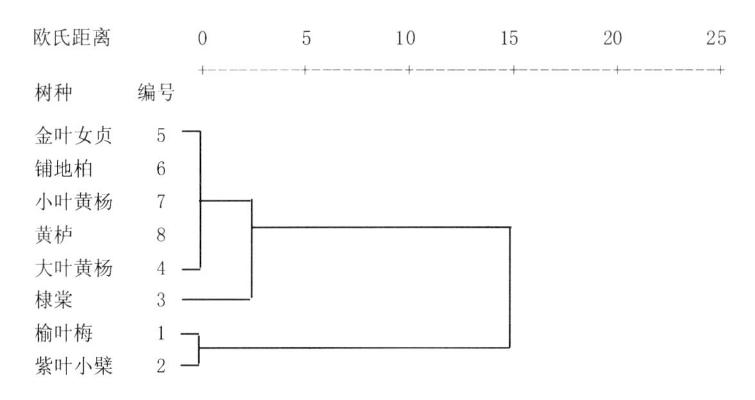

图 4-20 灌木中度缺水时生长期耗水量聚类图

从图 4-18 可以看到，当充分供水时，如果欧氏距离选择 15，相当于类内耗水量相差 180 kg·m^{-2}，则分为两类。榆叶梅单独一类，为高耗水；其他树种归一类，为低耗水。如果欧氏距离选择 2.5（相当于类内耗水量相差 30 kg·m^{-2}），则分为三类。榆叶梅单独一类，为高耗水；紫叶小檗、棣棠归一类，为中等耗水；其他树种归一类，为低耗水。

从图 4-19 可以看到，当轻度缺水时，如果欧氏距离选择 15，相当于类内耗水量相差 120 kg·m^{-2}，则分为两类，榆叶梅和紫叶小檗归一类，为高耗水，其他树种归一类，为低耗水；如果欧氏距离选择 6（相当于类内耗水量相差 50 kg·m^{-2}），则分为三类。榆叶梅和紫叶小檗归一类，为高耗水；棣棠、大叶黄杨、金叶女贞归一类，为中等耗水，铺地柏、黄栌、小叶黄杨归一类，为低耗水。

从图 4-20 可以看到，当中度缺水时，如果欧氏距离选择 15，相当于类内耗水量相差 70 kg·m^{-2}，则分为两类。榆叶梅和紫叶小檗归一类，为高耗水；其他树种归一类，为低耗水。如果欧氏距离选择 2.5（相当于类内耗水量相差 20 kg·m^{-2}），则分为三类。榆叶梅和紫叶小檗归一类，为高耗水；棣棠单独一类、为中等耗水；大叶黄杨、金叶女贞、铺地柏、小叶黄杨、黄栌归一类，为低耗水。

4.2.9 土壤水分亏缺时植物耗水量的下降比例

低耗水植物选择是实现园林绿地节水的主要途径之一，但有时候，为了营造某种景观或有针对性地改善某些不良环境，需要选择某些特定的植物。在植物材料已经选定的情况下，仍可通过水分管理等级的选择实现绿地节水。表 4-27 ~ 4-29 列举了各树种在不同水分梯度下的年耗水量及水分亏缺时耗水量下降的比例。

从表 4-27 可以看出，阔叶乔木树种在轻度缺水时，耗水量与充分供水时相比均有较大幅度下降，平均下降 35.2%。其中金丝柳下降最多，达 50.3%；元宝枫下降最少，为 26.2%。可见，如果让绿地轻度缺水，金丝柳的节水效益比元宝枫显著。在中度缺水情况下，耗水量与充分供水时相比下降幅度更大，平均下降 66.4%，金丝柳仍然是下降最多的树种，达 83.4%，其他下降比例大的还有刺槐（79.4%）、北京丁香（72.2%）、西府海棠（69.3%）等，银杏下降最少，为 49.1%。可见，如果对金丝柳、刺槐、北京丁香、西府海棠等进行中度缺水的水分管理，能取得较好的节水效果。从上述分析中容易看出，虽然金丝柳等树种在充分供水时的耗水量很大，但只要使绿地保持适度的干旱，它们的耗水量就会大大降低，从而有效地减少水分支出。

表 4-27 阔叶乔木在土壤水分亏缺时耗水量的下降比例

树种	充分供水	轻度缺水		中度缺水	
	耗水量(kg·m^{-2})(a)	耗水量(kg·m^{-2})(b)	下降[①](%)	耗水量(kg·m^{-2})(c)	下降[②](%)
北京丁香	104.78	57.87	44.8	29.13	72.2
栾树	320.83	199.63	37.8	111.57	65.2
元宝枫	235.05	173.44	26.2	98.07	58.3
金丝柳	304.30	151.35	50.3	50.44	83.4
西府海棠	216.50	150.90	30.3	66.40	69.3
白玉兰	339.08	242.74	28.4	110.51	67.4
鹅掌楸	255.87	184.06	28.1	91.74	64.2
刺槐	178.12	100.35	43.7	36.72	79.4
槐树	159.61	111.97	29.9	70.70	55.7
银杏	118.34	79.61	32.7	60.25	49.1
平均	223.25	145.19	35.2	72.55	66.4

注：①$(a-b)/a \times 10\%$；②$(a-c)/a \times 100\%$。

表 4-28 灌木在土壤水分亏缺时耗水量的下降比例

树种	充分供水	轻度缺水		中度缺水	
	耗水量(kg·m^{-2})(a)	耗水量(kg·m^{-2})(b)	下降(%)	耗水量(kg·m^{-2})(c)	下降(%)
金叶女贞	117.28	80.89	31.0	38.73	67.0
大叶黄杨	128.42	93.54	27.2	45.78	64.4
小叶黄杨	56.09	43.97	21.6	35.57	36.6
紫叶小檗	208.87	155.93	25.3	116.35	44.3
榆叶梅	359.99	239.64	33.4	148.45	58.8
棣棠	179.97	104.44	42.0	73.69	59.1
黄栌	89.03	53.52	39.9	28.89	67.6
铺地柏	82.38	57.88	29.7	37.25	54.8
平均	152.75	103.73	31.3	65.59	56.5

表 4-29 针叶乔木在土壤水分亏缺时耗水量的下降比例

树种	充分供水	轻度缺水		中度缺水	
	耗水量(kg·m^{-2})(a)	耗水量(kg·m^{-2})(b)	下降(%)	耗水量(kg·m^{-2})(c)	下降(%)
北京桧	103.84	62.17	40.1	37.46	61.4
白皮松	126.18	105.97	16.0	56.80	87.3
油松	149.35	87.55	41.4	53.46	72.3
侧柏	93.74	53.98	42.4	31.61	54.8
平均	118.28	77.42	35.0	44.83	68.9

从表4-28可以看出，灌木在轻度缺水时，耗水量与充分供水时相比平均下降31.3%。其中棣棠下降最多，为42.0%；小叶黄杨下降最少，为21.6%。可见，如果让绿地轻度缺水，棣棠的节水效益比小叶黄杨显著。在中度缺水情况下，耗水量与充分供水时相比平均下降56.5%，下降比例大的有黄栌(67.6%)、金叶女贞(67.0%)、大叶黄杨(64.4%)等，小叶黄杨下降最少，为36.6%。可见，如果对黄栌、金叶女贞、大叶黄杨等进行中度缺水的水分管理，能取得较好的节水效果。金叶女贞、大叶黄杨、小叶黄杨、铺地柏和紫叶小檗均是北京园林绿地中常用的灌木。从上述分析中容易看出，金叶女贞和大叶黄杨虽然在充分供水时的耗水量较大，但只要使绿地保持中度缺水，它们的耗水量就会大大降低，从而有效地减少水分支出，但如果只保持轻度缺水，则节水效果较差，紫叶小檗充分供水时的耗水量大，土壤缺水后的节水效果不如其他树种显著，故从节水的角度应谨慎选择紫叶小檗。小叶黄杨和铺地柏虽然在土壤水分亏缺时耗水量下降的效果不理想，但它们本身的耗水量低。

从表4-29可以看出，针叶乔木在轻度缺水时，耗水量与充分供水时相比平均下降35.0%，其中侧柏下降最多，为42.40%，其他下降较多的还有油松(41.4%)、北京桧(40.1%)，白皮松下降最少，为16.0%。可见，如果让绿地轻度缺水，侧柏、油松、北京桧的节水效益比白皮松要显著得多。在中度缺水情况下，耗水量与充分供水时相比平均下降68.9%。下降比例最大的为白皮松(87.3%)，侧柏下降最少，为54.8%。由此可见，白皮松绿地需要保持中度缺水，耗水量才会大大降低，如果只保持轻度缺水，则节水效果不理想。

4.2.10 不同水分梯度下植物的日耗水进程

日耗水进程是指植物在一天中各个时段的耗水量，它不仅能反映植物的日耗水变化规律，而且在土壤缺水时能反映植物对干旱胁迫的响应。

4.2.10.1 阔叶乔木

如图4-21A、B所示，在春季，充分供水时植物耗水较多的时段北京丁香为8:00~12:00，栾树、白玉兰、鹅掌楸为8:00~16:00，元宝枫、银杏为10:00~14:00，金丝柳、刺槐为8:00~14:00，西府海棠为6:00~14:00，槐树为10:00~12:00。在土壤轻度缺水时，除白玉兰、鹅掌楸和刺槐外，其他树种都在中午前后出现蒸腾暂缓期，耗水较多的时段北京丁香、槐树、银杏10:00~12:00、14:00~16:00，栾树、元宝枫、金丝柳、西府海棠8:00~12:00、14:00~16:00，白玉兰8:00~16:00，鹅掌楸8:00~14:00，刺槐10:00~12:00。在土壤中度缺水时，所有树种在中午前后出现蒸腾暂缓期，耗水较多的时段北京丁香、元宝枫、西府海棠、白玉兰、鹅掌楸、刺槐、槐树、银杏10:00~12:00、14:00~16:00，栾树8:00~10:00、14:00~16:00，金丝柳8:00~12:00、14:00~16:00。

如图4-21C、D所示，在夏季，充分供水时植物耗水较多的时段北京丁香、西府海棠、白玉兰为8:00~12:00，栾树、银杏8:00~14:00，元宝枫10:00~12:00，金丝柳8:00~16:00，鹅掌楸、刺槐、槐树10:00~14:00。在土壤轻度缺水时，北京丁香、栾树、金丝柳、白玉兰的蒸腾出现明显的“午休”现象，其中栾树和金丝柳的“午休”严重，栾树的“午休”时间较长，达4 h，其余树种的“午休”时间较短，为42h，鹅掌楸、元宝枫和槐树叶片蒸腾的“午休”现象不明显，其他树种没有“午休”现象。耗水较多的时段北京丁香8:00~

12:00、14:00～16:00，栾树 8:00～10:00、14:00～16:00，元宝枫 10:00～16:00，金丝柳 8:00～12:00、14:00～16:00，西府海棠 8:00～12:00，白玉兰 10:00～12:00、14:00～16:00，鹅掌楸和槐树 8:00～16:00，刺槐和银杏 10:00～14:00。在土壤中度缺水时，除槐树和元宝枫外，其他树种在中午前后出现蒸腾的“午休”，耗水较多的时段北京丁香、栾树、刺槐 8:00～10:00、14:00～16:00、元宝枫 8:00～16:00，金丝柳、鹅掌楸和银杏 8:00～12:00、14:00～16:00，西府海棠 6:00～12:00、14:00～16:00、白玉兰 10:00～12:00、14:00～16:00，槐树 10:00～12:00。

如图 4-21E、F 所示，在秋季，充分供水时植物耗水较多的时段北京丁香、栾树、元宝枫、金丝柳、西府海棠 10:00～14:00，白玉兰、鹅掌楸 8:00～16:00，刺槐 12:00～16:00，槐树和银杏 10:00～12:00。在土壤轻度缺水时，除槐树和银杏外，其他树种的蒸腾都出现不同程度的“午休”现象，耗水较多的时段北京丁香 8:00～12:00、14:00～16:00，栾树 10:00～12:00、14:00～16:00，元宝枫 8:00～10:00、12:00～14:00，金丝柳 8:00～10:00、12:00～18:00，西府海棠和白玉兰 8:00～10:00、12:00～16:00，鹅掌楸 8:00～16:00，刺槐、槐树 10:00～16:00，银杏 10:00～14:00。

综上所述，阔叶乔木在土壤水分充足时日耗水为早晚少、中午多，耗水量的日变化与太阳辐射和气温等环境主导因子具有较好的生态学同步性。在土壤干旱胁迫条件下，多数树种的蒸腾在中午前后减弱，即出现所谓的“午休”现象，由于土壤供水不足和中午气温过高的共同影响，植物启动自我保护机制而关闭部分气孔，导致蒸腾减弱，“午休”现象在夏秋季比春季更加普遍和明显，耗水量高的树种比耗水量低的树种更明显。

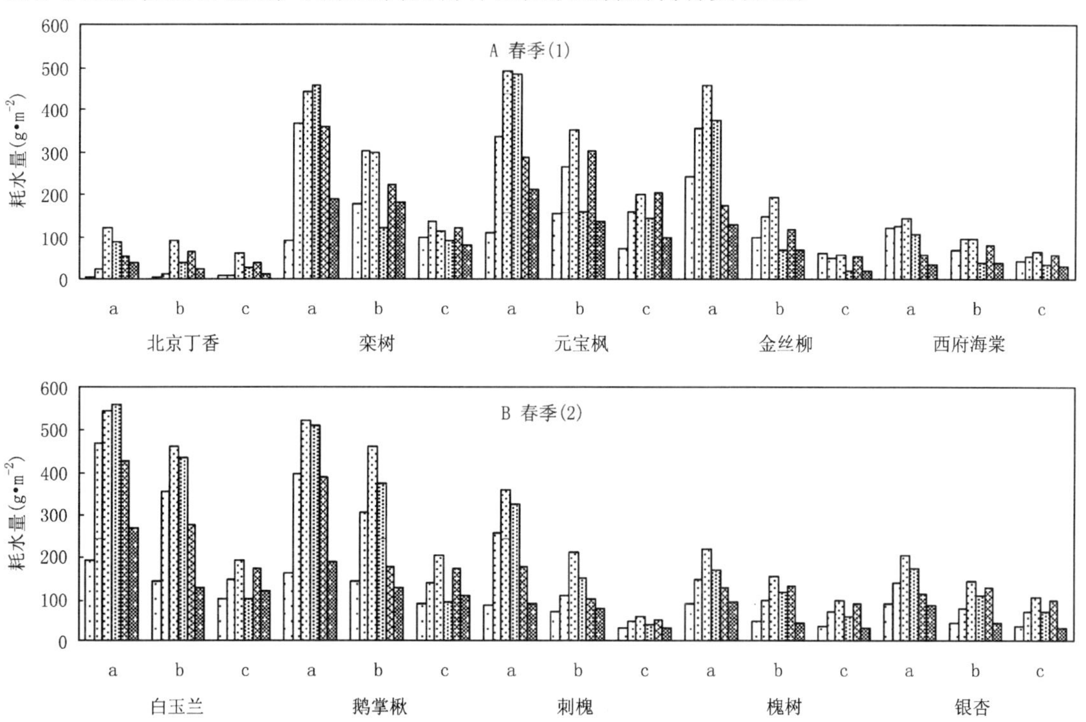

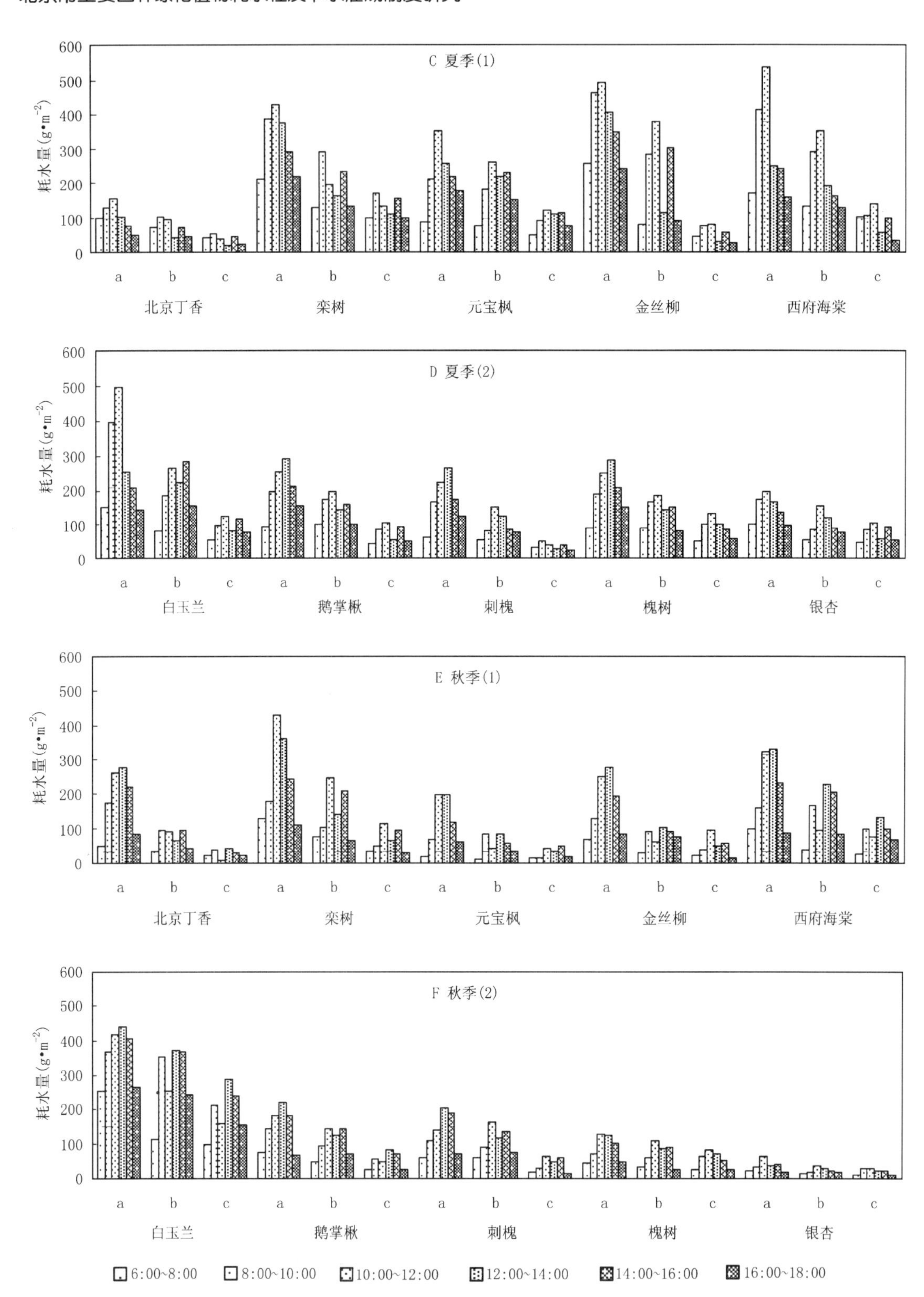

图 4-21　阔叶乔木控水后的日耗水进程

4.2.10.2 灌木

如图 4-22A、B 所示，在春季土壤水分充足时，灌木日耗水较多的时段金叶女贞、大叶黄杨、小叶黄杨和铺地柏为 10:00 ~ 14:00，紫叶小檗、榆叶梅和棣棠为8:00 ~ 14:00，黄栌为 10:00 ~ 16:00；轻度缺水时榆叶梅和棣棠的蒸腾耗水出现“午休”现象，耗水较多的时段金叶女贞 8:00 ~ 16:00，大叶黄杨、紫叶小檗和黄栌 10:00 ~ 14:00，小叶黄杨 10:00 ~ 12:00，榆叶梅和棣棠 10:00 ~ 12:00、14:00 ~ 16:00，铺地柏 8:00 ~ 12:00；土壤中度缺水时除铺地柏外，其他灌木都出现蒸腾的“午休”现象，耗水较多的时段金叶女贞 14:00 ~ 16:00，铺地柏 10:00 ~ 12:00，其他灌木 10:00 ~ 12:00、14:00 ~ 16:00。

如图 4-22C、D 所示，在夏季土壤水分充足时，金叶女贞、榆叶梅和棣棠的蒸腾在中午前后出现暂缓期，暂缓期的出现时间金叶女贞和榆叶梅为 10:00 ~ 14:00，棣棠为 12:00 ~ 14:00，耗水较多的时段金叶女贞、小叶黄杨、紫叶小檗和榆叶梅 8:00 ~ 16:00，大叶黄杨 8:00 ~ 12:00，棣棠和黄栌 8:00 ~ 12:00、14:00 ~ 16:00，铺地柏 10:00 ~ 14:00；轻度缺水时除小叶黄杨和铺地柏外都出现中午前后的蒸腾暂缓期，耗水较多的时段金叶女贞 8:00 ~ 16:00，大叶黄杨和榆叶梅 8:00 ~ 10:00、14:00 ~ 16:00，小叶黄杨 10:00 ~ 16:00，紫叶小檗 8:00 ~ 12:00，棣棠 8:00 ~ 12:00、14:00 ~ 16:00，黄栌 10:00 ~ 12:00、14:00 ~ 16:00，铺地柏 10:00 ~ 12:00；中度缺水时，除小叶黄杨、紫叶小檗和铺地柏外，中午前后出现蒸腾的暂缓期，耗水较多的时段金叶女贞和榆叶梅 8:00 ~ 10:00、14:00 ~ 16:00，大叶黄杨 8:00 ~ 12:00、14:00 ~ 16:00，小叶黄杨、紫叶小檗和铺地柏 10:00 ~ 14:00，棣棠 14:00 ~ 16:00，黄栌 8:00 ~ 10:00。

如图 4-22E、F 所示，在秋季土壤水分充足时，灌木的蒸腾没有“午休”现象，耗水较多的时段金叶女贞和大叶黄杨 10:00 ~ 14:00，小叶黄杨 12:00 ~ 14:00，紫叶小檗和黄栌8:00 ~ 16:00，榆叶梅和棣棠 10:00 ~ 16:00，铺地柏 10:00 ~ 12:00；土壤轻度缺水时，大叶黄杨和榆叶梅出现明显的“午休”现象，其他灌木没有“午休”现象或“午休”现象不明显，耗水较多的时段金叶女贞 12:00 ~ 16:00，大叶黄杨、榆叶梅、黄栌和铺地柏 10:00 ~ 12:00、14:00 ~ 16:00，小叶黄杨和棣棠 10:00 ~ 16:00，紫叶小檗 8:00 ~ 18:00；土壤中度缺水时，耗水较多的时段金叶女贞 8:00 ~ 10:00、14:00 ~ 16:00，大叶黄杨、榆叶梅、棣棠、黄栌和铺地柏 10:00 ~ 12:00、14:00 ~ 16:00，小叶黄杨 8:00 ~ 14:00，紫叶小檗 8:00 ~ 16:00。

总之，在相同季节和相同水分等级条件下，灌木与阔叶乔木的日耗水进程具有相似性，植物蒸腾对环境胁迫的共同反映是出现“午休”现象。灌木夏季的“午休”现象更明显，榆叶梅、棣棠和黄栌甚至在充分供水时也出现“午休”现象。可见，植物蒸腾的“午休”现象既可由土壤干旱胁迫引起，也可由过高的气温、过强太阳辐射或大风等引起，或由若干个环境胁迫因子共同作用而产生。

如图 4-23A 所示，在春季，针叶乔木树种的日蒸腾在 3 种水分梯度下都没有出现明显的“午休”现象。土壤水分充足时，一天中耗水较多的时段北京桧为 8:00 ~ 12:00，白皮松、油松和侧柏为 10:00 ~ 14:00；轻度缺水时，一天中耗水较多的时段北京桧为 8:00 ~ 16:00，白皮松、油松和侧柏为 10:00 ~ 12:00；中度缺水时，一天中耗水较多的时段北京桧为 8:00 ~ 12:00；白皮松和侧柏为 8:00 ~ 16:00，油松为 8:00 ~ 14:00。

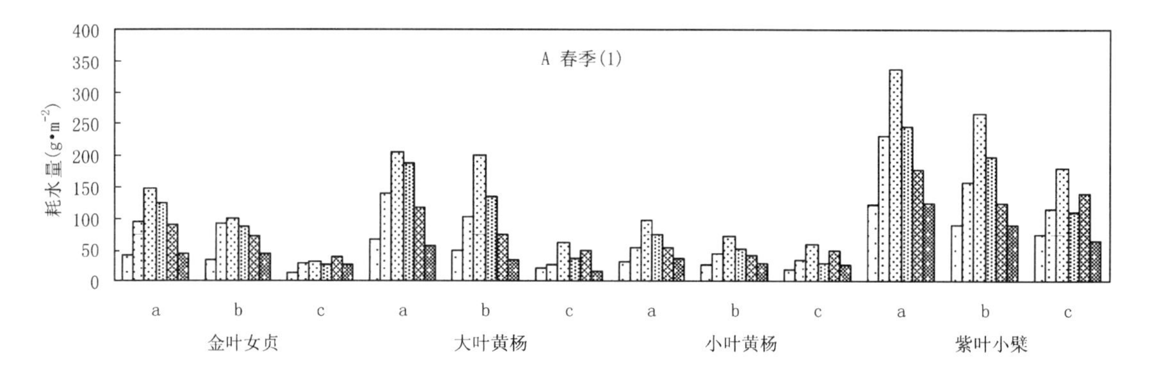
A 春季(1)
耗水量(g·m⁻²)
400
350
300
250
200
150
100
50
0
a
b
c
金叶女贞
大叶黄杨
小叶黄杨
紫叶小檗

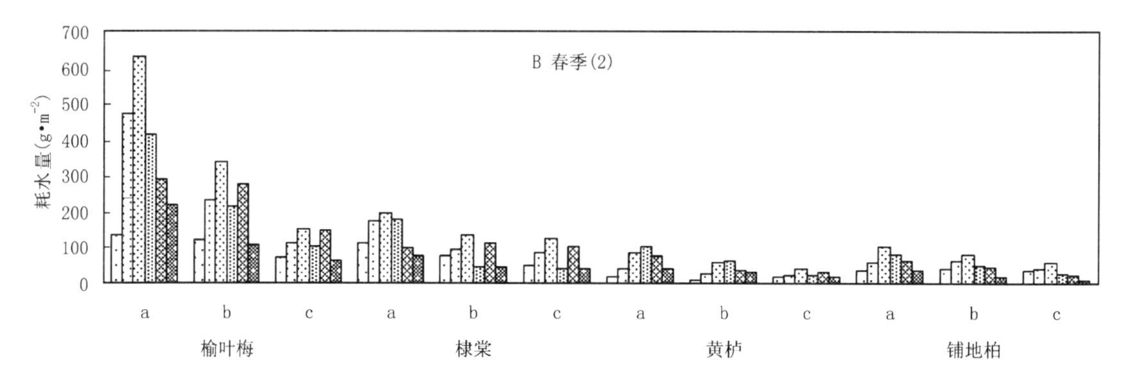
B 春季(2)
耗水量(g·m⁻²)
700
600
500
400
300
200
100
0
a
b
c
榆叶梅
棣棠
黄栌
铺地柏

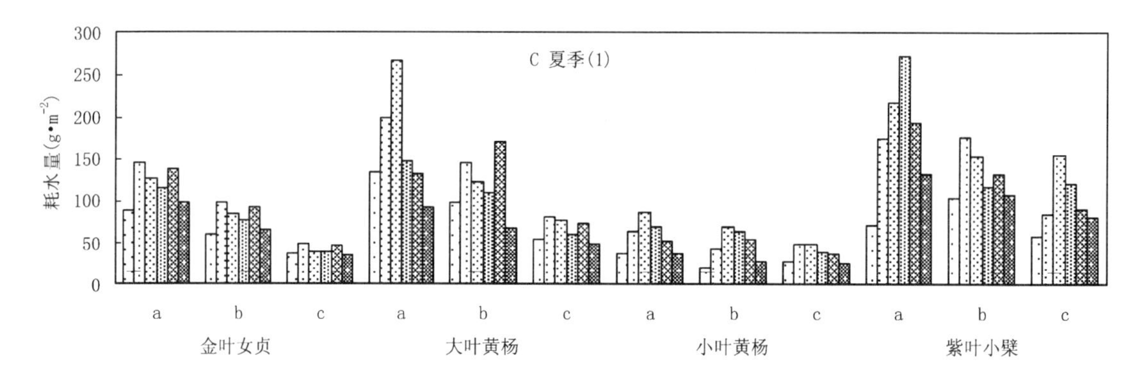
C 夏季(1)
耗水量(g·m⁻²)
300
250
200
150
100
50
0
a
b
c
金叶女贞
大叶黄杨
小叶黄杨
紫叶小檗

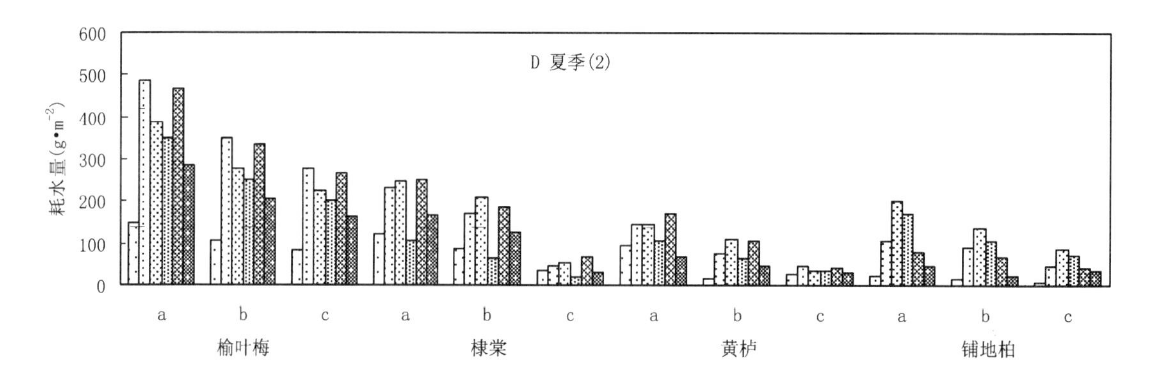
D 夏季(2)
耗水量(g·m⁻²)
600
500
400
300
200
100
0
a
b
c
榆叶梅
棣棠
黄栌
铺地柏

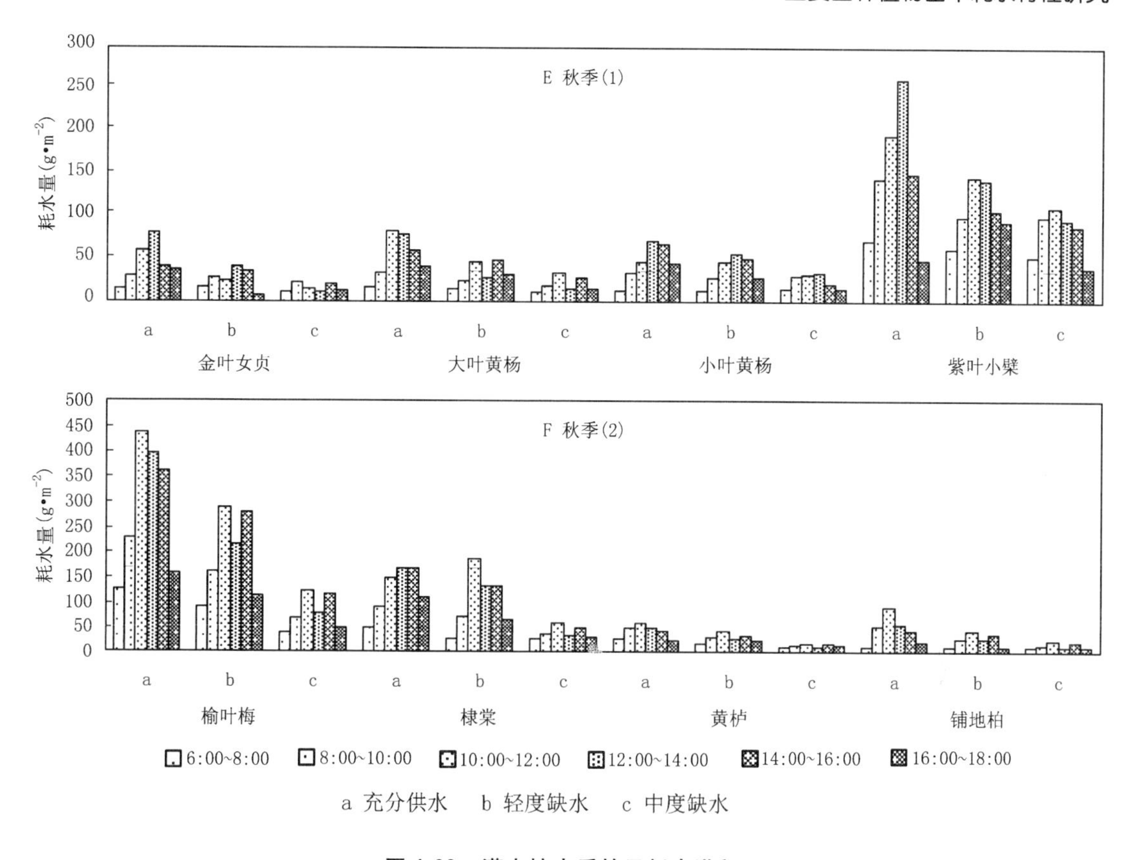

图 4-22　灌木控水后的日耗水进程

4.2.10.3　针叶乔木

如图 4-23B 所示，在夏季，蒸腾作用的“午休”现象明显增多，北京桧在 3 种水分梯度下都会出现“午休”，白皮松在轻度缺水和中度缺水、油松和侧柏在中度缺水时出现“午休”现象。土壤水分充足时，一天中耗水较多的时段北京桧为 8:00 ~ 12:00、14:00 ~ 16:00，白皮松 8:00 ~ 14:00，油松 10:00 ~ 14:00，侧柏 10:00 ~ 16:00；轻度缺水时，一天中耗水较多的时段北京桧和白皮松为 8:00 ~ 12:00、14:00 ~ 16:00，油松 10:00 ~ 14:00，侧柏 10:00 ~ 12:00；中度缺水时，一天中耗水较多的时段北京桧为 8:00 ~ 12:00、14:00 ~ 16:00，白皮松、油松和侧柏为 10:00 ~ 12:00、14:00 ~ 16:00。

如图 4-23C 所示，在秋季，充分供水时一天中耗水较多的时段北京桧为 10:00 ~ 16:00，白皮松和侧柏为 8:00 ~ 16:00，油松为 10:00 ~ 12:00；在轻度缺水时，一天中耗水较多的时段北京桧 8:00 ~ 18:00，白皮松 8:00 ~ 14:00，油松 8:00 ~ 16:00，侧柏 10:00 ~ 12:00、14:00 ~ 16:00；在中度缺水时，一天中耗水较多的时段北京桧 8:00 ~ 10:00，白皮松 8:00 ~ 10:00、12:00 ~ 16:00，油松 10:00 ~ 12:00、14:00 ~ 18:00，侧柏 10:00 ~ 12:00、14:00 ~ 16:00。

4.2.10.4　草坪草

从图 4-24 可以看到，在土壤水分充足时，草地早熟禾和高羊茅的蒸散耗水在春、夏、秋 3 季都没有出现“午休”现象，在春夏季草地早熟禾轻度和中度缺水、高羊茅中度缺水时，

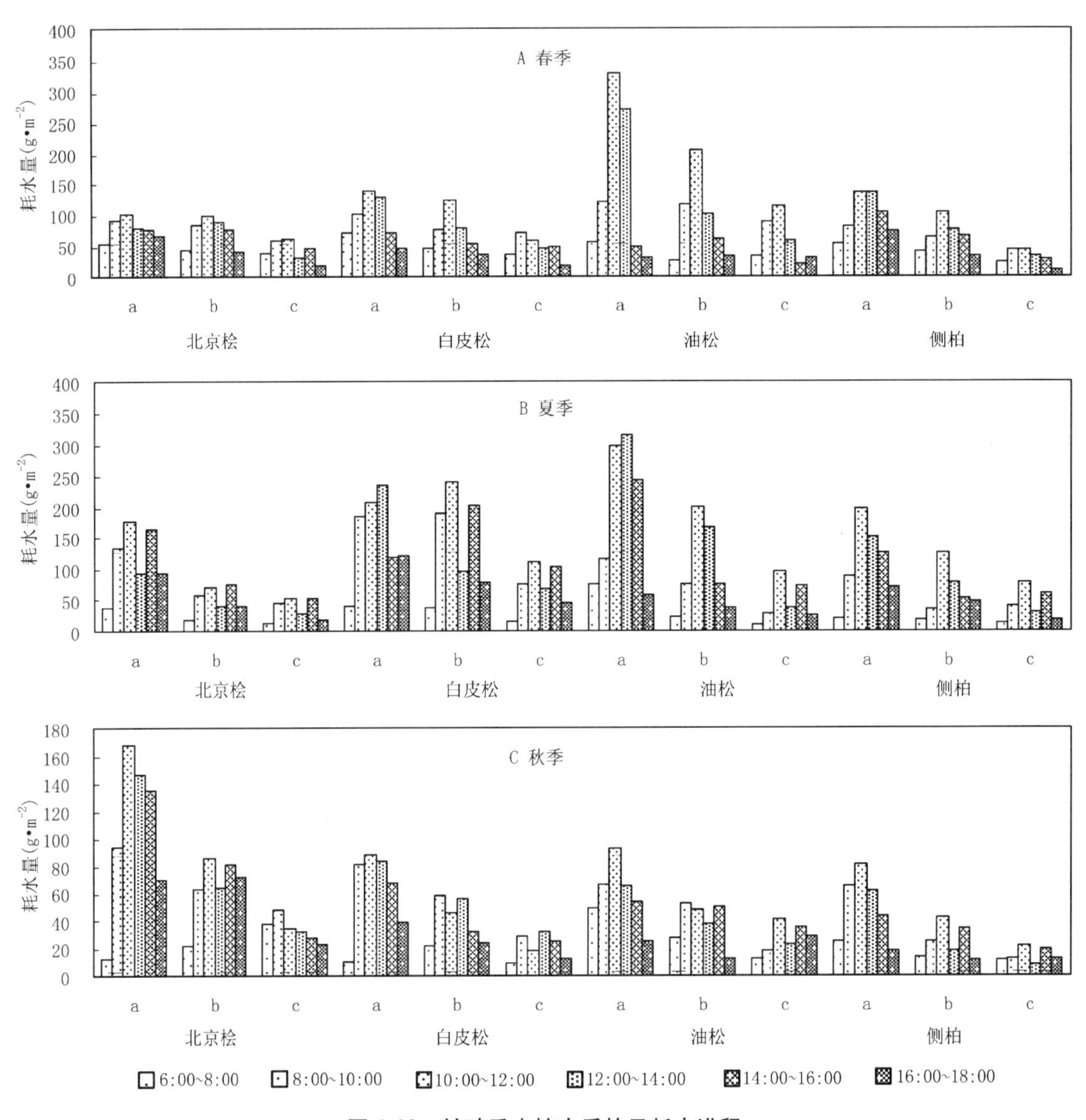

图 4-23　针叶乔木控水后的日耗水进程

蒸散出现了"午休"现象。

如图 4-24A 所示，在春季，充分供水时一天中耗水较多的时段草地早熟禾为 10:00～14:00，高羊茅为 10:00～12:00；轻度缺水时一天中耗水较多的时段早熟禾为 10:00～16:00，高羊茅为 10:00～12:00；中度缺水时一天中耗水较多的时段草地早熟禾和高羊茅均为 10:00～12:00、14:00～16:00。

如图 4-24B 所示，在夏季，充分供水时一天中耗水较多的时段草地早熟禾为 10:00～16:00，高羊茅为 10:00～14:00；轻度缺水时一天中耗水较多的时段草地早熟禾为 10:00～16:00，高羊茅为 10:00～12:00；中度缺水时一天中耗水较多的时段草地早熟禾为 10:00～12:00、14:00～16:00，高羊茅为 10:00～16:00。

如图 4-24C 所示，在秋季，充分供水时一天中耗水较多的时段草地早熟禾和高羊茅均为 10:00～16:00；轻度缺水时一天中耗水较多的时段草地早熟禾为 10:00～16:00，高羊茅为

10:00～14:00；中度缺水时一天中耗水较多的时段草地早熟禾为8:00～16:00，高羊茅为8:00～10:00、12:00～14:00。

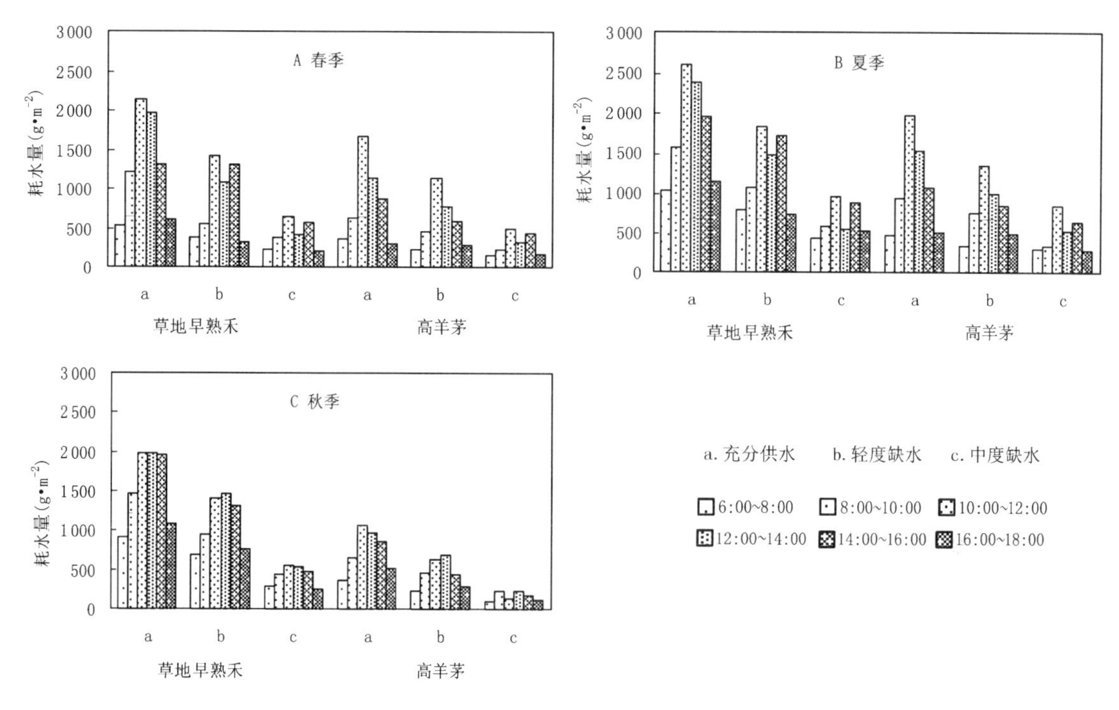

图4-24 草坪草控水后的日耗水进程

4.2.11 光照强度对控水植物蒸腾的影响

4.2.11.1 光照强度对控水植物蒸腾日变化的影响

停止供水后，选择典型晴天，让盆栽植物在不同光照条件下经历干旱胁迫，观测蒸腾的日变化，将数据绘制图4-25。从图4-25可以看到，随着控水的延续，6种灌草植物的蒸腾都呈现不断减弱态势，在耗水的日变化中，能达到的峰值逐渐降低，这是因为随着土壤水势的降低，植物关闭部分气孔造成的。但不同光照强度下，蒸腾减弱的程度不一样，全光照条件下，蒸腾减弱快，半光照和全遮荫条件下，蒸腾减弱慢。在控水的第一天，土壤水分充足，此时光照成为制约蒸腾的主要因子，蒸腾强度全光照明显大于半光照，半光照的明显大于全遮荫的。随着干旱胁迫的加剧，土壤水势也逐渐成为制约蒸腾的主要因子，由于全光照的每日蒸腾量大，土壤水势下降快，半光照和全遮荫的每日蒸腾量小，土壤水势下降慢，到了控水试验的后期，全光照的虽然在光照上有利植物蒸腾，但土壤水势低又不利于蒸腾，半光照和全遮荫的虽然土壤水势相对较高，但光照条件又不利于蒸腾。土壤水势和光照共同作用的结果是，在控水到一定的时候，处在不同光照强度下的金叶女贞、大叶黄杨和小叶黄杨蒸腾的日变化相差不大(图4-25C、D、E)，草地早熟禾、高羊茅和紫叶小檗在光照不足时的蒸腾比全光照时略强(图4-25A、B、F)。从图4-25还可以看到，在光照不足情况下，植物蒸腾的日变化曲线容易偏离正常的抛物线曲线，而呈现旗形或尖峰形。

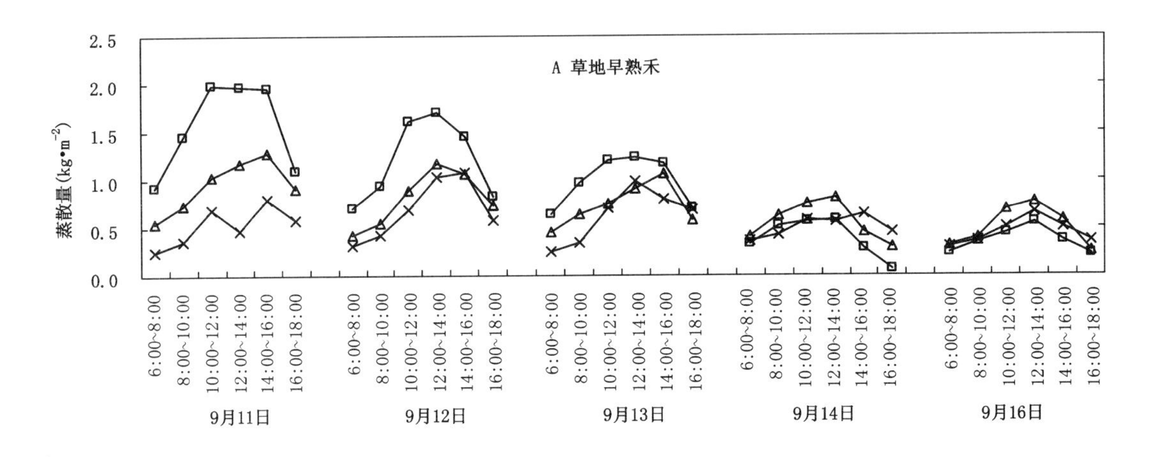

A 草地早熟禾
蒸散量(kg•m⁻²)
2.5
2.0
1.5
1.0
0.5
0.0
6:00~8:00
8:00~10:00
10:00~12:00
12:00~14:00
14:00~16:00
16:00~18:00
9月11日
9月12日
9月13日
9月14日
9月16日

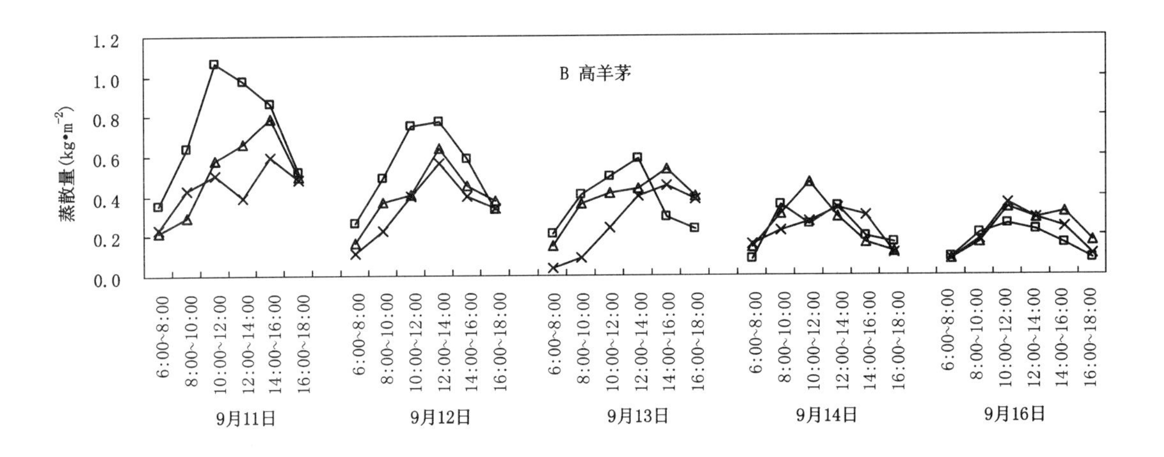

B 高羊茅
蒸散量(kg•m⁻²)
1.2
1.0
0.8
0.6
0.4
0.2
0.0
6:00~8:00
8:00~10:00
10:00~12:00
12:00~14:00
14:00~16:00
16:00~18:00
9月11日
9月12日
9月13日
9月14日
9月16日

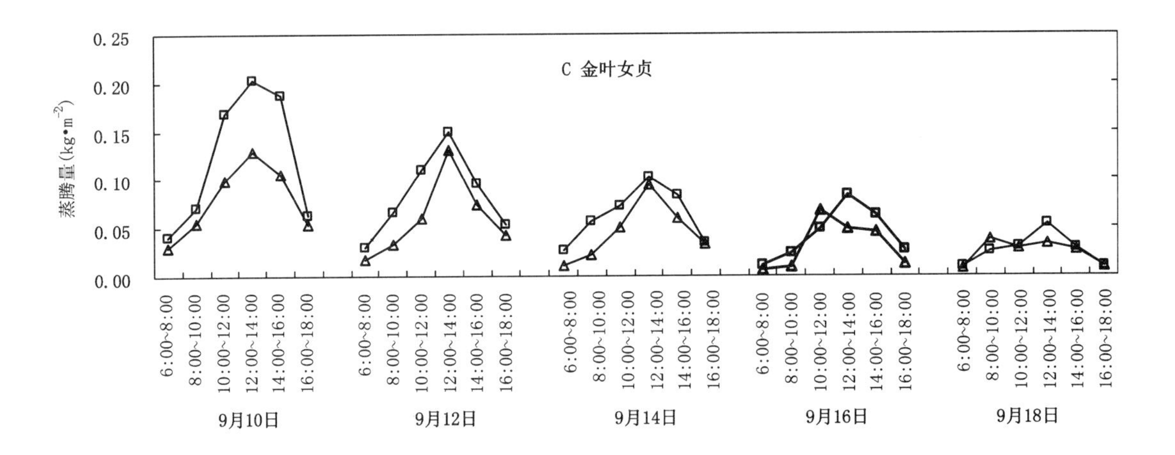

C 金叶女贞
蒸腾量(kg•m⁻²)
0.25
0.20
0.15
0.10
0.05
0.00
6:00~8:00
8:00~10:00
10:00~12:00
12:00~14:00
14:00~16:00
16:00~18:00
9月10日
9月12日
9月14日
9月16日
9月18日

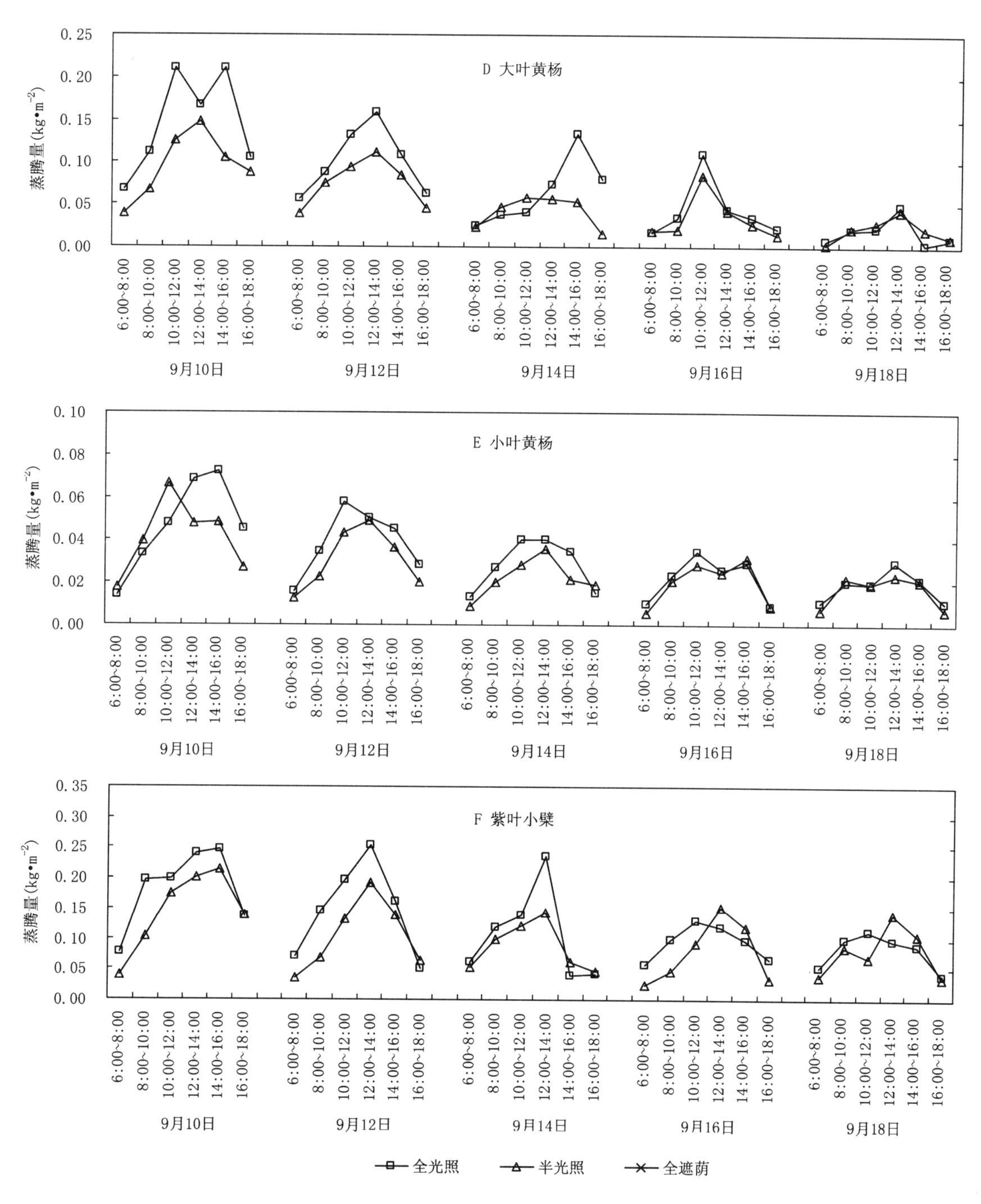

图 4-25 光照强度对控水植物蒸腾日变化的影响

4.2.11.2 光照强度对控水植物日蒸腾耗水量的影响

为了观测控水和光照强度对植物蒸腾的持续影响，继续进行控水试验直至植物叶片出现大量枯黄为止，再统计每日的蒸腾耗水量，结果如图 4-26 所示。

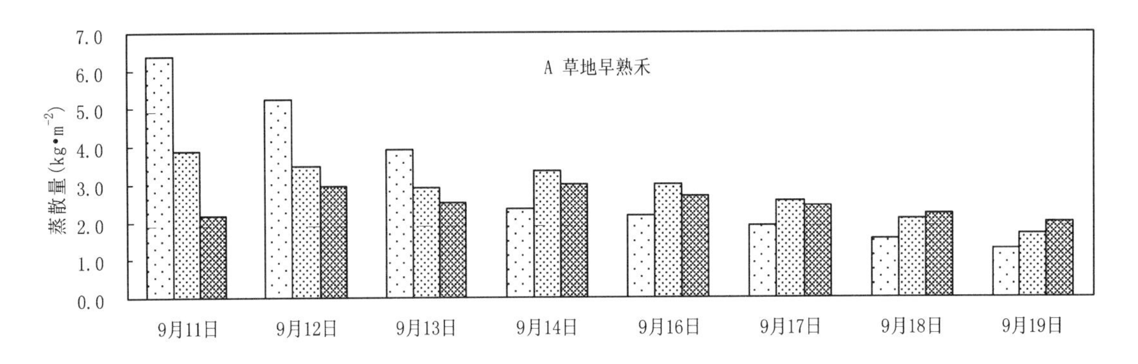
7.0
6.0
5.0
4.0
3.0
2.0
1.0
0.0
蒸散量（kg•m⁻²）
A 草地早熟禾
9月11日
9月12日
9月13日
9月14日
9月16日
9月17日
9月18日
9月19日

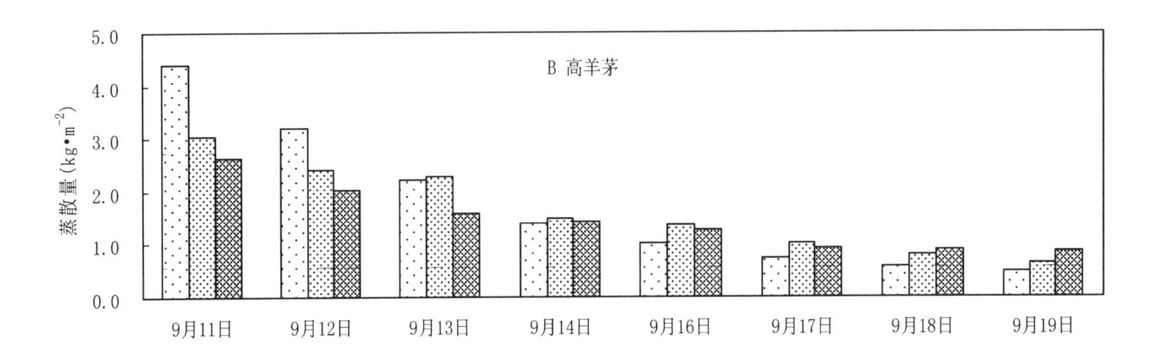
5.0
4.0
3.0
2.0
1.0
0.0
蒸散量（kg•m⁻²）
B 高羊茅
9月11日
9月12日
9月13日
9月14日
9月16日
9月17日
9月18日
9月19日

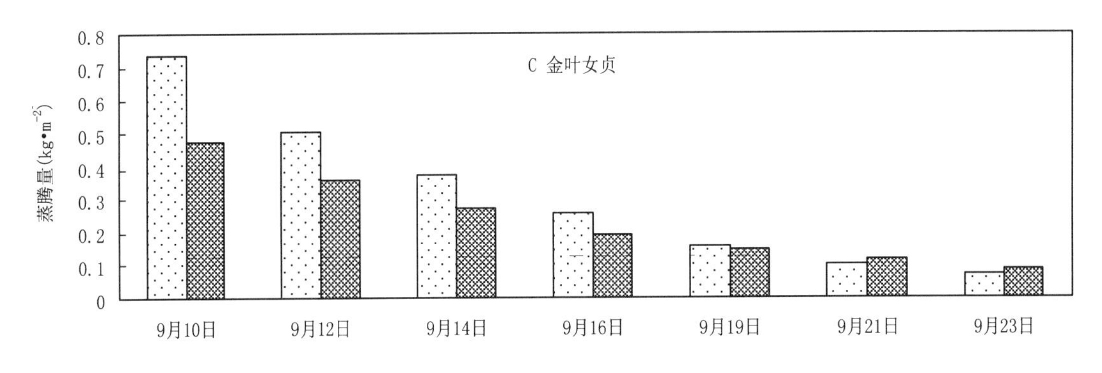
0.8
0.7
0.6
0.5
0.4
0.3
0.2
0.1
0
蒸腾量(kg•m⁻²)
C 金叶女贞
9月10日
9月12日
9月14日
9月16日
9月19日
9月21日
9月23日

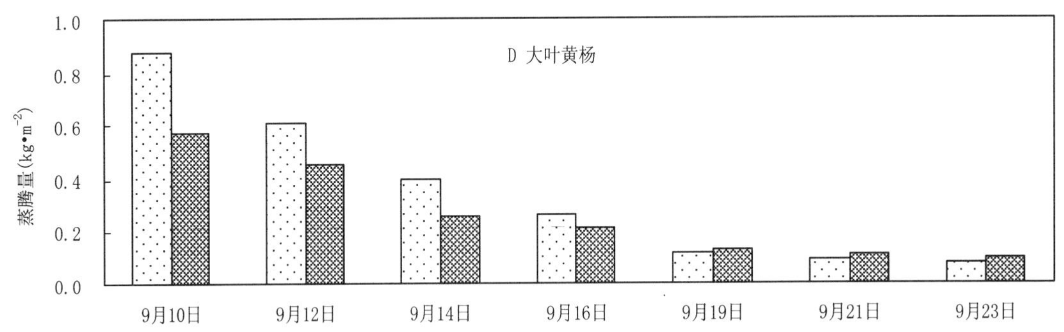
1.0
0.8
0.6
0.4
0.2
0.0
蒸腾量(kg•m⁻²)
D 大叶黄杨
9月10日
9月12日
9月14日
9月16日
9月19日
9月21日
9月23日

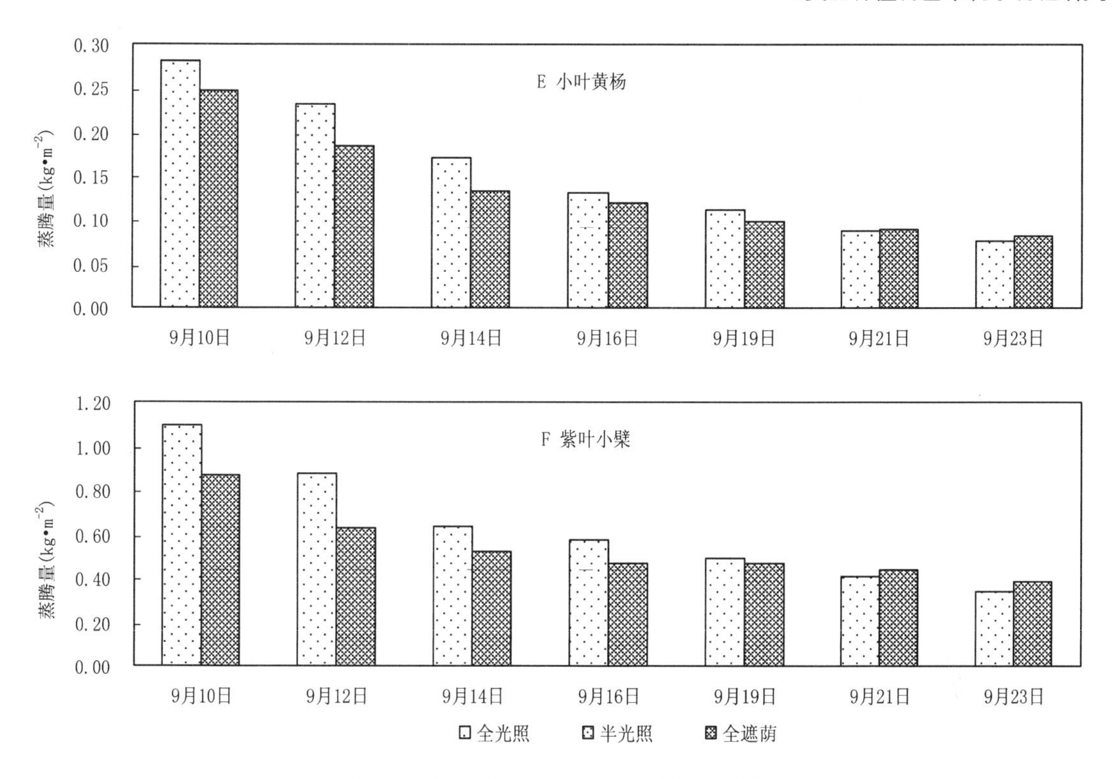

图 4-26 光照强度对控水植物日耗水量的影响

从图 4-26 可以看到，随着控水的延续，不同光照强度下的日耗水量逐渐下降。光照对控水植物日蒸腾耗水量的影响与对耗水量日变化的影响类似，在试验的初期主要受光照影响，随着时间的延续逐渐演变为受光照和土壤含水量的共同影响，到了试验后期，土壤含水量显然上升为更主要的制约因子。不同植物对光照的敏感度和对最低光照的要求不同，这一点在试验的初期表现明显。比较图 4-26A 和图 4-26E 可知，在试验初期，减少光照会显著降低草地早熟禾的日蒸散量，但小叶黄杨的蒸腾量降低不多，这说明草地早熟禾对光照敏感，为喜光植物，小叶黄杨对光照不敏感，为耐荫植物，其他植物的耐荫性介于草地早熟禾和小叶黄杨之间。

4.2.11.3 不同光照和水分梯度条件下植物的耗水量

通过对不同光照控水植物蒸散、蒸腾和外貌的观测，根据试验数据和表 4-23 的土壤水分分级标准，可以计算出不同光照和水分梯度条件下植物的日耗水量(表 4-30)。从表 4-30 可以看到，植物日耗水量随土壤水分减少而减少，也随光照减弱而减少，说明植物蒸腾受土壤水分胁迫和光照胁迫的共同制约。所有植物都具有一定的适应土壤干旱胁迫和光照胁迫的能力，因而我们可以通过水分等级管理和控制光照达到节水目的。通过表 4-30 既可直接查询不同光照、不同土壤水分条件下植物的耗水量，也为光照选择和土壤水分等级选择或两者同时选择的节水效益比较奠定了基础。

表 4-30 不同光照和水分梯度条件下植物的耗水量(9 月)

植物类型	植物种类	光照强度	日耗水量(kg·m^{-2})		
			充分供水 a	轻度缺水 b	中度缺水 c
草坪草	草地早熟禾	全光照 A	5.78	4.05	1.39
		半光照 B	3.86	2.43	1.28
		全遮荫 C	2.75	1.96	1.34
	高羊茅	全光照 A	4.41	2.70	1.20
		半光照 B	3.03	2.34	1.06
		全遮荫 C	2.63	1.69	0.99
灌木	金叶女贞	全光照 A	0.73	0.44	0.21
		半光照 B	0.47	0.32	0.15
	大叶黄杨	全光照 A	0.88	0.50	0.19
		半光照 B	0.57	0.35	0.15
	小叶黄杨	全光照 A	0.28	0.20	0.12
		半光照 B	0.25	0.16	0.10
	紫叶小檗	全光照 A	1.09	0.76	0.49
		半光照 B	0.87	0.58	0.44

注：日平均蒸腾耗水量草坪草为单位绿地面积，灌木为单位叶面积

4.2.11.4 光照选择和水分等级选择的节水效益比较

在园林植物已经选定的情况下，既可以通过控制绿地水分管理等级节水，也可通过控制光照强度节水，或两种途径同时选用，这样就为园林绿地节水开辟了多种选择。根据表 4-30 容易得到表 4-31，

表 4-31 光照选择和水分等级选择的节水效益比较

植物种类	光照强度	充分供水 *a*	轻度缺水 *b*		中度缺水 *c*	
		光照节水①	光照节水②	控水节水③	光照节水④	控水节水⑤
草地早熟禾	全光照 *A*	/	/	29.9	/	76.0
	半光照 *B*	39.5	45.7	37.2	16.5	66.9
	全遮荫 *C*	61.3	60.8	28.9	12.4	45.7
高羊茅	全光照 *A*	/	/	38.7	/	72.7
	半光照 *B*	31.3	13.5	22.8	11.8	65.0
	全遮荫 *C*	40.4	37.7	35.9	18.0	62.5
金叶女贞	全光照 *A*	/	/	40.1	/	71.8
	半光照 *B*	35.5	28.2	33.4	27.5	68.3
大叶黄杨	全光照 *A*	/	/	43.3	/	78.6
	半光照 *B*	34.6	28.8	38.4	20.9	74.2
小叶黄杨	全光照 *A*	/	/	28.4	/	56.5
	半光照 *B*	11.8	20.9	35.8	16.4	58.8

（续）

植物种类	光照强度	充分供水 a	轻度缺水 b		中度缺水 c	
		光照节水①	光照节水②	控水节水③	光照节水④	控水节水⑤
紫叶小檗	全光照 A	/	/	30.8	/	55.2
	半光照 B	20.7	23.9	33.7	10.0	49.1
平均		34.4	32.5	34.1	16.7	64.4

注：①$(A-B$ 或 $C)/A\times100\%$，②$(A-B$ 或 $C)/A\times100\%$，③$(a-b)/a\times100\%$，④$(A-B$ 或 $C)/A\times100\%$，⑤$(a-c)/a\times100\%$

从表4-31可以看到，充分供水条件下，通过采用半光照或全遮荫措施平均可节水34.4%，如果6种植物都采用半光照，平均可节水28.9%，其中草地早熟禾节水最多，为39.5%，小叶黄杨节水最少，为11.8%；在轻度缺水条件下，通过采用减光措施平均可节水32.5%，如果6种植物都采用半光照，平均可节水26.9%，其中草地早熟禾节水最多，为45.7%，高羊茅最少，为13.5%；在中度缺水条件下，通过采用减光措施平均可节水16.7%，如果6种植物都采用半光照，平均可节水17.2%，其中金叶女贞节水最多，为27.5%，紫叶小檗最少，为10.0%。可见，充分供水和轻度缺水时控制光照强度的节水效果要大大强于中度缺水时的效果。土壤水分梯度选择的节水效果在4.1.2.9中已述，那是采用全年的数据，表4-31是采用秋季(9月)的数据。

4.2.11.5 光照强度和水分等级综合选择的节水效益

根据表4-30可算出采取节水措施后，每种植物的日耗水量与全光照充分供水时的日耗水量相比下降的百分比(表4-32)，按下式计算：

耗水量下降率(%)=(全光照充分供水时的日耗水量－减少光照或减少供水后的日耗水量)÷全光照充分供水时的日耗水量×100%

表4-32 光照强度和水分等级综合选择的节水效益

植物种类	光照强度	充分供水 a (%)	轻度缺水 b (%)	中度缺水 c (%)
草地早熟禾	全光照 A	/	29.9	76.0
	半光照 B	39.5	62.0	80.0
	全遮荫 C	61.3	72.5	81.1
高羊茅	全光照 A	/	38.7	72.7
	半光照 B	31.3	47.0	76.0
	全遮荫 C	40.4	61.8	77.6
金叶女贞	全光照 A	/	40.1	71.8
	半光照 B	35.5	57.0	79.5
大叶黄杨	全光照 A	/	43.3	78.6
	半光照 B	34.6	59.7	83.1
小叶黄杨	全光照 A	/	28.4	56.5
	半光照 B	11.8	43.4	63.7
紫叶小檗	全光照 A	/	30.8	55.2
	半光照 B	20.7	47.4	59.6

根据表 4-32，通过分析园林植物的生态学特性、绿地的重要性程度和当地的供水状况，就可确定植物的水分管理等级和光照强度。例如，草地早熟禾为喜光植物，但在半光照条件下也能正常生长，北京园林绿地中有大量的疏林草地，这种林下草地实际上处在半光照状况。在水分方面，草地早熟禾对土壤水分比较敏感，但轻度缺水或短期的中度缺水都不会影响其正常生长。根据上述分析，从节水的角度出发，草地早熟禾宜选择半光照且轻度缺水，与全光照充分供水相比，可以节水 62.0%，如果单一选择轻度缺水，只能节水 29.9%，如果单一选择半光照，则只能节水 39.5%。

高羊茅的耐旱性和耐荫性都要强于草地早熟禾，在城市建筑物分割的某些狭窄地带，往往光照严重不足，可视为全遮荫，从表 4-32 可以看出，与全光照充分供水相比，如果让高羊茅半光照轻度缺水，可以节水 47.0%，全遮荫轻度缺水可节水 61.8%，半光照中度缺水可节水 76.0%，全遮荫中度缺水可节水 77.6%，由于半光照中度缺水和全遮荫中度缺水的节水效果差不多，故在中度缺水条件下，没有必要刻意追求全遮荫。

金叶女贞较耐旱，能耐荫，但若要保证金黄色嫩叶的观赏效果，光照必须充足。因此，在对观赏性要求高的地段可采用全光照轻度缺水，从表 4-32 可以看出，与全光照充分供水相比，可节水 40.1%。在对观赏性要求不高的地段可采用半光照轻度缺水，可节水 57.0%，如果选择半光照中度缺水，则节水效果更好，可达 79.5%。

大叶黄杨为喜光树种，也能耐荫，较耐旱，因此，在重要地段，可选择半光照轻度缺水，从表 4-32 可以看出，与全光照充分供水相比，可节水 59.7%，在非重要地段，可选择半光照中度缺水，可节水 83.1%。

小叶黄杨的耐荫和耐旱性都比较强，在光照不足的地段，可优先选择小叶黄杨，灌溉条件好的地方或重要的地段可采用轻度缺水，灌溉条件不好或不太重要的地段可采用中度缺水。从表 4-32 可以看出，与全光照充分供水相比，半光照轻度缺水可节水 43.4%，半光照中度缺水可节水 63.7%。

紫叶小檗能耐旱，耐半荫，在阳光充足时叶常年紫红色，可见要充分发挥叶片的观赏效果，必须保证充分光照。因此，在观赏性要求高的地段可选择全光照轻度缺水或中度缺水，在观赏性要求不高的地段可选择半光照轻度缺水或中度缺水。从表 4-32 可以看出，与全光照充分供水相比，全光照轻度缺水可节水 30.8%，全光照中度缺水可节水 55.2%，半光照轻度缺水可节水 47.4%，半光照中度缺水节水 59.6%。

4.2.12 复水试验

在植物经历干旱胁迫后恢复供水，以观测植物在恢复生机过程中的生理变化，叫复水试验。本试验设计了复水试验，在连续控水 12d 后恢复浇水，3 次重复，用另外 2 盆从未控水的植物作对照，5 盆植物均在每天晚上浇透水，翌日观测，算为恢复浇水后的第 1 天。各树种复水后蒸腾的日变化曲线见图 4-27。

参试的 4 树种在经过 12d 控水后土壤含水量和相应的水势如下：大叶黄杨 8.2%（水势 -1.59MPa）、金叶女贞 8.1%（水势 1.64MPa）、铺地柏 8.1%（水势 -1.64MPa）、侧柏 8.2%（水势 -1.59MPa）。

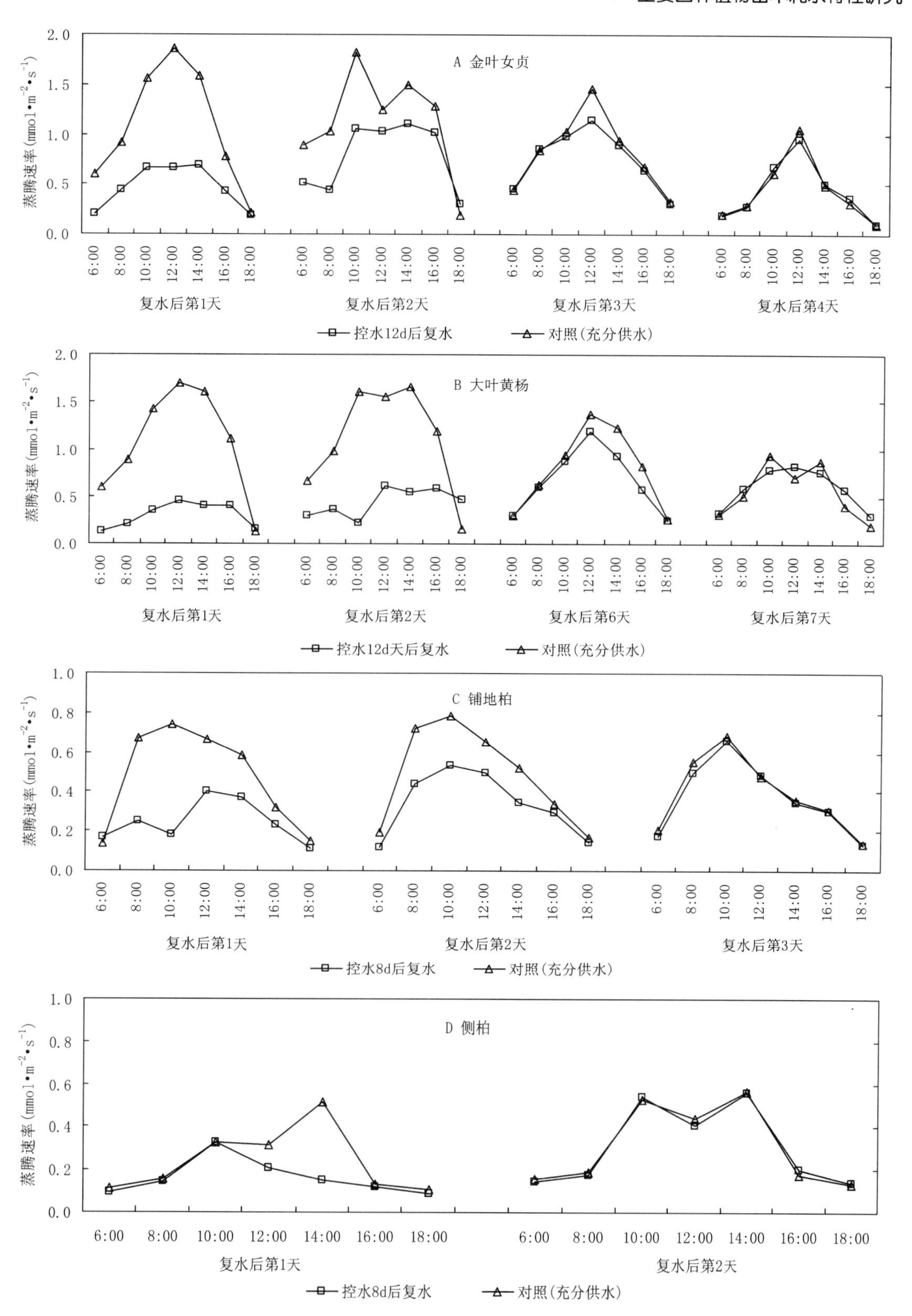

图 4-27 复水后植物蒸腾速率日变化

如图4-27A所示，金叶女贞在复水的第2天蒸腾速率就有较大幅度的提高，与对照相比，第3天波形相同但峰值略低，第4天基本恢复至正常水平；如图4-27B所示，大叶黄杨复水后前两天的日蒸腾曲线与对照相差显著，至第6天两者的曲线形状一致，但控水苗木所能达到的蒸腾峰值比对照略低，峰形略窄，至第7天，虽然两者的蒸腾曲线仍有差别，但应该属于苗木个体的差异，实际上控水苗木的蒸腾已恢复至正常水平；如图4-27C所示，铺地柏复水后蒸腾的恢复与金叶女贞类似，但只需3天就恢复至正常水平；侧柏恢复更快，只需2天(图4-27D)。4树种恢复蒸腾所需的时间侧柏 < 铺地柏 < 金叶女贞 < 大叶黄杨。从本项试验可以看出，在经历了相同程度的干旱胁迫后，侧柏和铺地柏比金叶女贞和大叶黄杨更容易恢复生机。

5

主要园林树种树干液流特性研究

5.1 树干边材液流的时空变异规律

5.1.1 边材液流的日变化和季节变化

为了观察边材液流的日变化和月变化规律，2005 年 4 ~ 10 月，每月选择 1 个典型晴天，用所选日的树干液流信息绘制图 5-1、表 5-1。

从图 5-1 可以看到，侧柏等 8 树种边材液流的日变化趋势为峰形曲线，与太阳辐射等环境因子有较好的生态学同步性，曲线上的锯齿一般出现在午间，可能是由于光照过强和温度过高，树木关闭部分气孔导致蒸腾减弱造成的，锯齿出现的频率夏季比春秋季大，也印证了这一判断。

表 5-1 列出了液流启动时间、达到峰值时间、峰值大小和进入低谷时间等几个表达曲线特征的指标。从表 5-1 可以看到，液流启动时间侧柏 6 月启动最早，5:10 启动，其他树种都是 7 月启动最早，启动时间分别是油松 6:10、元宝枫 6:40、刺槐 5:40、槐树 5:10、银杏 6:10、鹅掌楸 6:10、白玉兰 7:10；液流启动最晚的时间侧柏和白玉兰为 4 月，分别在 9:50 和 11:00 启动，其他树种都是 9 月启动最晚，启动时间分别是油松 9:00、元宝枫、刺槐、槐树、银杏和鹅掌楸都是 9:10。总的来看，春(4 ~5 月)秋(9 ~10 月)液流启动的时间要晚于夏(6 ~8 月)，针叶树种这种规律更明显。液流启动的这种月度变化反映了太阳辐射对液流的影响。早晨，随着太阳辐射的增强，气温上升，湿度下降，叶片气孔张开，蒸腾增强，产生蒸腾拉力带动液流启动，夏季太阳出来早，故液流启动早。

从表 5-1 可以看出，液流峰值出现时间 8 个树种都是 7 月最早，一般在 11:00 左右出现峰值，侧柏 4 月最晚，其他树种都是 10 月最晚，时间为 13:00 ~ 15:00。不难看出，液流峰值出现的月变化与液流启动相同，都是夏季早于春、秋季。

从表 5-1 还可以看出，8 树种液流速率峰值变化在 0.000 77 ~0.006 56 cm · s^{-1}，银杏 6 月 4 日峰值最大，为 0.006 56 cm · s^{-1}，油松 8 月 3 日峰值最小，为 0.000 77cm · s^{-1}，同一树种的月度差异很大，同一观测日不同树种之间的差异也很大。树干液流速率受到环境因子、边材分布格局和生长节律等因素的综合影响。

表 5-1 表明，液流开始进入低谷的时间侧柏 10 月最早，为 19:30，8 月最晚，为 22:20；油松 10 月最早，为 17:50，6 月最晚，为 22:00；元宝枫 10 月最早，为 19:00，8 月最晚，为 22:20；刺槐 4 月最早，为 19:10，8 月最晚，为 22:00；槐树 4 月最早，为 19:10，7 月最晚，为 21:00；银杏 9 月最早，为 19:30，7 月最晚，为 21:10；鹅掌楸 4 月最早，为 19:20，

8 月最晚，为 22:20；白玉兰 10 月最早，为 18:00，8 月最晚，为 21:10。总趋势是春秋两季早于夏季。

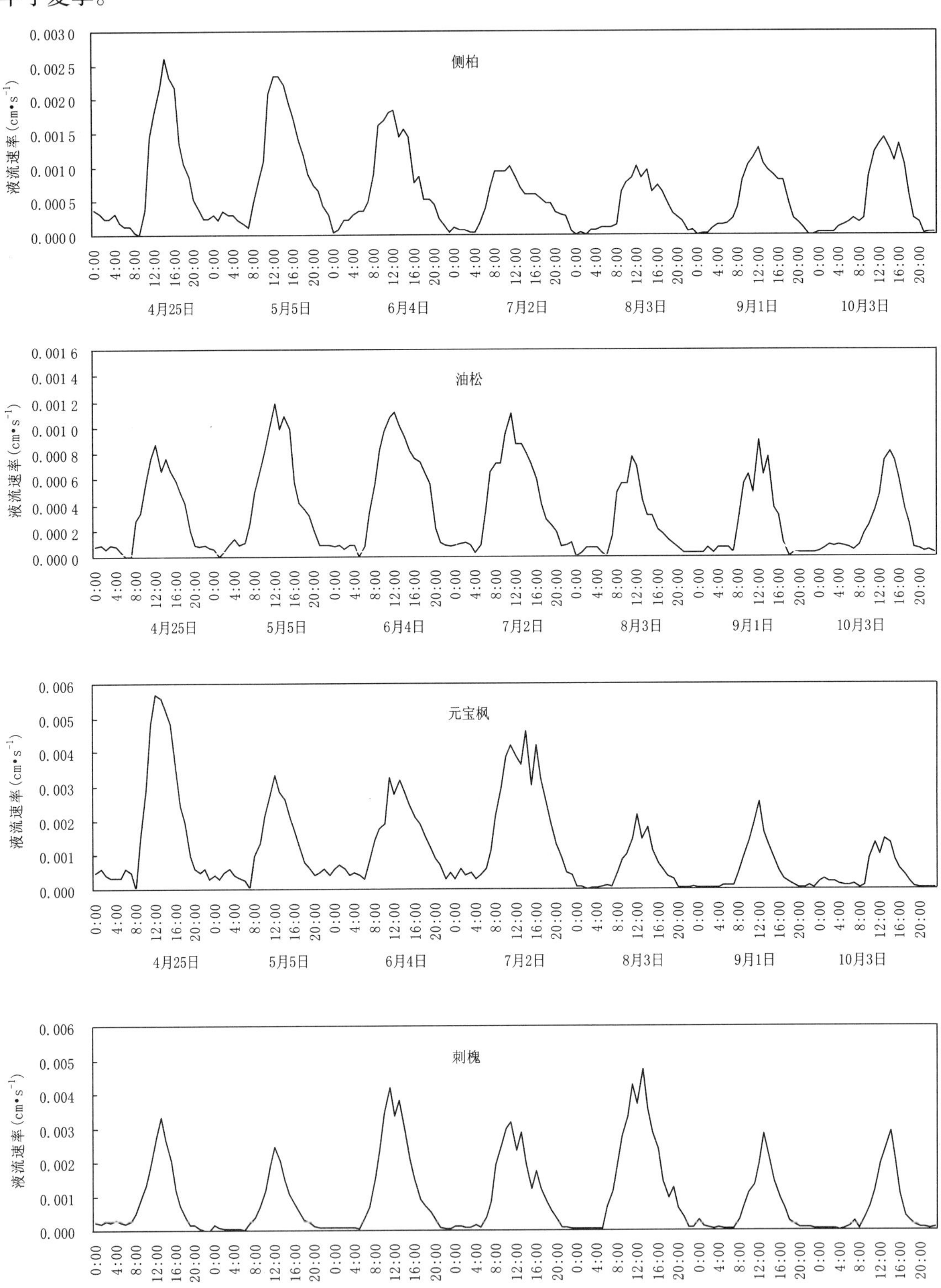

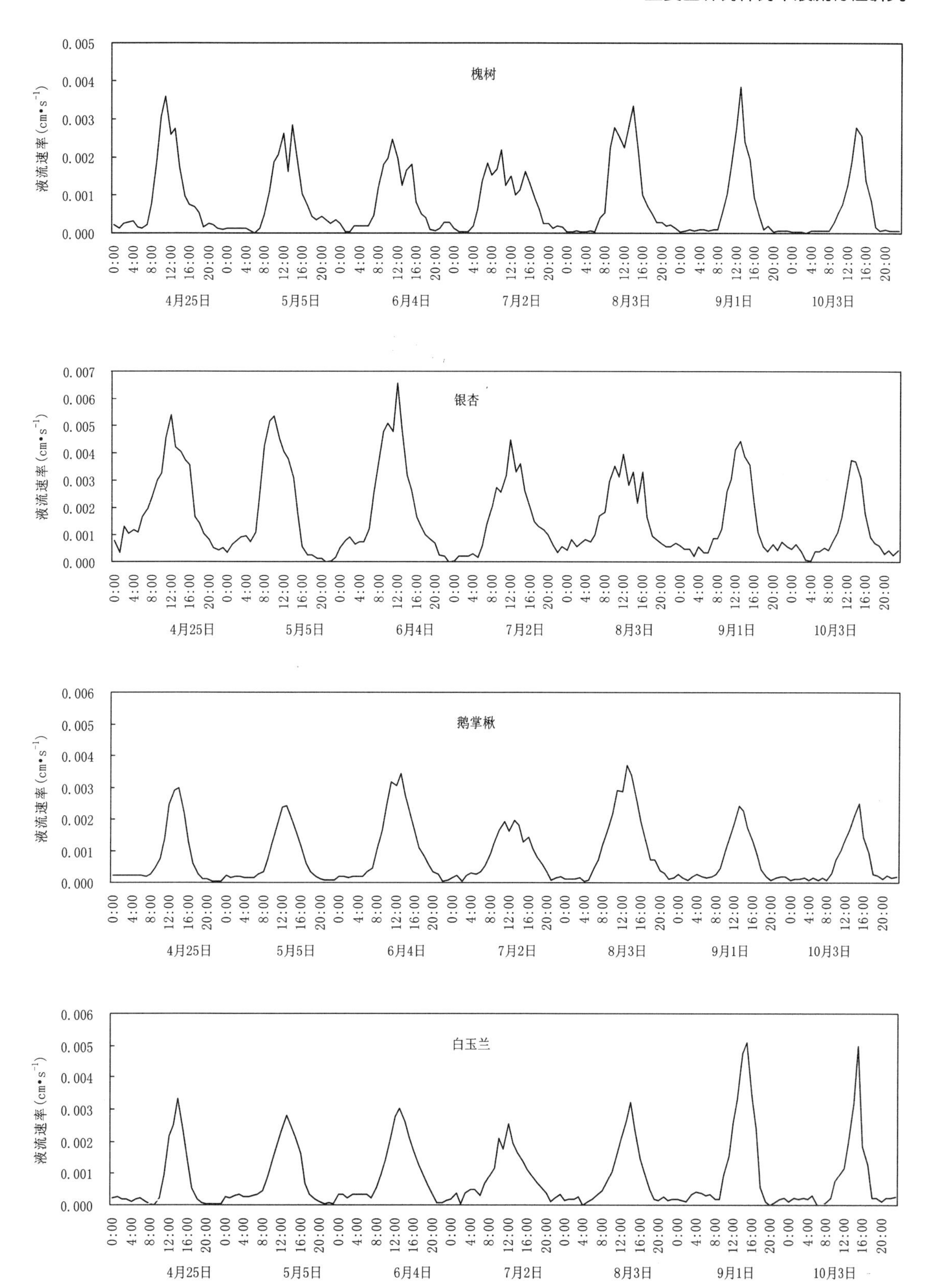

图 5-1　8 个树种树干边材液流的日、月变化规律

表 5-1　8 树种边材液流速率日变化动态

树种	观测项目	观测日期						
		4 月 25 日	5 月 5 日	6 月 4 日	7 月 2 日	8 月 3 日	9 月 1 日	10 月 3 日
侧柏	*A*	9:50	7:50	5:10	6:10	8:10	8:30	9:00
	B	13:40	12:30	11:30	11:00	12:20	12:30	13:10
	C	0.002 60	0.002 35	0.001 84	0.001 02	0.001 01	0.001 28	0.001 43
	D	19:40	21:10	21:30	22:00	22:20	21:00	19:30
油松	*A*	8:30	7:20	7:00	6:10	7:30	8:00	9:00
	B	12:30	12:00	11:40	11:10	11:30	12:20	14:00
	C	0.000 87	0.001 19	0.001 12	0.001 10	0.000 77	0.000 90	0.000 81
	D	19:300	21:20	22:00	21:30	20:00	18:00	17:50
元宝枫	*A*	8:50	8:00	7:10	6:40	7:50	8:20	9:10
	B	12:20	12:00	11:20	11:00	11:50	12:10	13:10
	C	0.005 69	0.002 85	0.003 27	0.004 09	0.002 19	0.002 55	0.001 3
	D	19:40	20:10	21:00	22:10	20:20	19:10	19:00
刺槐	*A*	8:50	8:00	6:10	5:40	6:30	8:00	9:10
	B	13:10	12:20	11:20	11:00	13:00	13:10	14:00
	C	0.003 32	0.002 44	0.003 44	0.003 16	0.004 78	0.002 84	0.002 92
	D	19:10	20:10	21:00	21:30	22:00	20:30	20:00
槐树	*A*	8:20	7:10	7:00	5:10	8:00	8:40	9:10
	B	11:10	14:00	11:00	10:00	14:00	13:10	14:00
	C	0.003 61	0.002 85	0.002 48	0.002 18	0.003 35	0.003 85	0.002 79
	D	19:10	19:30	20:00	21:10	19:00	19:30	19:50
银杏	*A*	7:20	7:00	6:20	6:10	7:00	8:40	9:10
	B	12:10	10:00	12:20	12:00	12:30	13:10	13:40
	C	0.005 40	0.005 37	0.006 56	0.004 47	0.003 95	0.004 45	0.003 75
	D	20:30	21:00	21:20	22:10	21:00	19:30	19:50
鹅掌楸	*A*	9:00	8:10	6:10	6:00	6:30	8:40	9:10
	B	14:00	13:10	13:00	11:00	12:40	13:10	15:10
	C	0.002 98	0.002 42	0.003 43	0.001 94	0.003 68	0.002 43	0.002 50
	D	19:20	21:10	22:00	21:10	22:20	20:20	19:40
白玉兰	*A*	11:00	8:30	8:00	7:00	7:30	9:40	10:00
	B	14:00	13:10	13:00	12:00	14:00	14:30	15:00
	C	0.003 32	0.002 80	0.003 06	0.002 54	0.003 24	0.005 09	0.004 97
	D	19:00	20:10	21:00	21:10	20:20	19:20	18:00

注:*A* 表示液流启动时间,*B* 表示峰值出现时间,*C* 表示液流峰值($cm \cdot s^{-1}$),*D* 表示液流低谷出现时间。

5.1.2　树干不同高度边材液流的变化规律

研究树干不同高度边材液流的变化可以了解树体水分传输的规律性和对环境因子的响

应。图5-2 ~5-4都是在不同月份的典型晴天观测到的数据，从液流每天启动的时间来看，上位液流明显早于中位和下位，侧柏、油松早0.5 ~ 2h，元宝枫早2 ~ 4h；上位液流曲线的峰形多数呈双峰形或多峰形，且峰值起伏非常大，因为上位液流受环境因子变化的影响大。本试验春、夏季测定的间隔期为10min，秋季为5min，完整地反映了液流的微小变化，中位和下位液流基本上为单峰形；峰值出现时间上位(双峰和多峰型的以第一个峰值为准)明显早于中位和下位，一般早2 ~4h，中位液流的峰值时间一般比下位早0.5 ~2h，上位峰值一般在10：00 ~12：00出现，中、下位峰值一般在12：00 ~14：00出现；上位液流到达低谷的时间为16：00 ~20：00，比中位和下位早2 ~4h，春季更明显；从液流速率的大小来看，如果树干不同高度探测点之间没有枝条，理论上应是上位大于中位和下位，因为上位边材面

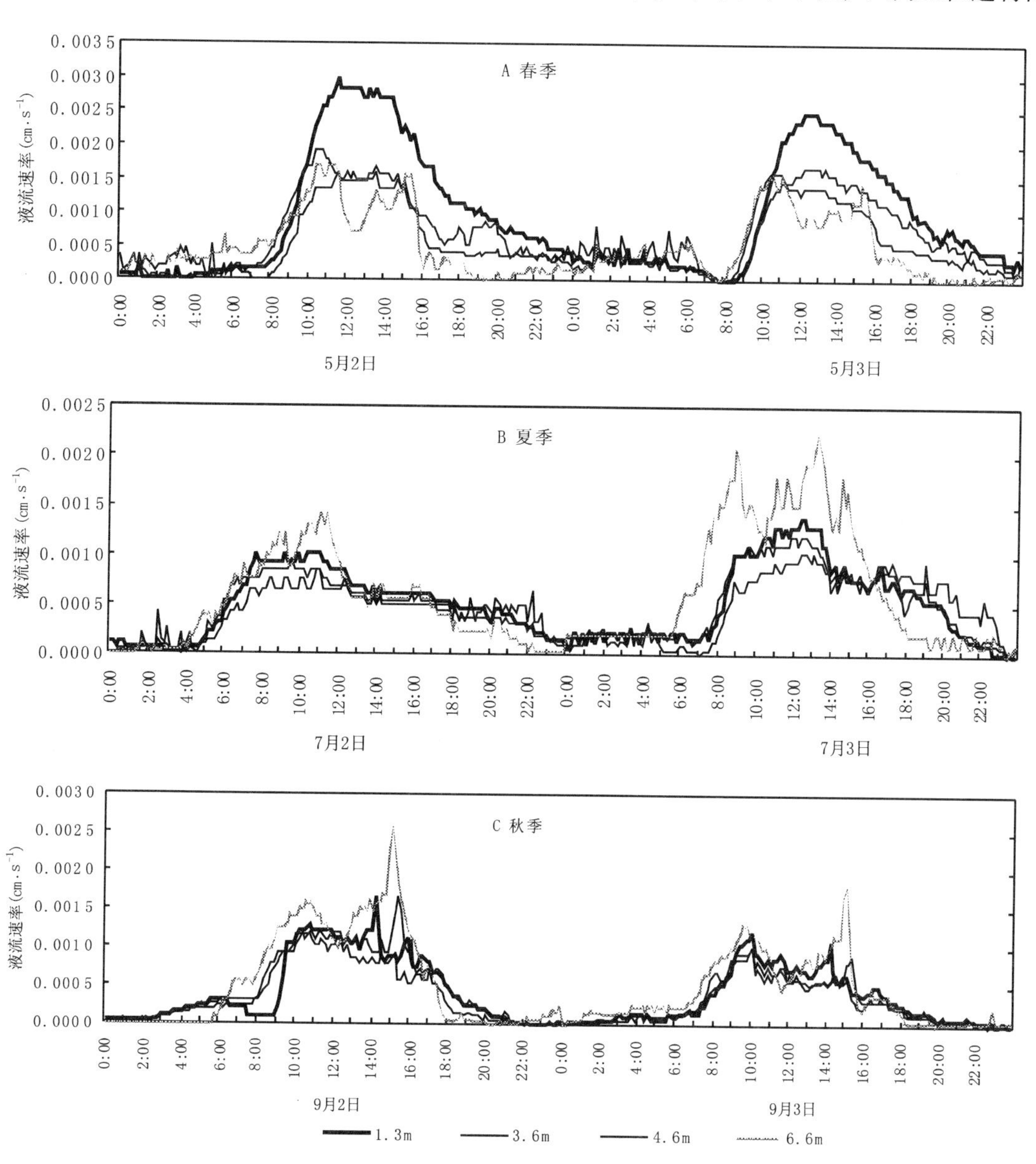

图5-2　侧柏树干不同高度边材液流速率日变化

积小、下位边材面积大，不考虑树干本身贮水的话不同部位的液流总量应该是相同的（孙鹏森，2000；王华田，2002），如果探测点之间着生了枝条，则液流大小可能找不出可循的规律，因为部分水分通过这些枝条蒸腾掉了（Meinzer，1992）。本次试验只有油松树干 1.3～3.6m 没有枝条，从图 5-3 可以看出，油松树干中位液流大于下位，其他探测点之间都有枝条，无法比较不同高度液流速率的大小。因此，如果以测定树体耗水量为目的，必须将探针安装在树干下位，且须确保探测点以下无枝条。

树干不同高度液流的节律变化受太阳辐射、树体水容调节和土壤供水状况等多种因素的影响。早晨，当太阳升起后，气温升高，空气湿度下降，树木开始蒸腾耗水，由于树体巨大的水容性，蒸腾最初消耗的是树冠和树干上段贮存的水分，随着蒸腾失水的增加，树体的水势梯度逐渐加大，相继拉动上位、中位和下位液流启动。

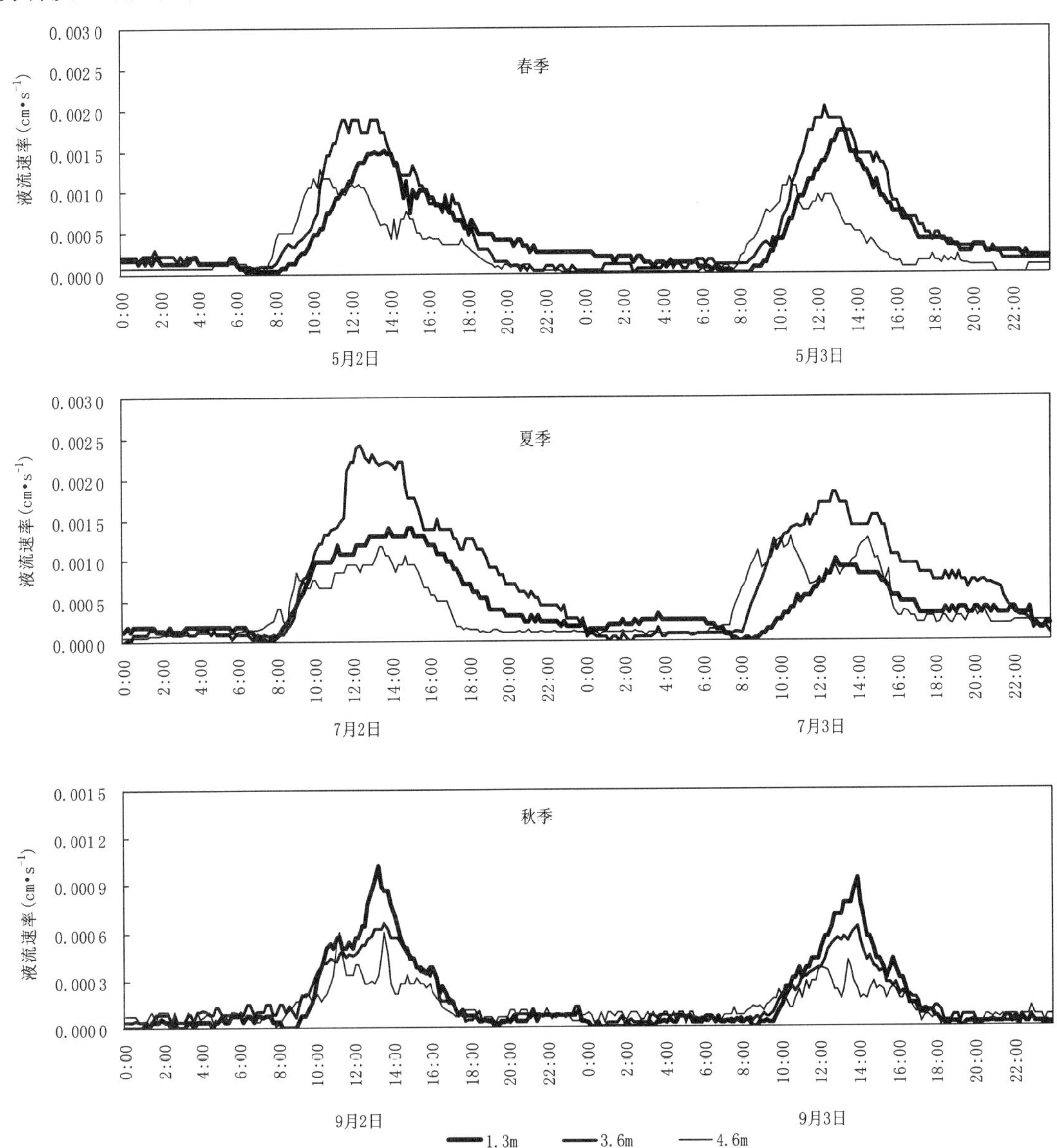

图 5-3　油松树干不同高度边材液流速率日变化

树木的水容性在树木耗水过程中起着极其重要的作用。一方面，水容能够有效地调节日周期内水势梯度的大幅度波动，保持树木整株水分关系的相对平衡，从而维持正常的生长和生理活动；另一方面，树木由于存在水容而具备水分储备和释放能力，这样能在很大程度上弥补根系吸水能力的不足，尤其在干旱和高温季节，土壤干旱导致根系吸水量减少，持续高温造成树冠强烈蒸腾和蒸发，导致树木发生严重的水分亏缺，影响其正常的生长和生理活动，树木水容调节能力的存在(加之气孔调节的协同作用)，使树木能够在夜间补充白天的蒸腾失水，恢复水分储备，弥补白天根系吸水能力的不足，从而极大缓解了蒸腾过程对根系吸水的压力。

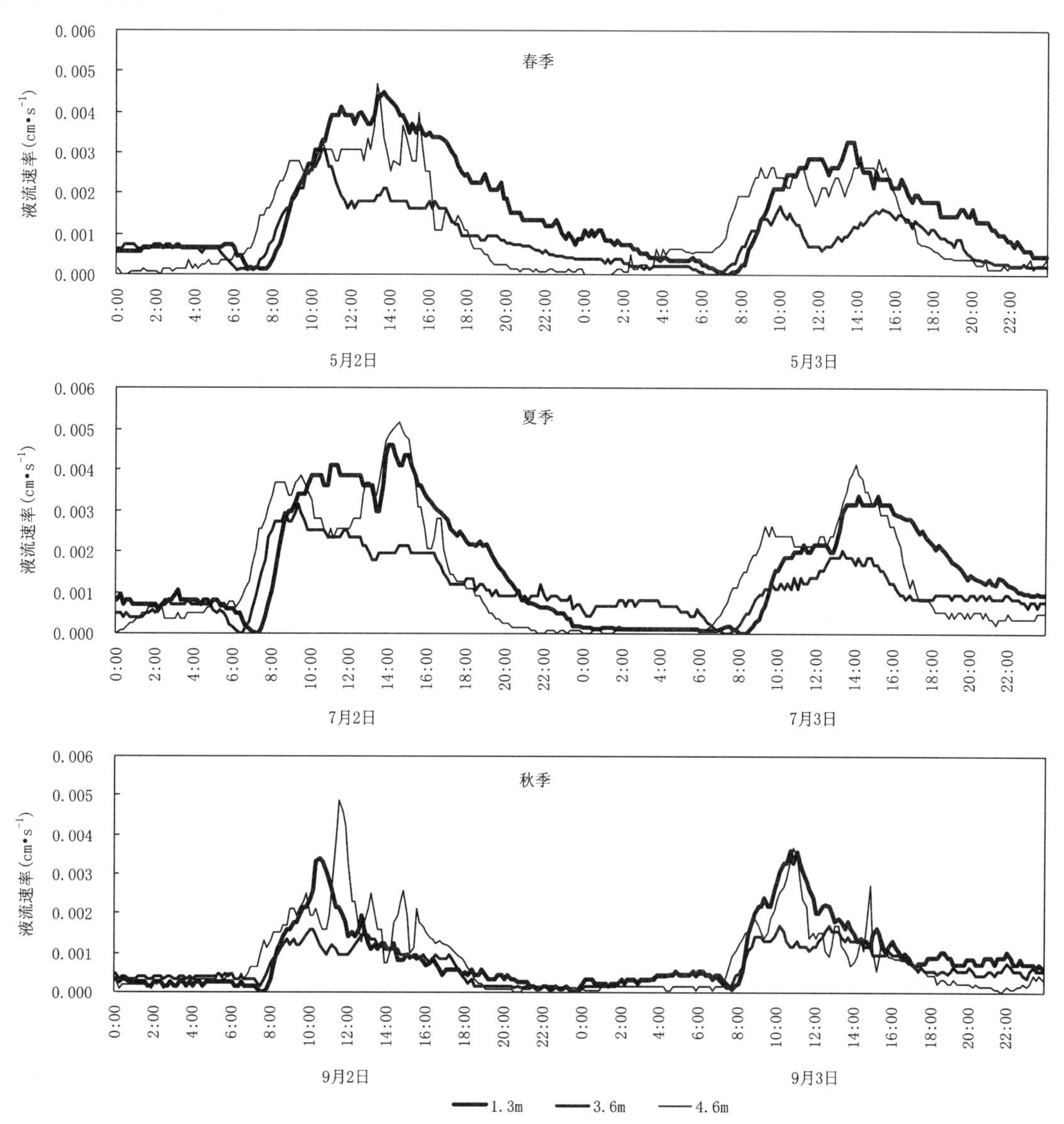

图 5-4　元宝枫树干不同高度边材液流速率日变化

5.1.3　树干不同方位边材液流的变化规律

本试验共进行了 8 个树种的方位试验，在北京市植物园测定了侧柏、油松和元宝枫，在北京林业大学校园测定了紫叶李、悬铃木和元宝枫，时间从 8 月至 10 月，每个树种测定 10d，选择 2 ~3 个典型晴天的液流数据绘制图 5-5。从图 5-5 可以看到，液流曲线的形状油松东南西北的曲线非常相似，波动节律基本一致，侧柏、元宝枫、紫叶李、悬铃木 4 个方位的曲线起伏的大体趋势相似，但一致性较差；从液流大小来看，侧柏东面最大、其他 3 个方

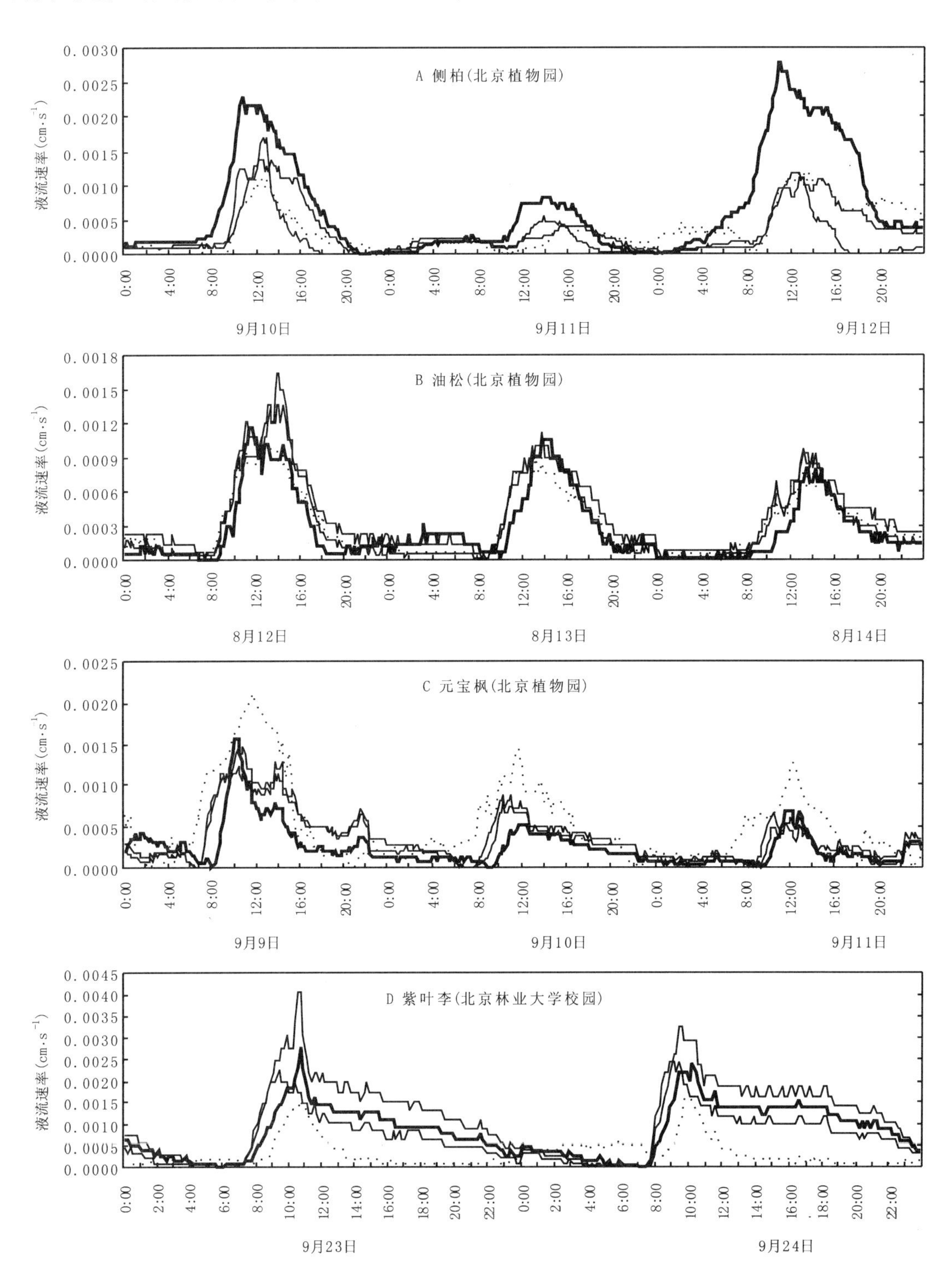

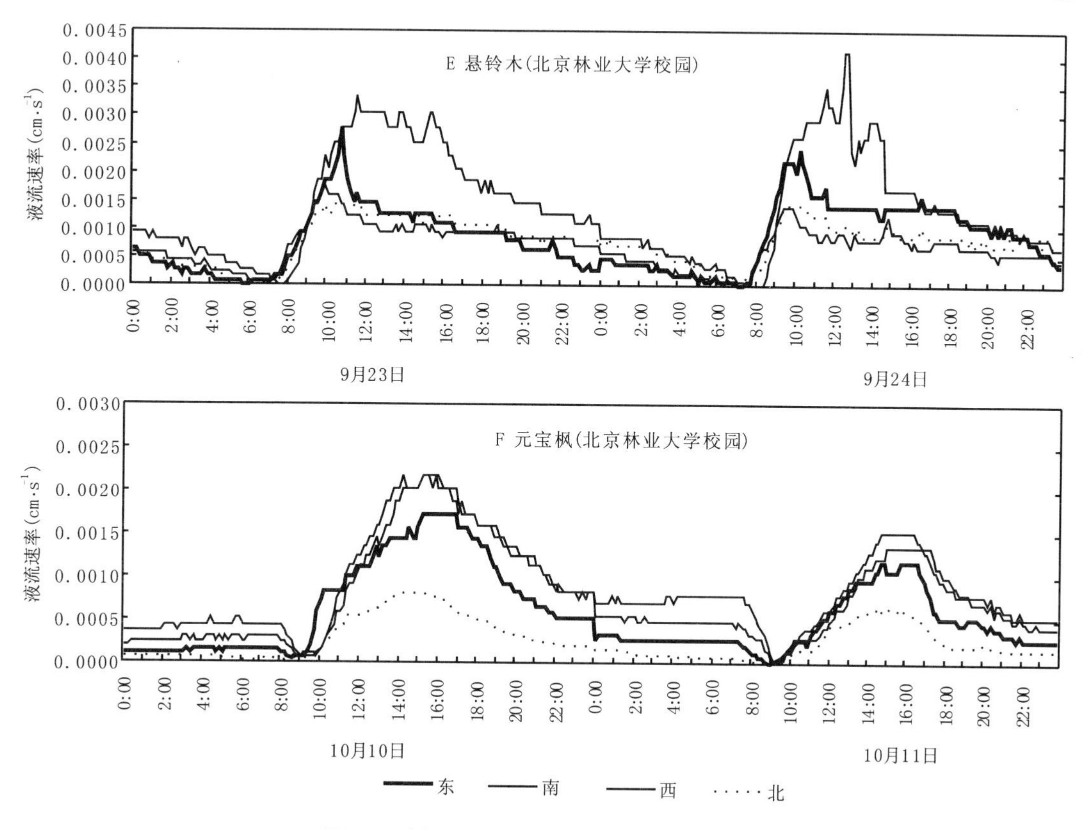

图 5-5 树干不同方位边材液流速率日变化

位差不多，油松 4 个方位差距不大，植物园的元宝枫北面最大、东面最小，南面和西面相差不大，紫叶李西面最大、北面最小，东面和南面居中，悬铃木西面最大、东面第二，南面和北面最小，林大校园的元宝枫南、西大于东、北。

如果以四个方位观测时段内边材液流速率的平均值作为整株日周期平均液流速率，则各树种东、南、西、北四个方位平均边材液流速率与整株边材液流速率平均值的百分比见表 5-2。

表 5-2 树干不同方位液流速率比较

树种	4个方位平均	东		南		西		北	
		平均值	东/均值(%)	平均值	东/均值(%)	平均值	东/均值(%)	平均值	东/均值(%)
侧柏 a	0.40	0.68	167.6	0.24	58.9	0.35	87.0	0.35	86.5
油松 a	0.32	0.27	85.1	0.32	100.9	0.38	120.0	0.30	94.1
元宝枫 a	0.36	0.25	69.3	0.33	91.0	0.36	99.7	0.51	140.0
紫叶李 b	0.75	0.84	111.7	0.71	93.6	1.15	152.6	0.32	42.2
悬铃木 b	0.92	0.84	91.6	0.69	74.5	1.38	149.8	0.77	84.2
元宝枫 b	0.68	0.57	83.8	0.76	111.8	0.87	127.9	0.51	75.0

注：a 表示在北京植物园测定；b 表示在北京林业大学校园测定；液流速率单位：$cm \cdot s^{-1} \cdot 10^{-3}$

从表5-2可以看到，同一树种不同方位的液流速率相差很大，相同树种在不同地点观测值也不一致。在5个树种中，液流方位差距最小的是油松，液流速率单个方位与均值的百分比为85.1%～120.0%，其次是在北京林业大学校园测定的元宝枫，为75.0%～127.9%，差距最大的是侧柏，为58.9%～167.6%。对各个方位的冠幅和边材宽度进行分析后，没有找到树冠结构特征和边材宽度与树干液流速率之间的必然联系。王华田(2001)在利用热扩散式茎流计(TDP)观测北京西山侧柏和栓皮栎的耗水规律时，发现树干不同方位液流存在明显差异，但没有找到满意的解释。因此，是什么原因造成树干不同方位液流的差异有必要进一步探讨，一个可能的原因是根系分布的影响，从上述分析中可知，只有油松不同树干方位的液流相差不大且节律一致，而油松是在8月中旬土壤含水量比较充足时观测的，此时的含水量为16.6%，其他树种都是在9、10月测定，土壤含水量为7%左右。众所周知，根系从土壤中吸收水分后既可通过导管纵向向上传输，也可通过纹孔横向螺旋式上升，但当土壤含水量不足，且空气相对湿度低，SPAC水势差大时，蒸腾拉力加大，水分在蒸腾拉力的作用下以向上传输为主，由于树木的根系分布是不均匀的，这样根系分布多的方位液流速率就大。8月土壤含水量大，且空气湿度大，SPAC水势差小，蒸腾拉力不足，这样就有更多的水分在边材的横向弥漫，结果导致不同方位液流速率趋于一致。但这只是一种假设，本次取得的试验数据还不足以证明这一点，留待以后深入研究。

在研究工作中，不同方位边材液流速率的差异必须引起高度重视，否则将会导致研究结果严重偏差，使研究结论失去说服力。解决的方法是增加探头的数量。Granier (1987)建议，直径15cm以下的单株使用一个探头，15～20cm的单株使用2个探头，20cm以上的单株使用3～4个。在实际研究工作中，可以参考Granier的建议，根据不同树种边材液流沿树干方位的变异程度和树干直径，确定具体测定时探头的数量。

5.1.4 不同直径树木边材液流的变化规律

5.1.4.1 不同直径树木边材液流速率的日变化

在园林绿地规划中，为了提高景观效果，经常将不同大小的树木配置在一起。因此，从树体大小来看，园林绿地中的树木远没有森林中的树木均匀。为了掌握同一树种不同直径树木的耗水规律，本研究于2005年8～9月阶段性测定了侧柏、油松、元宝枫、刺槐和银杏5个树种不同直径树木的耗水性，图5-6所示的是侧柏、油松、元宝枫和银杏样木连续5d的观测数据的平均值。

从图5-6可以看出，树种液流变化的共同特点是液流启动和达到峰值的时间都是直径小的最早，直径最大的最晚，直径中等的居中，液流进入低谷的时间直径最小的最早。从图5-6还可以看出，同一树种不同直径的树木，液流的峰形变化不一样。例如，侧柏8.2cm的液流曲线呈双峰形，其他直径的呈单峰形；元宝枫8.8cm的液流曲线呈三峰形，其他直径呈单峰形或双峰形。

不同直径树木液流出现上述差异的主要原因是树体水容的影响，树体越小，水容调节能力越弱，树体越大，水容调节能力超强，水容影响不同直径树木液流节律和波形的原理与它对树干不同高度液流的影响相同。

表5-3是不同直径树木平均液流速率统计情况，从液流速率来看，观测期平均液流速率侧柏、油松、银杏中等树干的液流速率较大，直径最小和最大的液流要小，其中油松4个直径树

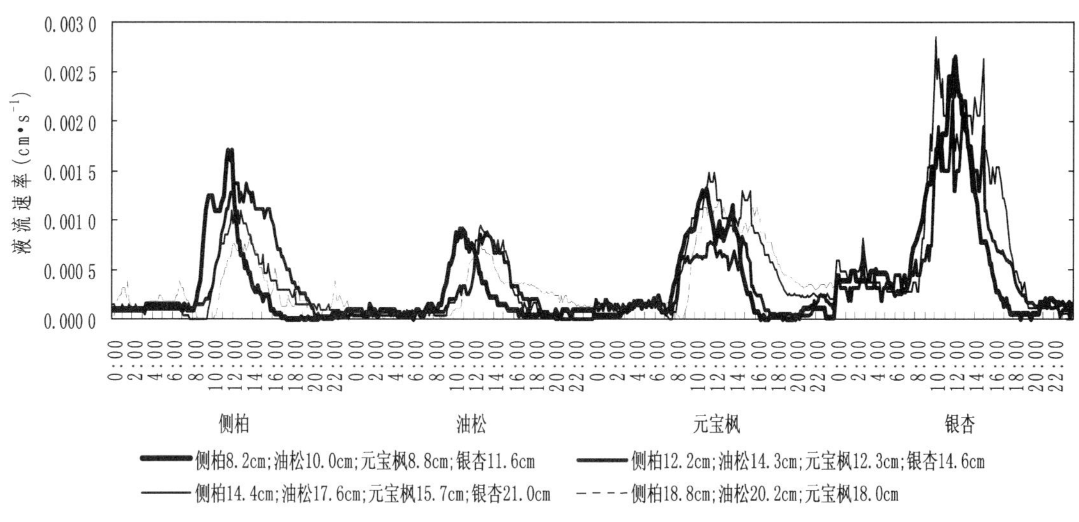

图 5-6　不同直径树木边材液流速率日变化

干的液流相差不大，元宝枫直径大的液流也大。可见边材液流速率大小与树干直径之间的关系比较复杂，是否存在令人信服的规律性还应增加观测株数、延长观测时间，才能下结论。

表 5-3　不同直径树木平均液流速率

侧柏		油松		元宝枫		银杏	
直径(cm)	液流速率(cm·s^{-1})	直径(cm)	液流速率(cm·s^{-1})	直径(cm)	液流速率(cm·s^{-1})	直径(cm)	液流速率(cm·s^{-1})
8.2	0.000 271	10.0	0.000 235	8.8	0.000 244	11.6	0.001 048
12.2	0.000 424	14.3	0.000 276	12.3	0.000 232	14.6	0.001 918
14.4	0.000 435	17.6	0.000 21	15.7	0.000 417	21.0	0.001 736
18.8	0.000 361	20.2	0.000 2	18.0	0.000 436		

5.1.4.2　不同直径树木一天中各时段耗水量的变化

图5-7是根据5个典型晴天不同直径树木一天中各时段耗水量的平均值绘制的，可以看出侧柏各直径树木一天中耗水最多的时段是10:00～16:00；油松最大株(20.2cm)在12:00～17:00耗水最多，其他直径的在10:00～18:00耗水最多；元宝枫直径小的两株(8.8cm和12.3cm)在7:00～14:00耗水最多，直径大的两株(15.7cm和18.0cm)在8:00～0:00都维持较高的耗水量；刺槐各直径树木从9:00开始耗水量增加，18:00开始显著减少，最小直径(7.3cm)的白天耗水量各时段比较平均；银杏最小株(11.6cm)在8:00～15:00耗水最多，直径大的两株(14.6cm和21.0cm)在9:00～17:00耗水量大。

从日总耗水量来看，侧柏8.2cm、12.2cm、14.4cm、18.8cm分别为0.636kg、2.245kg、3.131kg、4.394kg，油松10.0cm、14.3cm、17.6cm、20.2cm分别为1.324kg、3.205kg、3.688kg、4.602kg，元宝枫8.8cm、12.3cm、15.7cm、18.0cm分别为0.971kg、1.799kg、5.268kg、7.243kg，刺槐7.3cm、13.9cm、21.3cm分别为1.591kg、5.317kg、9.438kg。可见，不管各直径树干的液流大小如何，单株日耗水量都是直径越大，耗水越多。

掌握不同直径树木边材液流的变异规律，为实现树木耗水的空间尺度扩展提供了依据。

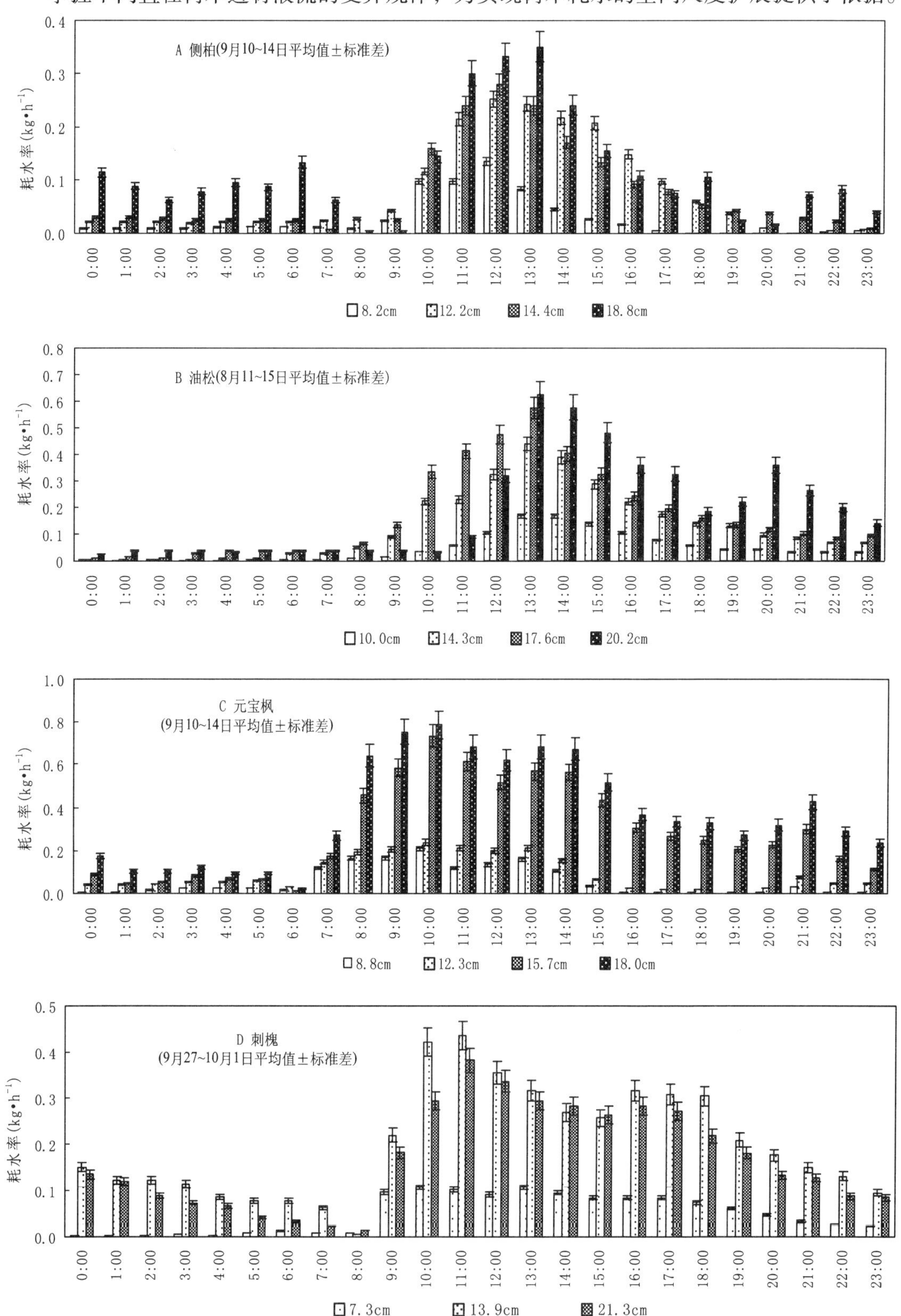

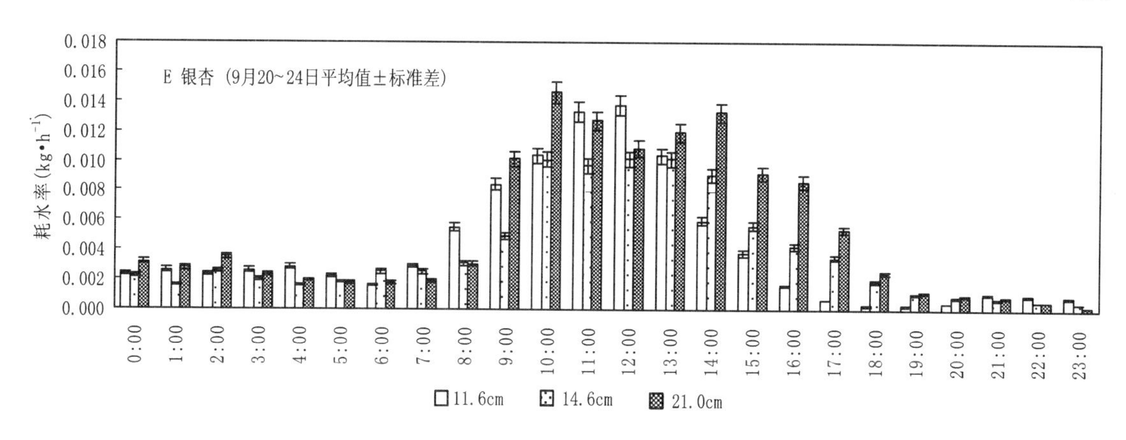

图5-7 不同直径树木各时段耗水量日变化

5.2 树木耗水的影响因素

5.2.1 蒸腾、气孔导度、气象因子、SPAC水势对边材液流速率的影响

树干液流受多种内在因素和环境因子的影响，为了揭示它们之间的关系，本研究安排了多因子同步观测试验，在TDP自动检测液流和自动气象站记录气象数据的同时，用Li－6400快速测定离体叶片的蒸腾速率，用露点水势仪(HR－33T Dew Point Micro－Voltmeter, Wescor, USA)快速测定离体叶片的水势，用铝盆提取土样在实验室测定含水量后再根据公式3－4算出土壤水势，除TDP和自动气象站按最初设置每10min记录一次数据外，其他观测项目都是从6:00至18:00，每2h一次，连续5d，用5d的平均值绘制图5-8~5-11。

从图5-8~5-10的A图可以看到，侧柏、油松和元宝枫叶片蒸腾速率与气孔导度的日变化有较好的同步性，侧柏为双峰形，油松和元宝枫为单峰形；叶片蒸腾速率与液流的日变化曲线在形状上相似，侧柏、油松两者起伏的一致性较好，元宝枫两者起伏的一致性较差。

图5-8~5-10的B图反映了叶片蒸腾速率日变化与不同树干高度液流速率日变化的关系，从中可以看出3个树种都存在液流节律从树干上位至下位滞后于蒸腾节律的现象，侧柏蒸腾速率为双峰形，最上位液流(6.6m处)也为双峰形，两者启动、到达峰值和进入低谷的时间相同，1.3m和3.6m处液流到达峰值的时间比蒸腾要晚，下降要缓慢；油松1.3m和3.6m处液流启动比蒸腾滞后2h，达到峰值后的下降速度比蒸腾要缓慢得多；元宝枫树干上位液流启动时间比蒸腾晚2h，中位和下位晚4h，到达峰值的时间液流比蒸腾晚2h。树干液流从上至下比蒸腾节律滞后的现象再一次说明树体水容对水分传输的调节作用。

如图5-8~5-10的C图所示，土壤水势的日变化呈持续下降趋势，但降幅不大，从－0.78MPa降至－0.82MPa，相应的土壤含水量从9.1%降至8.9%；叶片水势早晚较高，中午较低，其变幅范围为侧柏 －8.7~－3.7 MPa、油松 －8.9~－3.6 MPa、元宝枫 －9.7~－3.7 MPa，3树种的高位水势差不多，但低位水势元宝枫明显低于侧柏和油松，这可能与元宝枫耗水量更大有关；大气水势的走势与叶片水势和空气相对湿度相似，早晚高、中午低，变幅为 －128~－71 MPa。

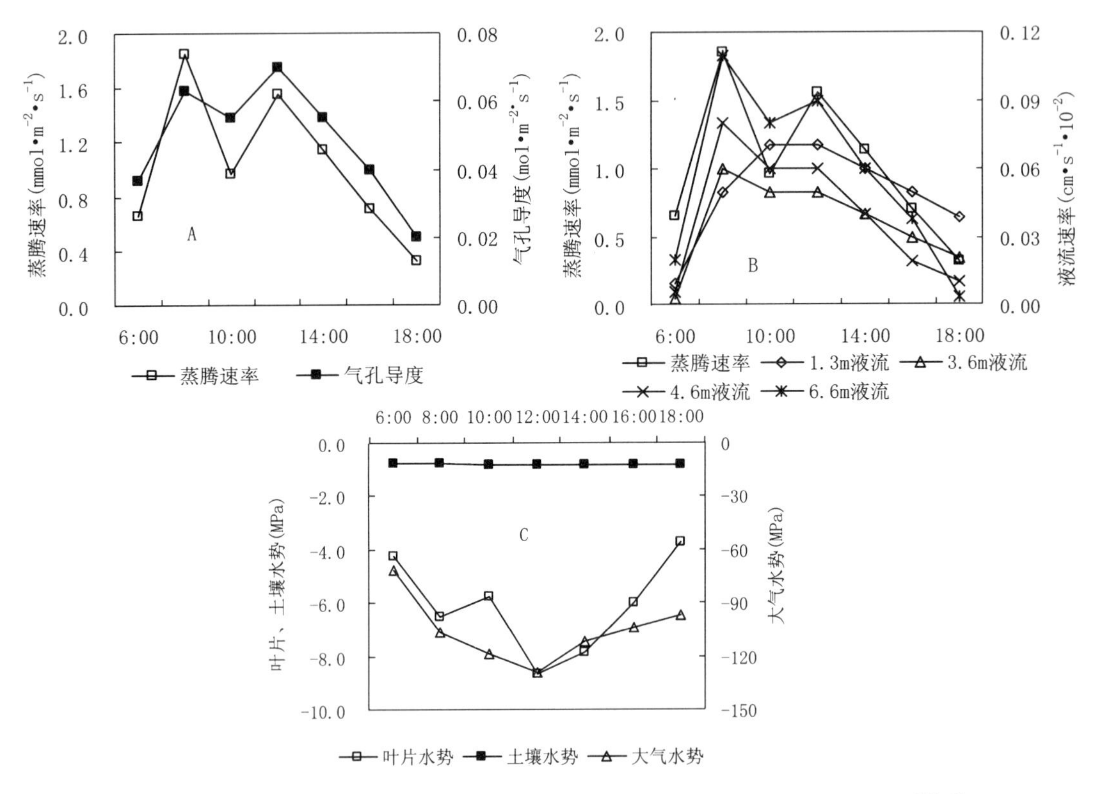

图5-8　侧柏液流速率与蒸腾、气孔导度和SPAC水势的关系（10月24~28日平均值）

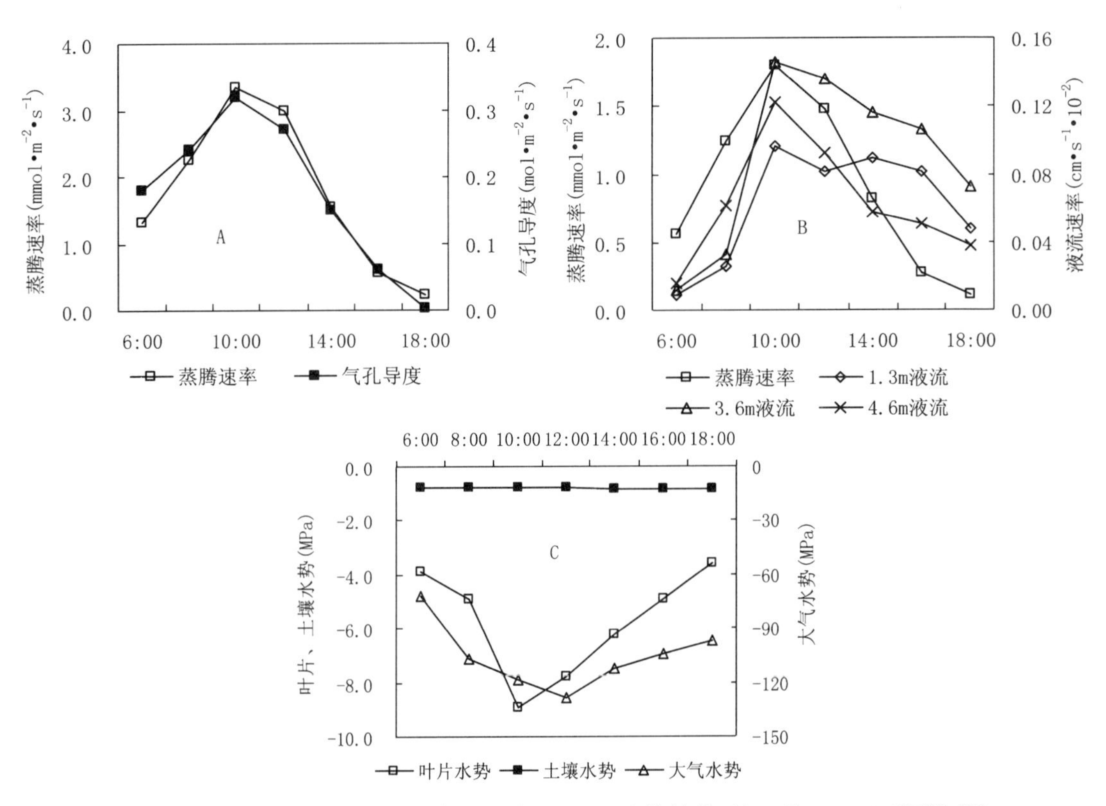

图5-9　油松液流速率与蒸腾、气孔导度和SPAC水势的关系（10月24~28日平均值）

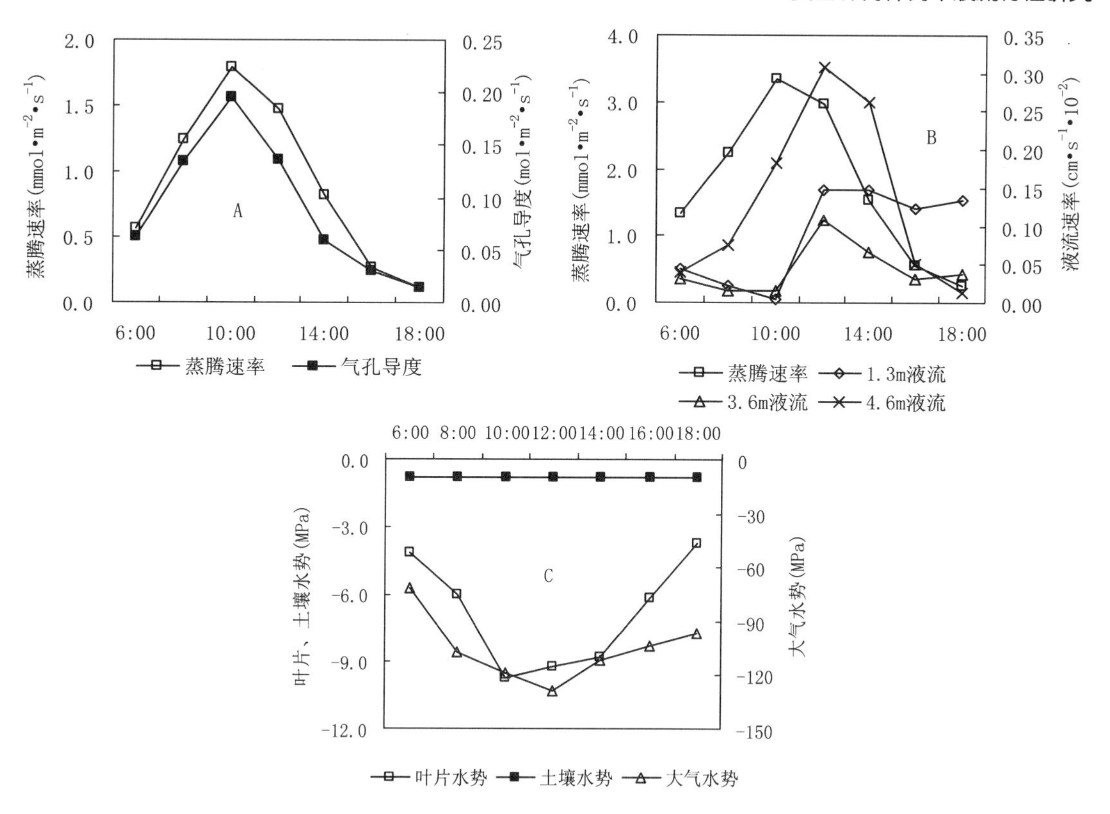

图 5-10　元宝枫液流速率与蒸腾、气孔导度和 SPAC 水势的关系(10 月 24 ~28 日平均值)

如图 5-11 所示，同期气象因子测定表明，太阳辐射的日变化呈抛物线曲线，与蒸腾速率的日变化曲线类似，空气和 5cm 土层温度也随太阳辐射起伏，但变幅范围较小，节律滞后。

综上所述，环境因子、气孔导度、叶片蒸腾和树干液流的关系为：环境因子(主要是气象因子和土壤水分)影响气孔导度，气孔导度决定蒸腾速率，叶片蒸腾拉动树干液流。树干液流的日变化节律滞后于蒸腾速率，由于树体水容的调节，树干中位滞后于上位，树干下位又滞后于中位。它们之间的这种复杂关系会对耗水研究目标的实现带来影响，耗水研究的主要目的是要找出环境因子与边材液流的关系，建立耗水模型，在此基础上，只需通过对环境因子的观测并采用合适的尺度扩展方法就可以实现对树木耗水的预测。根据上面的分析，理论上叶片蒸腾直接受环境因子的影响，两者日变化的步调比较一致，如果建立起叶片蒸腾速率与环境因子的关系模型来预测蒸腾耗水，应该精确度最高，但问题是对于一棵大树，要准确测定它的叶面积是相当困难的，因此，即使建立了模型也难以找到一个尺度扩展的纯量，加上要观测一棵大树的叶片蒸腾，操作难度也很大。如果以边材液流建立耗水模型，树干上位液流与环境因子的相关性比下位液流要强，但不能选择上位，因为在上位测点以下往往还有枝条，上位的液流通量不能代表整棵树的蒸腾耗水量，且要在上位安装探针在操作上困难不小，故唯一的选择是用下位液流与环境因子建立模型，由于下位液流对环境因子的反应滞后，对模型的精度和预测的效果可能造成影响，解决的办法是观测的时间应尽可能长，分别不同的月份和不同天气建立模型，安装探针时尽可能靠近第一个枝条。

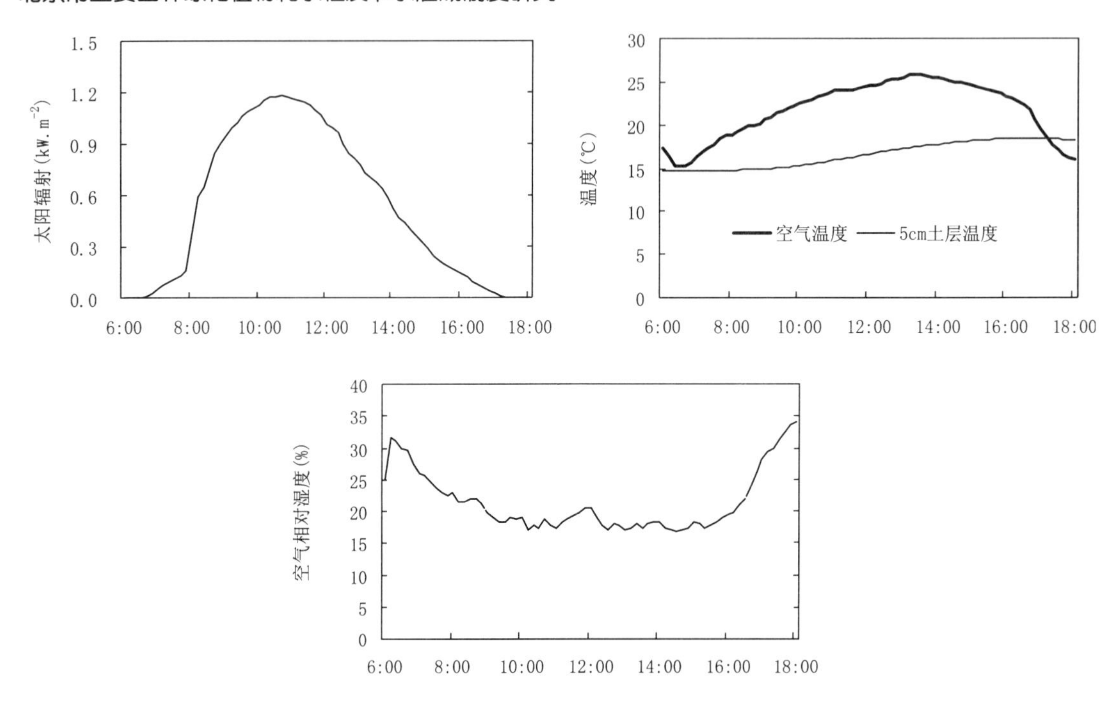

图 5-11　主要环境因子日变化动态(10 月 24 ~28 日平均值)

5.2.2　主要环境因子与边材液流速率的相关性分析

在 5 个典型晴天(10 月 24 ~28 日)对树干液流速率、叶片蒸腾和相关环境因子进行同步测定，得到 35 组观测数据，将不同树干高度液流速率与蒸腾速率、气孔导度、土壤水势、叶片水势、大气水势、空气温度、太阳辐射等进行相关性分析，结果见表 5-4。从表 5-4 可以看到，树干上位液流速率与叶片蒸腾速率、气孔导度的相关性均达到极显著水平，下位液流速率与这 2 个因子的相关性明显要差，相关系数较小，多数达不到显著水平。SPAC 水势

表 5-4　边材液流速率与主要环境因子的相关性分析

树种	液流速率 ($cm \cdot s^{-1}$)	蒸腾速率 ($mmol \cdot m^{-2} \cdot s^{-1}$)	气孔导度 ($mol \cdot m^{-2} \cdot s^{-1}$)	土水势 (MPa)	叶水势 (MPa)	大气水势 (MPa)	空气温度 (℃)	太阳辐射 ($kW \cdot m^{-2}$)	测值个数 n
侧柏上 6.6m	1.00	0.92**	0.94**	0.48*	-0.75**	-0.69**	0.37	0.88**	35
侧柏下 1.3m	1.00	0.38	0.65**	-0.17	-0.78**	-0.56**	0.77**	0.68**	35
油松上 4.6m	1.00	0.86**	0.49**	0.10	-0.09	-0.85**	0.56**	0.91**	35
油松下 1.3m	1.00	0.35	0.03	-0.50*	0.28	-0.79**	0.82**	0.67**	35
元宝枫上 4.6m	1.00	0.67**	0.75**	-0.81**	-0.05	-0.77**	0.82**	0.82**	35
元宝枫下 1.3m	1.00	0.45*	-0.29	0.27	-0.83**	-0.23	0.35	0.45*	35

注：* 表示在 0.05 水平上相关关系显著，* * 表示在 0.01 水平上相关关系显著。

与液流日变化的关系比较复杂，一般呈负相关，相关性较强的是大气水势。空气温度与液流速率呈正相关，相关程度低于大气水势。太阳辐射与液流速率表现出较强的相关性，只有元宝枫下位为显著相关，其他均为极显著相关，但上位的相关性明显大于下位相关性。树干液流速率与主要环境因子的相关性大小依次为：太阳辐射、大气水势（空气相对湿度）、空气温度、土壤水势（土壤含水量）。

5.2.3　季节和天气对树干液流的影响

5.2.3.1　不同季节三种典型天气树干液流速率的日变化动态

季节和天气对树干液流的影响是以环境因子为纽带的，在城市绿地水分管理实践中，人们往往更习惯于用季节和天气去描述树木和绿地水分的供求关系，因此，分析季节和天气与树木耗水的关系为了解树木的耗水规律提供了一个更直观的平台。

在春、夏、秋三季中选择三种典型天气－晴天、阴天、雨天各 3d，晴天的选择标准为天空晴朗无云、太阳不被遮挡，阴天的选择标准为天空被云层覆盖，基本上见不着太阳，雨天为天气阴沉，降水量为小雨以上，所有被选天的风速都不超过 0.5m・s^{-1}。求算 3d 中各观测点数据的平均值，绘图 5-12。

通过图 5-12 可以看出以下规律：在不同的季节里，侧柏、油松、元宝枫边材液流速率（图 5-12D、E、F）与太阳辐射（图 5-12A）具有较好的生态学同步性，日变化曲线的波形十分

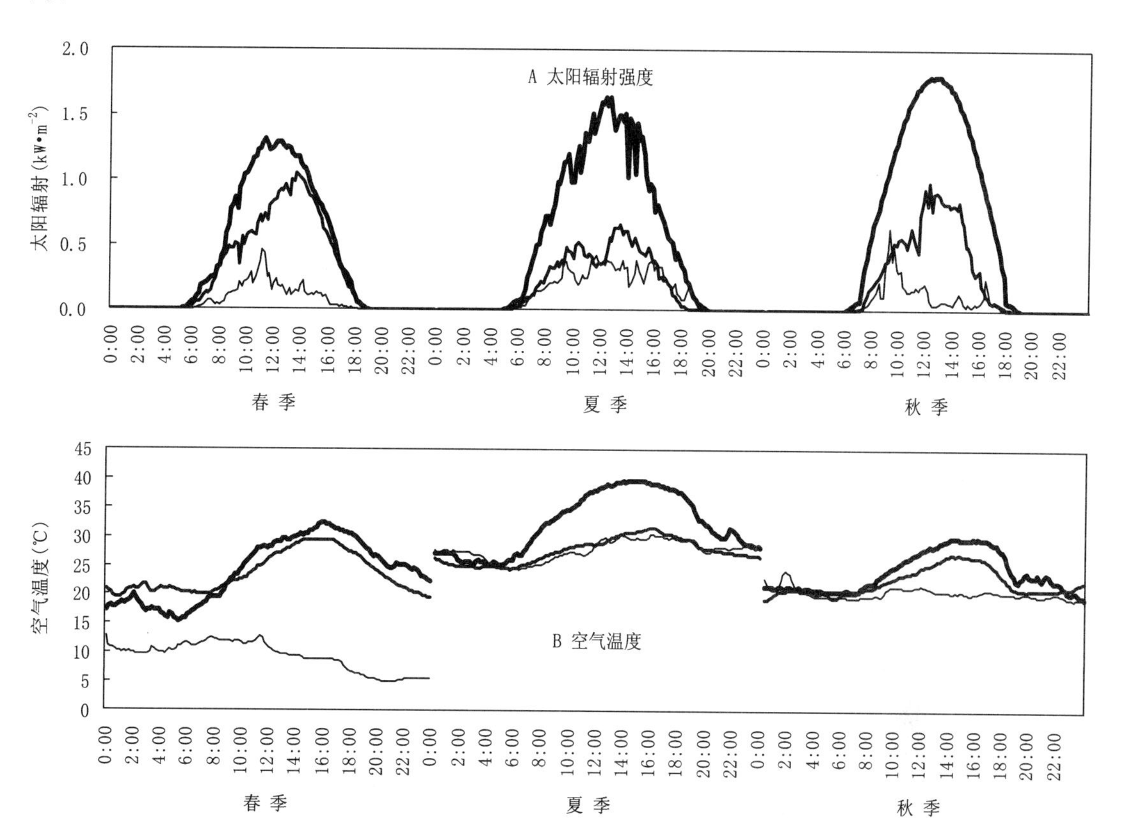

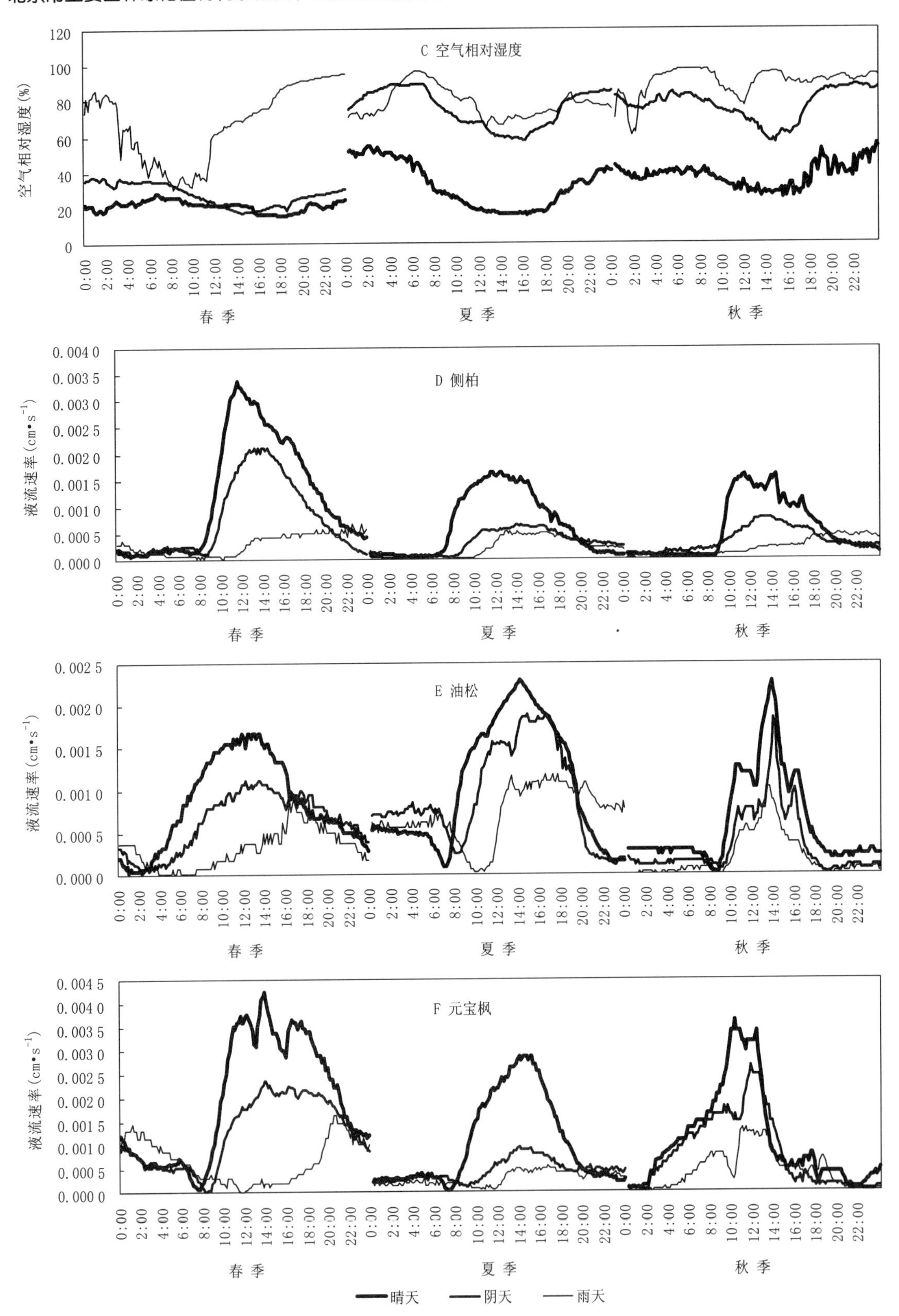

图 5-12 不同季节树干液流速率与天气的关系

相似，空气温度的日变化趋势(图5-12B)与液流速率的变化趋势相同，但起伏幅度没那么大，而空气相对湿度的变化趋势(图5-12C)与液流速率的变化趋势相反。

从图5-12D、E、F可以看出，3树种的液流速率在不同的季节里都是晴天大于阴天，春、秋季液流启动和达到峰值的时间晴天比阴天早0.5~1h，夏季早1~2h，液流进入低谷的时间一年中晴天和阴天差不多；雨天液流的动态变化比较复杂，因为下雨导致一系列环境因子的改变，下雨天的特点是太阳辐射弱、气温低、相对湿度大，虽然下雨使土壤含水量增加，但下雨当天的液流速率并不会马上大幅度增加，因为气象条件不利于叶片蒸腾。如果此时树体缺水，根系会吸收水分补充树体水分的不足，导致液流加快。液流加快的时间与降雨的时间有关，春、秋季树体比较缺水，故雨天的液流曲线的规律性比较差，7月树体水分状况较好，故雨天液流仍按正常节律波动。雨天液流规律性较差可能会给建立液流与环境因子的关系模型和利用模型进行耗水预测带来一定困难，但北京一年中下雨天很少，因此不会给耗水量的测算造成太大的影响。从图5-12 D、E、F中可以发现，夏季晴天的液流速率显著大于阴天和雨天，阴天和雨天的液流速率维持较低水平，可能主要是空气相对湿度的影响，夏季阴天、雨天的相对湿度很高，变幅为60%~90%，晴天的相对湿度低，变幅为20%~50%，相对湿度太高加上太阳辐射不足不利于叶片蒸腾耗水。

5.2.3.2 月度和生长期平均液流通量

液流通量是单位面积边材单位时间内通过的液流的体积，用$cm^3 \cdot h^{-1} \cdot cm^{-2}$表示，它能较好地反映树木的耗水能力和耗水量的大小。将2005年4~10月连续观测到的液流速率按月、三种典型天气和白天(6:00~18:00)、夜晚(18:10~翌日5:50)统计平均数再通过计算换算为液流通量，绘制表5-5。

通过表5-5可以算出各树种年平均液流通量，侧柏为1.99 $cm^3 \cdot h^{-1} \cdot cm^{-2}$、油松为1.23 $cm^3 \cdot h^{-1} \cdot cm^{-2}$、元宝枫为4.11 $cm^3 \cdot h^{-1} \cdot cm^{-2}$、刺槐为3.54 $cm^3 \cdot h^{-1} \cdot cm^{-2}$、槐树为3.38 $cm^3 \cdot h^{-1} \cdot cm^{-2}$、银杏为3.33 $cm^3 \cdot h^{-1} \cdot cm^{-2}$、鹅掌楸为5.19 $cm^3 \cdot h^{-1} \cdot cm^{-2}$、白玉兰为6.31 $cm^3 \cdot h^{-1} \cdot cm^{-2}$，可见年平均液流通量白玉兰最大、油松最小，两者相差超过5倍。孙鹏森(2000)、王华田(2002)在北京西山研究了油松、樟子松、栓皮栎、刺槐等的耗水性，发现阔叶树种的单位边材耗水量要大大高于针叶树种，本试验的结果与此一致。

从表5-5还可以看到，各树种平均液流通量的月度差异很大，侧柏4月最大，为3.10$cm^3 \cdot h^{-1} \cdot cm^{-2}$，8月最小，为1.16$cm^3 \cdot h^{-1} \cdot cm^{-2}$；油松4月最大，为1.91$cm^3 \cdot h^{-1} \cdot cm^{-2}$，8月最小，为0.80$cm^3 \cdot h^{-1} \cdot cm^{-2}$；元宝枫也是4月最大，为6.30$cm^3 \cdot h^{-1} \cdot cm^{-2}$，10月最小，为2.55$cm^3 \cdot h^{-1} \cdot cm^{-2}$；刺槐8月最大，为5.80$cm^3 \cdot h^{-1} \cdot cm^{-2}$，5月最小，为1.41$cm^3 \cdot h^{-1} \cdot cm^{-2}$；槐树8月最大，为4.61$cm^3 \cdot h^{-1} \cdot cm^{-2}$，5月最小，为2.11$cm^3 \cdot h^{-1} \cdot cm^{-2}$；银杏8月最大，为4.56$cm^3 \cdot h^{-1} \cdot cm^{-2}$，6月最小，为2.31$cm^3 \cdot h^{-1} \cdot cm^{-2}$；鹅掌楸6月最大，为6.92$cm^3 \cdot h^{-1} \cdot cm^{-2}$，7月最小，为3.63$cm^3 \cdot h^{-1} \cdot cm^{-2}$；白玉兰10月最大，为8.29$cm^3 \cdot h^{-1} \cdot cm^{-2}$，6月最小，为4.81$cm^3 \cdot h^{-1} \cdot cm^{-2}$。

如果按季节比较，4~5月为春季，6~8月为夏季，9~10月为秋季，则各树种春、夏、秋的平均液流通量见表5-6。从表5-6可以看到，侧柏、油松、元宝枫、银杏、鹅掌楸都是春季液流通量最大，槐树和白玉兰秋季液流通量最大，只有刺槐夏季液流通量最大。夏季是北京降水量最多的季节，温度高，太阳辐射强烈，土壤湿度大，从表面上看这些因素应该有利于增加树干液流通量，但实际上夏季树干液流通量往往不是一年中最大的，因为树木蒸腾耗水受多种综合因素的影响。

一是受植物生长发育的影响。据《北京地区的物候日历及其应用》(杨国栋，1995)介绍，在北京海淀区及卧佛寺附近，侧柏每年3月20日(3~5年的平均日期，下同)芽膨大，4月12日展叶，4月16日展叶旺盛；油松3月16日芽膨大，4月7日芽开放，4月13日展叶，4月15日至5月4日为花期；元宝枫为落叶树种，物候变化更明显，3月20日芽膨大，4月12日展叶，4月18日展叶旺盛，4月20日新叶全部长出，4月18至5月30为花期。可见春季是树木的抽梢、开花和展叶期，花和新生叶对水分的竞争力更强，进入雨季后，尽管土壤水分条件好于春季，但树木生长发育对水分的需求减少。

二是空气相对湿度的影响。湿度小促进蒸腾，湿度大抑制蒸腾，某些生长在热带雨林高湿度条件下的植物基本上没有蒸腾作用发生(武维华，2003)，与液流同步观测的气象数据显示，4~10月的月平均相对湿度分别为28.83%、45.12%、62.69%、70.64%、75.88%、64.91%、46.03%，春季平均为36.98%，夏季平均为69.74%，秋季平均为55.47%，相对湿度春季最小、夏季最大、秋季居中，相应的大气水势为春季为-137.68MPa，夏季为-50.32MPa，秋季为-81.23MPa，可见春季的大气水势要远低于夏季和秋季，大气水势小时，大气与叶片气孔下空间的水蒸气浓度差就大，从而加大蒸腾耗水的速率。

三是风速的影响。4~10月的平均风速分别为0.733m·s^{-1}、0.465 m·s^{-1}、0.376m·s^{-1}、0.362m·s^{-1}、0.318m·s^{-1}、0.363m·s^{-1}、0.41m·s^{-1}，春、夏、秋分别为0.599m·s^{-1}、0.352m·s^{-1}、0.387m·s^{-1}，风速主要通过影响界面层阻力而对液流产生作用，水分经气孔扩散后还需跨过叶片表面的界面层才能进入大气，界面层是紧贴叶子表面的一个未被扰动的空气薄层，它对水蒸气的扩散阻力与其厚度成正比，风是决定界面层厚度的主要因素，风速的增加使界面层变薄，水气扩散阻力减小，蒸腾加快。但大风(超过1.2m·s^{-1})反而降低液流的水平，因为大风会导致气孔开度降低，甚至关闭(孙鹏森，2002)。

四是天气的影响。从前述中已知夏季阴雨天的液流速率要显著低于晴天，而7~8月的阴雨天是各月中最多的，7月有15d、8月有16d，而4月只有7d、5月有12d。

表5-5　各月及生长期平均边材液流通量　$cm^3 \cdot h^{-1} \cdot cm^{-2}$

月份	侧柏	油松	元宝枫	刺槐	槐树	银杏	鹅掌楸	白玉兰
4	3.10	1.91	6.30	2.93	3.91	2.95	5.36	6.43
5	2.62	1.66	4.19	1.41	2.11	2.85	4.89	5.12
6	2.56	1.21	4.39	5.14	1.99	2.31	6.92	4.81
7	1.54	1.06	5.03	1.87	2.69	2.73	3.63	5.33
8	1.16	0.80	2.71	5.80	4.64	4.56	5.94	6.35
9	1.52	1.00	3.61	3.68	4.49	3.66	4.74	7.82
10	1.45	1.01	2.55	3.95	3.81	4.24	4.87	8.29
平均	1.99	1.23	4.11	3.54	3.38	3.33	5.19	6.31

表 5-6 不同树种季节平均液流通量 cm³·h⁻¹·cm⁻²

月份	侧柏	油松	元宝枫	刺槐	槐树	银杏	鹅掌楸	白玉兰
春(4~5月)	2.758	1.592	4.958	3.161	2.670	7.177	5.722	5.452
夏(6~8月)	1.354	0.930	3.867	3.833	3.663	6.257	4.783	5.841
秋(9~10月)	1.484	1.001	3.078	3.818	4.151	6.655	4.808	8.055

王孟本(2001)对黄土高原杨树(河北杨、小叶杨、北京杨)和柠条人工林的水分生态研究表明，在自然降水条件下，所调查的树木月平均蒸腾速率与土壤含水量的相关性不显著，说明树木蒸腾作用的季节变化不仅受土壤水分变化影响，还受其自身生理调控和年生长节律的制约，并不是土壤含水量越小蒸腾速率就越低，或者土壤含水量愈多蒸腾速率就愈高。

5.2.3.3 各树种三种典型天气平均液流通量的比较

表5-7~5-14是侧柏等8个树种三种典型天气平均液流通量的计算结果，从表上可以看出，晴天的平均液流通量通常大于阴天和雨天，阴天的平均液流通量一般要大于雨天。全年夜间液流通量占白天液流通量的百分比，侧柏晴天26.2%、阴天41.7%、雨天75.9%，油松晴天45%、阴天77.1%、雨天108.6%，元宝枫晴天62.9%、阴天75.5%、雨天104.7%，刺槐晴天70.6%、阴天73.4%、雨天103.1%，槐树晴天59.5%、阴天76.1%、雨天91.2%，银杏晴天37.3%、阴天45.8%、雨天70.2%，鹅掌楸晴天35.7%、阴天43.8%、雨天69.7%，白玉兰晴天69.5%、阴天85.0%、雨天103.8%。8树种这一比例都是雨天>阴天>晴天。夜间液流的产生有两个原因，一是满足夜间蒸腾的需要，虽然气孔在黑暗中关闭，在夜晚气孔蒸腾停止，但植物仍会通过角质层蒸腾失水，二是补充树体水分亏缺，由于植物以气孔蒸腾为主，角质层蒸腾只占总蒸腾量的3%~5%(王沙生，1990)。因此，夜间液流应主要是补充树体水分亏缺。

表 5-7 侧柏三种典型天气各月平均液流通量 cm³·h⁻¹·cm⁻²

月份	月平均	晴天			阴天			雨天		
		白天	夜间	平均	白天	夜间	平均	白天	夜间	平均
4	3.10	4.93	1.48	3.24	4.50	1.26	2.92	0.90	1.26	1.08
5	2.62	4.58	1.25	2.94	3.05	0.95	2.01	2.23	0.95	1.56
6	2.56	4.17	1.59	2.92	2.35	1.34	1.81	1.72	1.48	1.32
7	1.54	3.13	0.70	1.93	1.41	0.58	1.00	1.60	1.44	1.52
8	1.16	2.39	0.56	1.48	1.41	0.48	0.95	0.96	0.49	0.73
9	1.52	2.61	0.59	1.60	1.97	1.34	1.66	1.01	0.47	0.74
10	1.45	2.78	0.56	1.67	1.63	0.54	1.08			

注：白天6：00~18：00；夜间18：00~6：00。

表 5-8　油松三种典型天气各月平均液流通量　$cm^3 \cdot h^{-1} \cdot cm^{-2}$

月份	月平均	晴天			阴天			雨天		
		白天	夜间	平均	白天	夜间	平均	白天	夜间	平均
4	1.91	2.20	2.09	2.16	0.94	1.58	1.26			
5	1.66	2.76	1.22	2.00	1.38	1.13	1.26	0.66	1.12	0.88
6	1.21	1.92	0.90	1.41	0.92	0.53	0.70	0.65	0.83	0.80
7	1.06	2.16	0.67	1.43	0.92	0.46	0.70	0.47	0.56	0.52
8	0.80	1.86	0.38	1.12	0.80	0.21	0.51	0.58	0.39	0.48
9	1.00	1.71	0.50	1.10	0.98	0.83	0.91	0.49	0.28	0.39
10	1.01	1.66	0.79	1.22	0.76	0.54	0.65			

注：白天6：00～18：00；夜间18：00～6：00。

表 5-9　元宝枫三种典型天气各月平均液流通量　$cm^3 \cdot h^{-1} \cdot cm^{-2}$

月份	月平均	晴天			阴天			雨天		
		白天	夜间	平均	白天	夜间	平均	白天	夜间	平均
4	6.30	8.39	5.65	7.12	5.41	3.39	4.38			
5	4.19	5.29	3.49	4.40	3.76	3.65	3.71	3.70	4.57	4.13
6	4.39	5.34	4.08	4.73	3.13	2.17	2.96	4.82	6.08	5.71
7	5.03	7.58	5.05	6.33	3.75	3.12	3.44	3.72	4.41	4.06
8	2.71	4.10	2.64	3.38	2.49	1.73	2.11	2.23	1.83	2.03
9	3.61	4.39	2.76	3.58	4.05	3.30	3.68	4.24	3.12	3.68
10	2.55	4.15	1.53	2.84	2.52	1.64	2.08			

注：白天6：00～18：00；夜间18：00～6：00。

表 5-10　刺槐三种典型天气各月平均液流通量　$cm^3 \cdot h^{-1} \cdot cm^{-2}$

月份	晴天			阴天			雨天		
	白天	夜间	平均	白天	夜间	平均	白天	夜间	平均
4	4.065	3.665	3.865	3.210	3.276	3.243			
5	3.123	1.784	2.454	2.134	1.091	1.613	1.177	1.114	1.146
6	2.293	2.259	2.276	2.380	1.443	1.912	1.504	1.366	1.435
7	2.678	1.407	2.043	1.918	1.756	1.837	0.717	0.801	0.759
8	4.140	3.250	3.695	3.102	3.525	3.314	3.072	2.530	2.801
9	4.372	2.804	3.588	4.497	2.501	3.499	1.908	2.377	2.143
10	4.163	2.355	3.259	3.697	1.784	2.741	2.078	2.597	2.338

注：白天6：00～18：00；夜间18：00～6：00。

表 5-11 槐树三种典型天气各月平均液流通量 $cm^3 \cdot h^{-1} \cdot cm^{-2}$

月份	晴天			阴天			雨天		
	白天	夜间	平均	白天	夜间	平均	白天	夜间	平均
4月	/	/	/	/	/	/	/	/	/
5月	2.66	1.76	2.22	1.89	1.84	1.87	1.86	2.30	2.08
6月	2.42	1.85	2.14	1.42	0.98	1.34	2.18	2.76	2.59
7月	4.05	2.70	3.39	2.01	1.67	1.84	1.99	2.36	2.17
8月	7.02	4.52	5.79	4.26	2.96	3.61	3.82	3.13	3.48
9月	5.46	3.43	4.45	5.04	4.10	4.58	5.27	3.88	4.58
10月	6.20	2.29	4.24	3.77	2.45	3.11	2.35	1.50	1.76

注：白天6：00～18：00；夜间18：00～6：00。

表 5-12 银杏三种典型天气各月平均液流通量 $cm^3 \cdot h^{-1} \cdot cm^{-2}$

月份	晴天			阴天			雨天		
	白天	夜间	平均	白天	夜间	平均	白天	夜间	平均
4月	5.29	1.18	3.24	4.08	0.80	2.44	/	/	/
5月	4.90	2.74	3.82	2.95	1.15	2.05	1.61	1.65	1.63
6月	2.66	1.36	2.01	1.77	1.82	1.80	1.93	0.96	1.45
7月	2.39	1.46	1.92	2.00	1.23	1.62	0.98	0.87	0.92
8月	6.05	3.23	4.64	4.24	3.23	3.73	3.70	2.48	3.09
9月	6.47	1.27	3.87	4.67	1.37	3.02	1.86	1.17	1.51
10月	5.92	1.32	3.62	4.96	1.70	3.33	2.52	1.72	2.12

注：白天6：00～18：00；夜间18：00～6：00。

表 5-13 鹅掌楸三种典型天气各月平均液流通量 $cm^3 \cdot h^{-1} \cdot cm^{-2}$

月份	晴天			阴天			雨天		
	白天	夜间	平均	白天	夜间	平均	白天	夜间	平均
4月	11.526	2.571	7.049	8.887	1.747	5.317			
5月	8.786	4.917	6.852	5.296	2.062	3.679	2.888	2.958	2.923
6月	5.540	2.834	4.187	3.684	3.797	3.741	4.022	1.997	3.010
7月	4.672	2.855	3.764	3.907	2.405	3.156	1.913	1.698	1.806
8月	8.419	4.497	6.458	5.896	4.492	5.194	5.149	3.447	4.298
9月	13.814	2.705	8.260	9.974	2.929	6.452	3.972	2.498	3.235
10月	11.571	2.577	7.074	9.694	3.311	6.503	4.939	3.353	4.146

注：白天6：00～18：00；夜间18：00～6：00。

表 5-14　白玉兰三种典型天气各月平均液流通量　$cm^3 \cdot h^{-1} \cdot cm^{-2}$

月份	晴天			阴天			雨天		
	白天	夜间	平均	白天	夜间	平均	白天	夜间	平均
4	7.415	5.613	6.514	4.351	2.512	3.432			
5	7.397	5.853	6.625	3.678	3.386	3.532	2.474	3.265	2.870
6	6.555	3.812	5.184	5.192	3.946	4.569	4.715	4.029	4.372
7	5.108	2.768	3.938	2.816	3.122	2.969	1.721	2.141	1.931
8	5.454	4.111	4.783	4.009	4.901	4.455	2.903	3.864	3.386
9	5.460	4.039	4.750	5.292	3.745	4.519	2.808	3.579	3.194
10	5.838	3.831	4.835	4.656	3.876	4.266	4.611	3.081	3.846

注：白天6：00～18：00；夜间18：00～6：00。

5.3　主要树种单木耗水模型的建立

为了对树干液流速率与环境因子的关系进行定量分析，就必须建立两者之间的数学模型。建模时分别树种、月份和天气，以树干液流速率($cm \cdot s^{-1}$)为因变量 y，以太阳辐射值 x_1($kW \cdot m^{-2}$)、气温 x_2(℃)和空气相对湿度 x_3(%)为自变量，置信度为95%，在SPSS12.0统计软件上建立逐步回归模型，结果见表5-15～5-23。油松和元宝枫从4月20日才开始出现有规律的树干液流，而从4月20～30日没有雨天，10月也没有雨天，故油松和元宝枫4月及整个10月都没有雨天的液流模型。紫叶李等12个树种只在9～10月进行了阶段性观测，没有全年的数据，故不能按月建模。

表 5-15　侧柏液流速率与环境因子关系的优化模型

月份	天气	模　型	R	α	n
4	晴天	$y=1.373x_1+0.088x_2-0.003x_3-1.052$	0.97	0.05	144
	阴天	$y=0.897x_1+0.132x_2-2.177$	0.96	0.05	144
	雨天	$y=0.405x_1-0.042x_2+0.005x_3+0.163$	0.91	0.05	144
5	晴天	$y=0.737x_1+0.102x_2+0.021x_3-2.541$	0.94	0.05	144
	阴天	$y=0.963x_1+0.059x_2-0.927$	0.95	0.05	144
	雨天	$y=0.597x_2+0.055x_3-13.708$	0.83	0.05	144
6	晴天	$y=0.53x_1+0.472$	0.93	0.05	144
	阴天	$y=0.91x_1-0.041x_2-0.01x_3+2.097$	0.82	0.05	144
	雨天	$y=1.101x_1-0.071x_2-0.014x_3+2.902$	0.80	0.05	144
7	晴天	$y=0.42x_1+0.192x_2+0.038x_3-7.514$	0.93	0.05	144
	阴天	$y=0.352x_1-0.073x_2-0.015x_3+3.396$	0.86	0.05	144
	雨天	$y=1.401-0.219x_1-0.012x_3$	0.75	0.05	144
8	晴天	$y=0.513x_1-0.053x_2-0.006x_3+1.921$	0.93	0.05	288
	阴天	$y=0.258x_1+0.062x_2-0.002x_3-1.193$	0.94	0.05	288
	雨天	$y=0.245x_1+0.078x_2+0.003x_3-1.856$	0.93	0.05	288

（续）

月份	天气	模　　型	R	α	n
9	晴天	$y=0.425x_1+0.063x_2-1.097$	0.94	0.05	288
	阴天	$y=0.228x_2+0.014x_3-5.179$	0.89	0.05	288
	雨天	$y=0.175x_1+0.076x_2+0.004x_3-1.711$	0.83	0.05	288
10	晴天	$y=0.312x_1+0.029x_2-0.022x_3+0.793$	0.93	0.05	288
	阴天	$y=0.349x_1+0.051x_2-0.005x_3-0.356$	0.91	0.05	288

注：x_1 为太阳辐射强度（$kW \cdot m^{-2}$）；x_2 为气温（℃）；x_3 为空气相对湿度（%）；y 为边材液流速率（$cm \cdot s^{-1} \cdot 10^{-3}$）；$R$ 为相关系数；α 为 F 检验临界值；n 为测值数。

表 5-16　油松液流速率与环境因子关系的优化模型

月份	天气	模　　型	R	α	n
4	晴天	$y=0.382x_1+0.017x_2+0.018x_3-0.316$	0.94	0.05	144
	阴天	$y=0.354x_1+0.007x_2+0.032$	0.79	0.05	144
5	晴天	$y=0.88x_1-0.022x_2+0.661$	0.91	0.05	144
	阴天	$y=0.075x_2+0.008x_3-0.319x_1-1.593$	0.85	0.05	144
	雨天	$y=0.085x_2+0.003x_3-0.142x_1-1.408$	0.81	0.05	144
6	晴天	$y=0.367x_1+0.029x_2-0.521$	0.90	0.05	144
	阴天	$y=0.62x_1-0.057x_2-0.021x_3+3.102$	0.88	0.05	144
	雨天	$y=0.831x_1-0.104x_2-0.017x_3+3.83$	0.80	0.05	144
7	晴天	$y=0.081x_1+0.16x_2+0.031x_3-6.095$	0.91	0.05	144
	阴天	$y=0.455x_1-0.064x_2-0.008x_3+2.545$	0.77	0.05	144
	雨天	$y=0.171-0.139x_1$	0.27	0.05	144
8	晴天	$y=0.52x_1-0.074x_2-0.019x_3+3.169$	0.91	0.05	288
	阴天	$y=0.178x_1+0.051x_2+0.002x_3-1.387$	0.87	0.05	288
	雨天	$y=0.195x_1+0.055x_2+0.004x_3-1.521$	0.90	0.05	288
9	晴天	$y=0.112x_1+0.04x_2-0.004x_3-0.373$	0.89	0.05	288
	阴天	$y=0.125x_2+0.011x_3-0.437x_1-3.035$	0.75	0.05	288
	雨天	$y=0.104x_1+0.041x_2+0.001x_3-0.867$	0.81	0.05	288
10	晴天	$y=0.319x_1+0.025x_2-0.155$	0.96	0.05	288
	阴天	$y=0.586x_1+0.019x_2-0.005x_3+0.08$	0.89	0.05	288

注：x_1 为太阳辐射强度（$kW \cdot m^{-2}$）；x_2 为气温（℃）；x_3 为空气相对湿度（%）；y 为边材液流速率（$cm \cdot s^{-1} \cdot 10^{-3}$）；$R$ 为相关系数；α 为 F 检验临界值；n 为测值数。

表 5-17　元宝枫液流速率与环境因子关系的优化模型

月份	天气	模　　型	R	α	n
4	晴天	$y=1.37x_1+0.125x_2-0.874$	0.93	0.05	144
	阴天	$y=0.275x_2-4.584$	0.91	0.05	144
5	晴天	$y=0.701x_1+0.117x_2+0.018x_3-2.333$	0.89	0.05	144
	阴天	$y=0.235x_1+0.2x_2+0.034x_3-4.957$	0.89	0.05	144
	雨天	$y=0.641x_2+0.059x_3-0.461x_1-13.846$	0.83	0.05	144

（续）

月份	天气	模　　型	R	α	n
5	晴天	$y=0.497x_1+0.04x_2+0.17$	0.71	0.05	144
	阴天	$y=0.237x_1-0.025x_2+1.55$	0.71	0.05	144
	雨天	$y=0.649x_1+0.029x_2+0.024x_3-0.959$	0.46	0.05	144
7	晴天	$y=0.456x_2+0.07x_3-0.517x_1-15.492$	0.88	0.05	144
	阴天	$y=0.412x_1-0.019x_3+2.457$	0.85	0.05	144
	雨天	$y=1.83-1.695x_1-0.006x_3$	0.52	0.05	144
8	晴天	$y=0.433x_1-0.075x_2+2.635$	0.91	0.05	288
	阴天	$y=0.459x_1+0.157x_2+0.015x_3-4.798$	0.83	0.05	288
	雨天	$y=0.293x_1+0.31x_2+0.037x_3-9.926$	0.81	0.05	288
9	晴天	$y=1.233x_1+0.096x_2+0.031x_3-3.319$	0.85	0.05	288
	阴天	$y=1.883x_1+0.236x_2-4.061$	0.84	0.05	288
	雨天	$y=0.409x_1-0.043x_2-0.017x_3+3.196$	0.59	0.05	288
10	晴天	$y=0.414x_1+0.088x_2-0.749$	0.92	0.05	288
	阴天	$y=0.413x_1+0.165x_2+0.032x_3-3.839$	0.86	0.05	288

注：x_1 为太阳辐射强度（$kW \cdot m^{-2}$）；x_2 为气温（℃）；x_3 为空气相对湿度（%）；y 为边材液流速率（$cm \cdot s^{-1} \cdot 10^{-3}$）；$R$ 为相关系数；α 为 F 检验临界值；n 为测值数。

表 5-18　刺槐液流速率与环境因子关系的优化模型

月份	天气	模　　型	R	α	n
4 月	晴天	$y=-0.614x_1+0.203x_2+0.039x_3-4.594$	0.934	0.05	144
	阴天	$y=-1.933x_1-0.075x_2+0.013x_3+1.934$	0.898	0.05	144
5 月	晴天	$y=0.377x_1+0.086x_2-1.218$	0.971	0.05	144
	阴天	$y=0.818x_1+0.121x_2+0.01x_3-2.376$	0.863	0.05	144
	雨天	$y=0.564x_1+0.054x_2+0.009x_3-1.360$	0.843	0.05	144
6 月	晴天	$y=0.248x_1+0.047x_2+0.007x_3-1.306$	0.913	0.05	144
	阴天	$y=0.249x_1+0.040x_2-0.892$	0.870	0.05	144
	雨天	$y=0.188x_1+0.051x_2+0.005x_3-1.297$	0.857	0.05	144
7 月	晴天	$y=-1.477x_1+0.628x_2+0.072x_3-21.832$	0.914	0.05	144
	阴天	$y=-0.071x_1+0.062x_2+0.014x_3-2.052$	0.908	0.05	144
	雨天	$y=-0.304x_1+0.133x_2+0.017x_3-4.749$	0.816	0.05	144
8 月	晴天	$y=0.404x_1-0.152x_2-0.023x_3+6.449$	0.856	0.05	144
	阴天	$y=0.168x_1+0.071x_2+0.014x_3-2.183$	0.836	0.05	144
	雨天	$y=0.723x_1-0.164x_2-0.049x_3+9.851$	0.624	0.05	144
9 月	晴天	$y=0.375x_1+0.067x_2-0.024x_3+0.975$	0.885	0.05	144
	阴天	$y=0.407x_1+0.086x_2-1.728$	0.887	0.05	144
	雨天	$y=0.708x_1-0.172x_2-0.014x_3+5.338$	0.858	0.05	144
10 月	晴天	$y=1.198x_1+0.185x_2-2.005$	0.900	0.05	144
	阴天	$y=5.132x_1-0.343x_2+0.01x_3+3.872$	0.862	0.05	144

注：x_1 为太阳辐射强度（$kW \cdot m^{-2}$）；x_2 为空气温度（℃）；x_3 为空气相对湿度（%）；y 为边材液流速率（$cm \cdot s^{-1} \cdot 10^{-3}$）；$R$ 为相关系数；α 为 F 检验临界值；n 为测值数。

表 5-19 槐树液流速率与环境因子关系的优化模型

月份	天气	模型	R	α	n
5月	晴天	$y=0.995x_1+0.157x_2+0.034x_3-4.918$	0.870	0.05	144
	阴天	$y=0.501x_1+0.196x_2+0.034x_3-2.957$	0.831	0.05	144
	雨天	$y=0.296x_2+0.039x_3-8.384$	0.693	0.05	144
6月	晴天	$y=0.507x_2+0.128x_3-15.97$	0.790	0.05	144
	阴天	$y=0.657x_1+0.026x_2-0.016x_3-0.726$	0.713	0.05	144
	雨天	$y=0.666x_1+0.007x_2-0.189x_3+0.126$	0.547	0.05	144
7月	晴天	$y=0.347x_1+0.039x_2-0.754$	0.838	0.05	144
	阴天	$y=0.251x_1+0.068x_2-0.033x_3-0.337$	0.817	0.05	144
	雨天	$y=0.089x_2+0.007x_3-2.737$	0.725	0.05	144
8月	晴天	$y=0.285x_1-0.010x_3+0.980$	0.803	0.05	144
	阴天	$y=0.219x_1+0.022x_2-0.008x_3-1.027$	0.667	0.05	144
	雨天	$y=0.69x_2+0.118x_3-29.611$	0.447	0.05	144
9月	晴天	$y=0.045x_2-0.017x_3+0.619$	0.773	0.05	144
	阴天	$y=0.796x_1+0.061x_2-0.042x_3+1.113$	0.608	0.05	144
	雨天	$y=2.109-0.021x_3$	0.452	0.05	144
10月	晴天	$y=2.947x_1+0.127x_2+0.017x_3-3.023$	0.931	0.05	144
	阴天	$y=1.783x_1+0.038x_2-5.027$	0.906	0.05	144

注：x_1 为太阳辐射强度（$kW \cdot m^{-2}$）；x_2 为气温（℃）；x_3 为空气相对湿度（%）；y 为边材液流速率（$cm \cdot s^{-1} \cdot 10^{-3}$）；$R$ 为相关系数；α 为 F 检验临界值；n 为测值数。

表 5-20 银杏液流速率与环境因子关系的优化模型

月份	天气	模型	R	α	n
4月	晴天	$y=2.364x_1+0.029x_2-0.073x_3-1.368$	0.930	0.05	144
	阴天	$y=1.226x_1+0.028x_2-3.034$	0.836	0.05	144
5月	晴天	$y=1.527x_1+0.084x_2+0.062x_3-4.649$	0.866	0.05	144
	阴天	$y=0.849x_1+0.462x_2-0.037x_3-2.354$	0.847	0.05	144
	雨天	$y=1.023x_1+0.537x_2-8.372$	0.735	0.05	144
6月	晴天	$y=0.663x_1-0.048x_2-0.038x_3+3.433$	0.880	0.05	144
	阴天	$y=0.936x_1+0.054x_3-1.467$	0.870	0.05	144
	雨天	$y=1.365x_1+0.036x_2+0.024x_3-6.327$	0.723	0.05	144
7月	晴天	$y=1.185x_1+0.036x_2-0.076x_3-9.437$	0.897	0.05	144
	阴天	$y=0.349x_2+0.015x_2-0.216x_3+0.893$	0.772	0.05	144
	雨天	$y=0.538x_2-0.062x_3-0.626$	0.668	0.05	144
8月	晴天	$y=0.319x_1-0.426x_2-0.056x_3+5.378$	0.856	0.05	144
	阴天	$y=0.892x_1+0.022x_2-7.482$	0.676	0.05	144
	雨天	$y=0.467x_2-0.046x_3-1.496$	0.558	0.05	144

（续）

月份	天气	模　　型	R	α	n
9 月	晴天	$y = 3.657x_1 + 0.008x_2 - 0.872x_3 + 0.215$	0. 838	0. 05	144
	阴天	$y = 2.685x_1 - 0.049x_3 + 0.635$	0. 803	0. 05	144
	雨天	$y = 0.446x_1 - 0.042x_2 + 1.338$	0. 657	0. 05	144
10 月	晴天	$y = 2.273x_1 - 0.065x_2 + 1.316$	0. 965	0. 05	144
	阴天	$y = 2.375x_1 - 0.048x_3 - 1.273$	0. 880	0. 05	144

注：x_1 为太阳辐射强度（$kW \cdot m^{-2}$）；x_2 为气温（℃）；x_3 为空气相对湿度（%）；y 为边材液流速率（$cm \cdot s^{-1} \cdot 10^{-3}$）；$R$ 为相关系数；α 为 F 检验临界值；n 为测值数。

表 5-21　鹅掌楸液流速率与环境因子关系的优化模型

月份	天气	模　　型	R	α	n
4 月	晴天	$y = 0.169x_2 + 0.024x_3 - 3.453$	0. 901	0. 05	144
	阴天	$y = 0.201x_2 - 2.661$	0. 8[illegible]	0. 05	144
5 月	晴天	$y = 1.818x_1 + 0.238x_2 + 0.045x_3 - 6.102$	0. 816	0. 05	144
	阴天	$y = 0.611x_1 + 0.169x_2 + 0.014x_3 - 3.485$	0. 812	0. 05	144
	雨天	$y = -1.549x_1 + 0.191x_2 + 0.035x_3 - 5.539$	0. 720	0. 05	144
6 月	晴天	$y = 0.533x_1 - 0.024x_2 - 0.028x_3 + 3.185$	0. 856	0. 05	144
	阴天	$y = 0.88x_1 + 0.068x_3 - 1.244$	0. 810	0. 05	144
	雨天	$y = 0.784x_1 + 0.157x_2 + 0.053x_3 - 7.025$	0. 562	0. 05	144
7 月	晴天	$y = -1.92x_1 + 0.512x_2 + 0.069x_3 - 17.548$	0. 878	0. 05	144
	阴天	$y = 0.127x_2 - 0.022x_3 - 1.709$	0. 782	0. 05	144
	雨天	$y = 0.286x_1 + 0.345x_2 + 0.024x_3 - 10.839$	0. 672	0. 05	144
8 月	晴天	$y = 0.271x_1 - 0.295x_2 - 0.043x_3 + 11.498$	0. 764	0. 05	144
	阴天	$y = 0.473x_2 + 0.117x_3 - 21.261$	0. 683	0. 05	144
	雨天	$y = 0.513x_2 + 0.026x_3 - 14.497$	0. 725	0. 05	144
9 月	晴天	$y = 2.035x_1 + 0.052x_2 - 0.379$	0. 894	0. 05	144
	阴天	$y = 3.2x_1 - 0.024x_3 + 1.945$	0. 875	0. 05	144
	雨天	$y = 0.924x_1 - 0.113x_2 - 0.0025x_3 + 3.702$	0. 625	0. 05	144
10 月	晴天	$y = 1.395x_1 + 0.145x_2 - 1.123$	0. 924	0. 05	144
	阴天	$y = -0.636x_1 + 0.4x_2 - 4.057$	0. 923	0. 05	144

注：x_1 为太阳辐射强度（$kW \cdot m^{-2}$）；x_2 为空气温度（℃）；x_3 为空气相对湿度（%）；y 为边材液流速率（$cm \cdot s^{-1} \cdot 10^{-3}$）；$R$ 为相关系数；α 为 F 检验临界值；n 为测值数。

表 5-22　白玉兰液流速率与环境因子关系的优化模型

月份	天气	模　　型	R	α	n
4 月	晴天	$y = 5.809x_1 + 0.085x_2 - 1.128$	0. 897	0. 05	144
	阴天	$y = 4.718x_1 + 0.248x_2 - 0.047x_3 - 1.11$	0. 870	0. 05	144
5 月	晴天	$y = 0.920x_1 + 0.172x_2 - 2.369$	0. 918	0. 05	144
	阴天	$y = 3.227x_1 + 0.144x_2 - 0.069x_3 + 0.582$	0. 913	0. 05	144
	雨天	$y = 2.417x_1 + 0.091x_2 + 0.022x_3 - 2.53$	0. 852	0. 05	144

（续）

月份	天气	模　　型	R	α	n
6月	晴天	$y=1.39x_1+0.057x_2-0.593$	0.856	0.05	144
	阴天	$y=0.84x_1+0.08x_2-1.408$	0.811	0.05	144
	雨天	$y=1.584x_1+0.148x_2+0.02x_3-4.406$	0.840	0.05	144
7月	晴天	$y=0.999x_1+0.051x_2-0.011x_3-0.404$	0.881	0.05	144
	阴天	$y=1.414x_1+0.057x_2-1.143$	0.817	0.05	144
	雨天	$y=0.431x_1-0.059x_2-0.05x_3+6.613$	0.814	0.05	144
8月	晴天	$y=0.344x_1-0.116x_2-0.029x_3+5.807$	0.908	0.05	144
	阴天	$y=1.331x_1+0.152x_2+0.019x_3-5.331$	0.897	0.05	144
	雨天	$y=0.925x_1-0.1x_2-0.021x_3+4.777$	0.810	0.05	144
9月	晴天	$y=7.09x_1+0.814x_2+0.146x_3-27.383$	0.887	0.05	144
	阴天	$y=2.482x_1+0.196x_2-3.874$	0.864	0.05	144
	雨天	$y=1.301x_1+0.151x_2-2.734$	0.816	0.05	144
10月	晴天	$y=1.397x_1+0.222x_2-0.048x_3-1.195$	0.883	0.05	144
	阴天	$y=1.003x_1+0.254x_2+0.025x_3-3.949$	0.874	0.05	144

注：x_1 为太阳辐射强度（$kW \cdot m^{-2}$）；x_2 为空气温度（℃）；x_3 为空气相对湿度（%）；y 为边材液流速率（$cm \cdot s^{-1} \cdot 10^{-3}$）；$R$ 为相关系数；α 为 F 检验临界值；n 为测值数。

表 5-23　紫叶李等 9 个树种液流速率与环境因子关系的优化模型

树种	天气	模　　型	R	α	n
紫叶李	晴天	$0.644x_1-0.115x_2-0.049x_3+6.15$	0.65	0.05	144
圆柏	晴天	$0.402x_1-0.042x_2-0.022x_3+2.489$	0.71	0.05	144
碧桃	晴天	$0.259x_1+0.126x_2+0.041x_3-4.848$	0.75	0.05	144
悬铃木	晴天	$0.181x_1-0.016x_3+1.568$	0.73	0.05	144
栾树	阴天	$0.433x_1+0.055x_2-0.006x_3-0.203$	0.76	0.05	144
黄栌	阴天	$0.238x_1+0.782$	0.51	0.05	144
杜仲	阴天	$0.091x_2-1.342$	0.70	0.05	144
旱柳	晴天	$0.284x_1+0.055x_2-0.008x_3+0.007$	0.70	0.05	144

注：x_1 为太阳辐射强度（$kW \cdot m^{-2}$）；x_2 为气温（℃）；x_3 为空气相对湿度（%）；y 为边材液流速率（$cm \cdot s^{-1} \cdot 10^{-3}$）；$R$ 为相关系数；α 为 F 检验临界值；n 为测值数。

从表 5-15～5-23 可以看到，在总共 159 个模型中，光温湿模型（模型中同时引入光照、温度和湿度 3 个因子）最多，为 96 个。光温模型（模型中同时引入光照、温度 2 个因子）35 个，光湿模型（模型中同时引入光照和湿度 2 个因子）10 个，光照模型（模型中只有光照 1 个因子）2 个，温度模型（模型中只有温度 1 个因子）3 个，湿度模型（模型中只有湿度 1 个因子）1 个，温湿模型（模型中同时引入温度和湿度 2 个因子）12 个。环境因子被引入模型的次数是：光照 143 次、温度 146 次、湿度 119 次。光照和温度被引入的次数多，湿度被引入的次数相对较少。比较 8 个树种树干液流速率与环境因子模型的相关系数大小可发现，存在晴天 > 阴天 > 雨天的趋势，晴天、阴天、雨天相关系数的平均值分别为 0.872、0.830、

0.714，说明晴天树干液流速率与环境因子的相关性强，阴天次之，雨天较差，几个相关系数低于0.6的模型都是雨天的模型，如油松7月雨天为0.27，元宝枫6月雨天为0.46、7月雨天为0.52、9月雨天为0.59，槐树6月雨天0.547、8月雨天0.447，银杏8月雨天0.558，鹅掌楸6月雨天0.562。液流速率与环境因子关系模型的建立为根据环境因子预测树木耗水量打下了基础。

5.4 耗水模型检验

根据表5-15～5-23，侧柏等8个树种树干液流速率与环境因子关系的优化模型可计算出被测样木边材液流速率的预测值，根据TDP探针观测到的数据可计算出树干边材液流速率的实测值，则根据样木的直径和边材面积可分别计算出样木日耗水量的预测值和实测值(样木1m树高处的直径：侧柏为15.6cm、油松为15.4cm、元宝枫为14.6cm、刺槐为15.9cm、槐树为14.4cm、银杏为16.4cm、鹅掌楸为16.8cm、白玉兰为16.6cm)，将两者进行比较，其误差大小可说明模型预测的精度，计算结果见表5-24～5-27。

表5-24 侧柏和油松日耗水量实测和预测结果比较

月份	天气	侧柏				油松			
		实测 kg/(d·株)	预测 kg/(d·株)	误差 kg/(d·株)	误差率 (%)	实测 kg/(d·株)	预测 kg/(d·株)	误差 kg/(d·株)	误差率 (%)
4	晴	7.51	7.30	0.21	2.8	8.14	7.87	0.27	3.3
	阴	6.77	6.22	0.55	8.1	4.76	5.17	-0.42	8.7
	雨	2.50	2.84	-0.34	13.4	/	/	/	/
5	晴	6.81	6.59	0.23	3.3	7.55	7.27	0.28	3.7
	阴	4.66	4.35	0.31	6.7	4.76	4.28	0.47	9.9
	雨	3.62	4.01	-0.39	10.8	3.32	3.69	-0.37	11.4
6	晴	6.77	6.19	0.58	8.6	5.32	5.54	-0.22	4.1
	阴	4.19	4.43	-0.24	5.6	2.64	2.32	0.32	12.1
	雨	3.06	2.96	0.10	3.3	3.02	2.82	0.20	6.7
7	晴	4.47	4.14	0.33	7.4	5.40	5.92	-0.52	9.6
	阴	2.32	2.44	-0.12	5.3	2.64	2.89	-0.25	9.4
	雨	3.52	3.25	0.27	7.7	1.96	1.95	0.01	0.5
8	晴	3.43	3.63	-0.20	5.9	4.23	4.30	-0.08	1.8
	阴	2.20	2.07	0.13	6.0	1.93	1.74	0.19	9.8
	雨	1.69	1.89	-0.20	11.9	1.81	2.01	-0.20	11.0
9	晴	3.85	4.22	-0.37	9.6	4.15	4.32	-0.17	4.0
	阴	3.71	3.79	-0.09	2.3	3.44	3.35	0.09	2.6
	雨	1.72	1.96	-0.24	14.0	1.47	1.27	0.20	13.9
10	晴	3.87	4.24	-0.37	9.5	4.61	4.88	-0.27	5.9
	阴	2.50	2.15	0.35	14.0	2.45	2.23	0.22	9.1

表 5-25 元宝枫和刺槐日耗水量实测和预测结果比较

月份	天气	元宝枫				刺槐			
		实测 kg/(d·株)	预测 kg/(d·株)	误差 kg/(d·株)	误差率 (%)	实测 kg/(d·株)	预测 kg/(d·株)	误差 kg/(d·株)	误差率 (%)
4	晴	14.69	13.2	1.49	10.1	15.32	15.56	-0.24	1.4
	阴	9.03	7.81	1.22	13.5	12.11	12.40	-0.30	2.5
	雨	/	/	/	/	/	/	/	/
5	晴	9.08	8.85	0.23	2.5	15.54	15.69	0.15	0.9
	阴	7.65	8.31	-0.66	8.6	12.45	11.71	0.75	6.0
	雨	8.52	9.76	-1.24	14.6	6.20	5.77	0.43	6.9
6	晴	9.76	10.75	-0.99	10.2	7.53	7.40	0.13	1.7
	阴	6.11	6.65	-0.54	8.8	5.63	6.00	-0.37	6.6
	雨	5.23	5.86	-0.63	12.0	5.37	5.67	-0.30	6.1
7	晴	13.06	13.33	-0.28	2.1	13.31	12.67	0.64	4.8
	阴	7.10	7.68	-0.58	8.2	11.24	10.51	0.73	6.5
	雨	8.37	7.53	0.85	10.1	4.76	5.44	-0.67	14
8	晴	6.97	6.99	-0.02	0.3	14.85	14.59	0.26	1.8
	阴	4.35	4.02	0.33	7.7	13.15	12.77	0.37	2.8
	雨	4.19	4.78	-0.59	14.1	8.70	9.34	-0.65	7.4
9	晴	7.59	8.17	-0.58	7.7	19.05	19.09	-0.04	0.2
	阴	4.93	5.65	-0.71	14.3	11.04	11.38	-0.34	3.0
	雨	3.95	4.57	-0.62	16.2	6.72	7.25	-0.52	7.8
10	晴	5.86	5.95	-0.09	1.5	17.79	17.36	0.43	2.2
	阴	4.29	4.64	-0.35	8.0	8.37	8.71	-0.33	4.0

表 5-26 槐树和银杏日耗水量实测和预测结果比较

月份	天气	槐树				银杏			
		实测 kg/(d·株)	预测 kg/(d·株)	误差 kg/(d·株)	误差率 (%)	实测 kg/(d·株)	预测 kg/(d·株)	误差 kg/(d·株)	误差率 (%)
4	晴	/	/	/	/	12.34	13.22	-0.88	7.1
	阴	/	/	/	/	8.45	9.05	-0.6	7.1
	雨	/	/	/	/	/	/	/	/
5	晴	4.73	4.45	0.28	5.9	11.78	12.65	-0.87	7.4
	阴	3.98	4.17	-0.19	4.8	8.87	9.73	-0.86	9.7
	雨	4.43	4.85	-0.43	9.6	5.36	4.59	0.77	14.4
6	晴	4.81	5.09	-0.28	5.8	9.57	10.27	-0.7	7.3
	阴	3.00	3.30	-0.30	9.9	7.97	8.84	-0.87	10.9
	雨	2.58	2.87	-0.30	11.6	4.56	5.16	-0.6	13.2
7	晴	7.24	7.43	-0.19	2.6	12.07	12.79	-0.72	6.0
	阴	3.94	4.26	-0.32	8.1	8.33	9.15	-0.82	9.8
	雨	4.64	4.02	0.62	13.3	5.74	6.54	-0.8	13.9

（续）

月份	天气	槐树				银杏			
		实测 kg/(d·株)	预测 kg/(d·株)	误差 kg/(d·株)	误差率 (%)	实测 kg/(d·株)	预测 kg/(d·株)	误差 kg/(d·株)	误差率 (%)
8	晴	12.33	12.99	-0.66	5.4	18.59	17.24	1.35	7.3
	阴	7.69	7.15	0.53	6.9	15.23	14.76	0.47	3.1
	雨	7.41	8.43	-1.02	13.8	11.3	12.28	-0.98	8.7
9	晴	10.71	11.31	-0.60	5.6	16.24	17.37	-1.13	7.0
	阴	6.94	7.71	-0.77	11.0	13.42	14.09	-0.67	5.0
	雨	5.58	6.24	-0.66	11.8	10.03	10.97	-0.94	9.4
10	晴	8.96	9.33	-0.36	4.0	12.75	13.69	-0.94	7.4
	阴	6.56	7.17	-0.62	9.4	10.73	12.06	-1.33	12.4

表 5-27　鹅掌楸和白玉兰日耗水量实测和预测结果比较

月份	天气	鹅掌楸				白玉兰			
		实测 kg/(d·株)	预测 kg/(d·株)	误差 kg/(d·株)	误差率 (%)	实测 kg/(d·株)	预测 kg/(d·株)	误差 kg/(d·株)	误差率 (%)
4	晴	32.54	32.89	-0.35	1.1	27.70	28.19	-0.42	1.5
	阴	20.83	20.31	0.52	2.5	20.16	20.55	-0.39	1.9
	雨	/	/	/	/	/	/	/	/
5	晴	31.83	30.82	1.01	3.2	28.07	26.47	1.60	5.7
	阴	25.32	27.04	-1.72	6.8	17.26	16.45	0.82	4.7
	雨	18.63	17.47	1.16	6.2	8.57	7.89	0.68	7.9
6	晴	25.86	25.32	0.54	2.1	20.25	19.89	0.36	1.8
	阴	23.53	22.60	0.92	3.9	16.07	16.47	-0.40	2.5
	雨	18.07	17.70	0.37	2.0	11.12	10.31	0.81	7.3
7	晴	26.82	26.27	0.55	2.0	11.88	12.44	-0.56	4.7
	阴	17.40	16.98	0.42	2.4	9.01	9.57	-0.56	6.2
	雨	12.65	13.13	-0.48	3.8	4.64	4.33	0.32	6.8
8	晴	26.60	26.99	-0.39	1.5	18.52	18.24	0.28	1.5
	阴	20.60	21.87	-1.27	6.2	9.32	8.69	0.63	6.8
	雨	17.68	19.09	-1.41	8.0	5.82	6.17	-0.35	6.0
9	晴	30.81	30.76	0.05	0.2	30.78	30.07	0.71	2.3
	阴	28.01	26.16	1.86	6.6	21.69	22.53	-0.83	3.8
	雨	21.41	19.65	1.75	8.2	10.88	11.83	-0.95	8.7
10	晴	27.70	28.29	-0.59	2.1	31.17	30.85	0.32	1.0
	阴	17.15	17.87	-0.72	4.2	17.64	16.33	1.32	7.5

从表5-24至表5-27可以看到，用模型预测的耗水量和实测的耗水量之间存在一定的误差，其误差大小与天气有关，全年晴天、阴天、雨天的平均误差率分别为侧柏6.7%、6.9%、10.2%，油松4.6%、8.8%、8.7%，元宝枫4.9%、9.9%、13.4%，刺槐1.9%、

4.5%、8.4%，槐树4.9%、8.4%、12.0%，银杏7.1%、8.3%、11.9%，鹅掌楸1.7%、4.7%、5.6%，白玉兰2.6%、4.8%、7.3%。晴天的误差最小，雨天的误差最大，阴天居中，这种差异是由于不同天气里树干液流与环境因子的相关性不同造成的，阴、雨天条件下，太阳辐射强度呈现不规律的变化，进而导致了空气温度和空气相对湿度的变化也很不规律，叶片气孔的蒸腾也因此受到影响，所以模拟的效果差于晴天。由于在晴天和阴天用模型预测的耗水量和实测的耗水量误差不大，平均误差率一般在±10%以内。按生物统计的要求，10%以内的误差都是可接受的，而北京在树木生长季节内以晴天和阴天为主，占生长季总天数的90.7%。因此，预测模型是具有应用价值的。

6

园林植物耗水的尺度扩展

在园林植物的蒸腾耗水研究中，通过盆栽法实测了不同季节、不同天气、不同光照条件和不同土壤水分梯度下植物的耗水率，同时建立了植物蒸腾速率与主要环境因子的关系模型；在园林树木树干液流特性的研究中，对主要园林树木的实际耗水率进行了一个生长期的实测，建立了边材液流速率与主要环境因子的关系模型。如何将盆栽植物(主要是灌木)单位叶面积耗水率转换成单位绿地面积的耗水量？如何将单株样木的耗水率转换成不同径阶树木的耗水量(主要是乔木)？即要找到树木耗水的尺度扩展方法，只有解决好这个问题，才能为绿地灌溉制度的制订铺平道路。

6.1 植物耗水的尺度扩展方法

在苗木的耗水性试验中，实测了苗木的耗水率，即单位叶面积、单位时间内的耗水量，耗水率是比较不同树种之间耗水能力大小的非常理想的指标，但单位叶面积的耗水率在绿地水分管理中不具应用意义，因为制订灌溉制度时需要知道的是单株或单位绿地面积消耗了多少水。同理，对于边材液流测定，知道的是某些直径样木的耗水量，而园林绿地中，树木的树干直径千差万别，需要知道各种不同直径树木的耗水量。因此，必须找到一个树木耗水的尺度转换方法。

本试验测定了24种盆栽植物的耗水率，其中乔木14种，灌木8种，草本2种，由于绿地中的乔木一般很少以苗木的形式出现，故下面的尺度扩展不考虑这14种乔木。在8种灌木中，金叶女贞、大叶黄杨、小叶黄杨、紫叶小檗和铺地柏是北京主要使用的灌木，它们既可以以绿球、绿篱或块状种植的形式单独组成绿地，也可以与乔木和草坪混合种植成各种类型的绿地，另外3种灌木榆叶梅、棣棠和黄栌一般使用不多，仅作点缀用种植。因此，下面讨论的灌木耗水量的尺度扩展实际只考虑了金叶女贞、大叶黄杨、小叶黄杨、紫叶小檗和铺地柏。

本试验测定了16种树木的树干液流，其中对侧柏、油松、元宝枫、刺槐、槐树、银杏、鹅掌楸和白玉兰8个树种进行了一个生长期的观测，对侧柏、油松、元宝枫、刺槐和银杏5个树种不同胸径的树干液流进行了测定，可对这5个树种进行耗水的尺度扩展。

6.1.1 灌木和草坪草耗水的尺度扩展

灌木耗水的尺度扩展主要是叶面积的求算问题(王希群，2005)。由于在园林绿化中，灌木常修剪成各种几何形状，因此可以按绿面面积计算叶面积。所谓绿面面积即是绿地植物的冠面表面积。为了实现耗水的尺度扩展，引入绿面叶面积指数概念。该概念的定义是：单位绿面内所有叶片的面积之和与该绿面面积之比。

灌木在园林绿地中最常见的种植方式有3种：

(1)绿球　金叶女贞、大叶黄杨等常配置为绿球，外表呈规则的半球形，可按球体表面积求算叶面积。

(2)绿篱　金叶女贞、大叶黄杨、小叶黄杨、紫叶小檗等常配置为绿篱，外表呈规则的长方体形，可按长方体表面积求算叶面积。

(3)团块状种植　金叶女贞、大叶黄杨、小叶黄杨、紫叶小檗和铺地柏等常配置为块状绿地，可按绿地表面积求算叶面积。

本试验在北京林业大学校园、北京市海淀区东王庄小区和学院路两侧绿地等处测定了灌木的绿面叶面积指数，方法是：阔叶灌木采用小样方法，样方大小为20cm×20cm，绿球按东、南、西、北四个方向和上、中、下三个部位在球表面布设12个小样方，绿篱在1m长度内分别在上面和两侧面各布设4个小样方，共12个小样方，块状种植的$1m^2$绿地内布设6个小样方，铺地柏采用标准枝法(李家龙，1985)，$1m^2$绿地设置样方3个，按3.3.2.3中"叶面积测定"方法求算叶面积指数。观测结果分别见表6-1～6-4。

表6-1　绿球叶面积观测结果

树种	直径(m)	高(m)	表面积(m^2)	叶片数	单叶面积(cm^2)	总叶面积(m^2)	叶面积指数
大叶黄杨	1.8	1.0	5.087	35 880	7.92	28.417	10.174
金叶女贞	1.8	1.0	5.087	81 392	4.39	35.731	14.048

表6-2　绿篱叶面积观测结果

树种	宽(m)	高(m)	长(m)	表面积(m^2)	叶片数	单叶面积(cm^2)	总叶面积(m^2)	叶面积指数
大叶黄杨	1.0	0.5	1.0	2.0	13 750	9.01	12.38	6.197
金叶女贞	1.0	0.5	1.0	2.0	42 368	4.36	18.472	9.236
小叶黄杨	1.0	0.5	1.0	2.0	42 750	3.69	15.774	7.887
紫叶小檗	1.0	0.5	1.0	2.0	56 273	2.42	13.618	6.809

表6-3　铺地柏绿地叶面积观测结果

树种	样方面积(m^2)	一级枝	二级枝	小枝	小枝叶面积(cm^2)	总叶面积(m^2)	叶面积指数
铺地柏	1.0	15	78	1 156	34.48	3.986	3.986

表 6-4　大叶黄杨、金叶女贞块状绿地叶面积观测结果

树种	样方面积(m^2)	叶片数	单叶面积(cm^2)	总叶面积(m^2)	叶面积指数
大叶黄杨	1.0	4 867	9.01	4.385	4.385
金叶女贞	1.0	14 238	4.36	6.208	6.208
小叶黄杨	1.0	14 366	3.69	5.301	5.301
紫叶小檗	1.0	18 911	2.42	4.576	4.576

由于草坪草的蒸腾耗水量是按草坪面积观测和计算的，因此，草坪耗水的尺度扩展很简单，只需进行单位换算就可以了。

6.1.2　树干边材液流耗水量的尺度扩展

本试验观测了侧柏、油松、元宝枫、刺槐和银杏等树种不同直径树木的边材液流速率，根据边材面积可计算出不同直径树木的日耗水量。根据树干直径与日耗水量的数据可建立双方关系的优化模型：在 SPSS12.0 软件上进行 11 种曲线类型模型拟合，11 种曲线类型分别为线性函数型、二次多项式型、复合模型、生长模型、对数模型、3 次多项式型、S 形曲线型、指数模型、双曲线型、幂指函数型和逻辑模型。以日耗水率($kg \cdot d^{-1}$)为因变量 y，以直径(cm)为自变量，置信度为95%，以相关系数 R 最大值为最佳模型。结果，树木直径与耗水量关系的优化模型侧柏、油松、元宝枫和银杏为二次多项式，刺槐为幂函数式。

侧柏：$W = A \cdot V \cdot T/1000 = 0.542D - 0.006D^2 - 3.488$　　$R = 0.99$　　(6－1)

油松：$W = A \cdot V \cdot T/1000 = 0.594D - 0.009D^2 - 3.685$　　$R = 0.98$　　(6－2)

元宝枫：$W = A \cdot V \cdot T/1000 = 0.931D - 0.007D^2 - 6.996$　　$R = 0.95$　　(6－3)

刺槐：$W = A \cdot V \cdot T/1000 = 0.118D^{1.533}$　　$R = 0.95$　　(6－4)

银杏：$W = A \cdot V \cdot T/1000 = 0.362D + 0.027D^2 - 1.694$　　$R = 0.99$　　(6－5)

式中：A 为边材面积(cm^2)、V 为液流速率($cm \cdot s^{-1}$)、T 为 1d 的时间(s)、D 为树干直径(cm)，W 为日耗水量(kg)，R 为相关系数。二次多项式的特点是当自变量 D 较小时，因变量 W 随 D 的增加而快速增加，D 值增加到某一点时，W 达到最大值，然后随 D 值的增加 W 值缓慢下降，这一变化特点符合树木边材的生长规律，在树木个体生长的初期，边材生长迅速，边材率(边材面积与心材面积的比率)大，随着树龄的增长，边材增速减缓，边材率下降，到达一定年龄后随着更多的边材转化为心材，树木的边材面积开始减少(沈国舫，2001)。Haydon(1996)等人测定了不同年龄花楸的边材面积，发现 15a 生林分边材面积达到顶峰，为 $10.5m^2 \cdot hm^{-2}$，200 年生的林分下降为 $2.4m^2 \cdot hm^{-2}$。图 6-1A、B、C、D、E 是根据侧柏、油松、元宝枫、刺槐和银杏树干直径与日耗水量的观测数据分别绘制的，也是式 6－1、6－2、6－3、6－4 和 6－5 的图面表达形式。从图 6-1A、B、C 可看出，当树干直径较小时，耗水量随直径的增加而快速增加，然后增加的趋势放缓，由于本次测定的树木直径不是足够大，从图上看不出 W 的最大值和曲线下降的趋势，但根据式 6－1、6－2 和 6－3 可以预测，侧柏、油松和元宝枫单株耗水量最大时的树干直径将分别为 48cm、34cm、70cm。超过此值，单株日耗水量将缓慢下降。从图 6-1D、E 可以看到，刺槐和银杏树干直径与日耗水量关系的发展趋势与前面 3 个树种有所差别，树木耗水量将随直径的增加而快速增加，由于本试验观测的大径阶株数有限，这是否说明了刺槐和银杏耗水量与树干直径关系

的发展趋势还有待进一步研究。但由于园林中大多数刺槐和银杏的直径在30cm以内，故用式6－4和6－5进行尺度扩展不会对实际耗水量的计算误差产生大的影响。

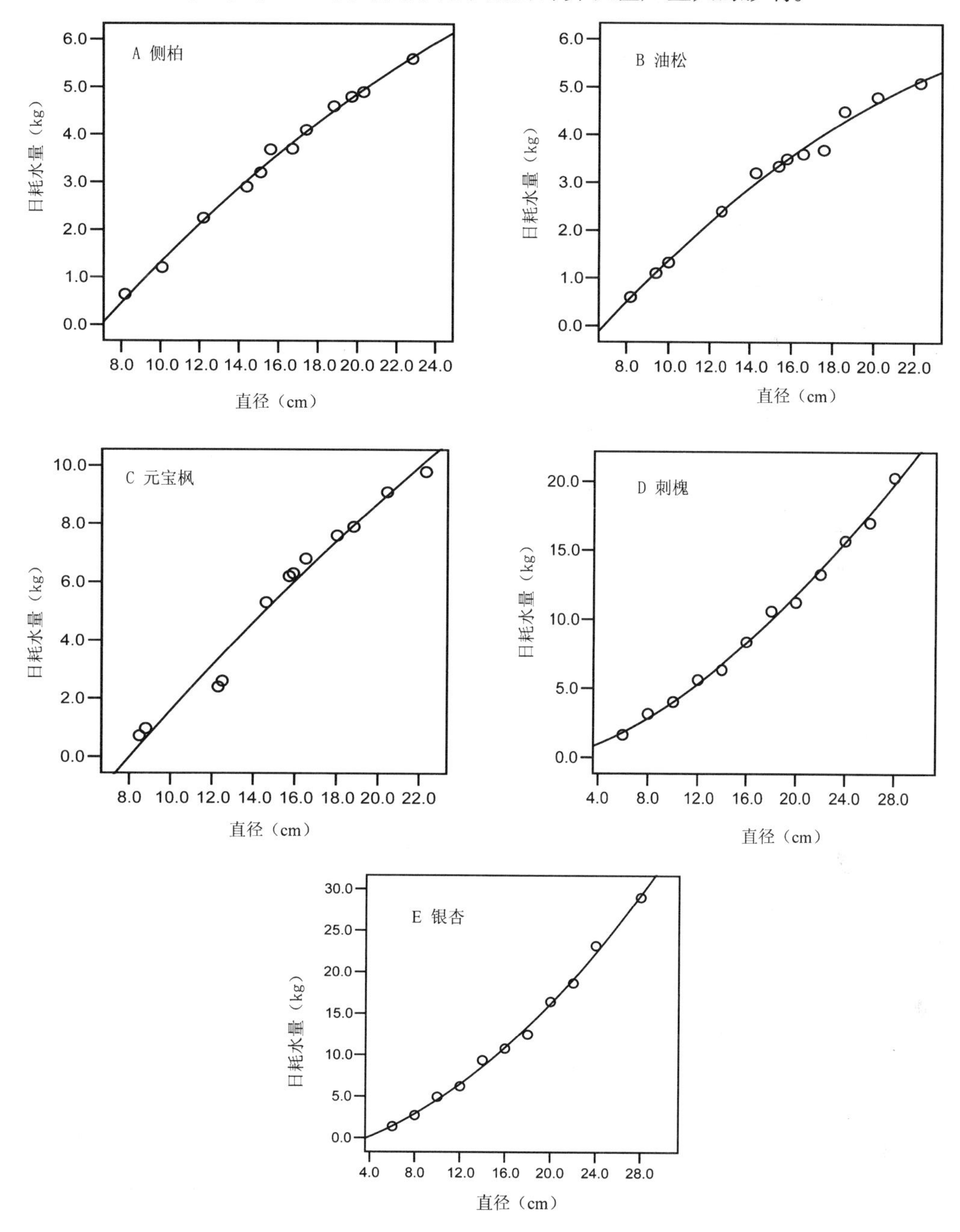

图6-1　树干直径与日耗水量关系

6.1.3　时间尺度扩展

在树木耗水性研究中，由于条件的限制，往往不能对树木的耗水性进行长时间的测定，这就存在将短时间的测定结果扩展到更长时间范围的问题。时间总是相对的，在本次试验中，我们对侧柏等8个树种的边材液流和相关环境因子进行了两年的同步观测，在国内外同类试验中应属于时间最长的，但并不等于将这两年的观测数据和建立的模型扩展到第三年、第四年……就没有误差，因为环境因子与树干液流是一种动态的关系，只能根据变化了的环境因子对观测数据或模型进行修正。本研究的盆栽试验是选择5月、7月、9月的一定时段观测的，分别代表春(4～5月)、夏(6～8月)和秋(9～10月)，在天气方面选择了典型晴天和典型阴天。要计算植物月度、季度的耗水量，就必须将上述典型时段和典型天气的观测数据进行扩展，时间上的这种扩展无疑会导致误差，但由于测定时段的环境条件在它所代表的季节里具有典型性，所引起的误差应该是可以接受的，当然最好的办法是每天测定，但这样做的工作量将非常巨大。为了方便进行时间尺度的扩展，需要对一年中各月的气象数据进行归类统计(表6-5)。

表6-5　各月气象因子统计

月份	晴天				阴天				雨天			
	天数(d)	气温(℃)	湿度(%)	辐射(kW·m^{-2})	天数	气温(℃)	湿度(%)	辐射(kW·m^{-2})	天数	气温(℃)	湿度(%)	辐射(kW·m^{-2})
4	23	17.5	26	0.339	6	20.2	37.4	0.245	1	9.3	67.8	0.065
5	19	22.1	36.2	0.409	8	20.2	58.3	0.230	4	18.1	61.5	0.152
6	21	27.2	55	0.382	7	24.8	78.4	0.194	2	22.5	82.1	0.136
7	16	29.8	55.8	0.401	11	28.7	73.7	0.207	4	26.2	80.7	0.196
8	15	25.3	64.5	0.472	10	25.6	81.2	0.222	6	23.7	87.3	0.133
9	22	22	58.2	0.390	5	20.4	73.8	0.185	3	21	83.9	0.149
10	20	15.9	40.8	0.365	11	15.2	59.1	0.155				

6.2 耗水量的计算

6.2.1 灌木耗水量的计算

根据植物耗水性观测结果和时间尺度扩展方法，可将灌木的耗水量计算到月和整个生长期(表6-6、6-7)，此处计算的仍然是单位叶面积的耗水量。

表6-6　全光照不同土壤水分梯度下灌木的耗水量　　kg·m^{-2}

种名	供水等级	耗水量							
		4月	5月	6月	7月	8月	9月	10月	生长期
金叶女贞	充分供水	16.5	17.2	21.8	22.8	22.8	8.3	8.6	117.9
	轻度缺水	12.9	13.5	14.5	15.2	15.2	4.9	5.1	81.2
	中度缺水	4.9	5.1	7.4	7.7	7.8	3.0	3.1	38.9
大叶黄杨	充分供水	20.7	19.8	24.9	23.3	22.9	8.4	8.3	128.3
	轻度缺水	15.9	15.2	18.4	17.2	16.9	5.3	5.2	94.1
	中度缺水	5.4	5.1	10.1	9.4	9.2	3.2	3.2	45.5

（续）

种名	供水等级	耗水量							
		4月	5月	6月	7月	8月	9月	10月	生长期
小叶黄杨	充分供水	8.9	8.3	8.5	7.7	7.5	7.9	7.6	56.3
	轻度缺水	6.8	6.3	6.8	6.1	6.0	6.1	5.9	43.8
	中度缺水	5.5	5.1	5.4	4.9	4.7	4.8	4.7	35.1
紫叶小檗	充分供水	35.3	35.4	29.7	29.6	29.4	24.8	25.2	209.3
	轻度缺水	26.3	26.4	22.1	21.9	21.8	18.5	18.8	155.8
	中度缺水	19.6	19.6	16.4	16.3	16.2	13.7	13.9	115.7
榆叶梅	充分供水	57.8	55.1	55.4	51.8	50.8	44.9	44.3	360.1
	轻度缺水	34.4	32.8	39.5	36.9	36.2	29.9	29.5	239.3
	中度缺水	17.2	16.5	31.7	29.7	29.2	12.2	12.1	148.6
棣棠	充分供水	23.5	23.3	31.2	30.7	30.4	20.2	20.5	179.8
	轻度缺水	14.2	14.1	13.9	13.7	13.6	17.1	17.3	103.8
	中度缺水	12.4	12.3	12.2	12.0	11.9	6.5	6.6	73.9
黄栌	充分供水	9.7	9.4	19.6	18.7	18.5	6.8	6.8	89.4
	轻度缺水	6.0	5.9	11.3	10.8	10.6	4.3	4.3	53.2
	中度缺水	4.1	3.9	5.7	5.5	5.4	2.2	2.2	28.8
铺地柏	充分供水	10.1	9.8	16.7	15.9	15.7	7.0	7.0	82.2
	轻度缺水	8.2	8.0	11.7	11.1	10.9	4.0	4.0	57.9
	中度缺水	5.2	5.1	7.9	7.5	7.4	2.2	2.2	37.4

表 6-7 半光照不同土壤水分梯度下的灌木耗水量 $kg \cdot m^{-2}$

种名	供水等级	耗水量							
		4月	5月	6月	7月	8月	9月	10月	生长期
金叶女贞	充分供水	10.54	10.99	13.93	14.57	14.57	5.30	5.50	75.41
	轻度缺水	8.42	8.81	9.46	9.92	9.92	3.20	3.33	53.06
	中度缺水	2.96	3.08	4.47	4.65	4.71	1.81	1.87	23.55
大叶黄杨	充分供水	12.30	11.77	14.80	13.85	13.61	4.99	4.93	76.25
	轻度缺水	7.86	7.51	9.10	8.50	8.35	2.62	2.57	46.52
	中度缺水	2.09	1.98	3.92	3.64	3.57	1.24	1.24	17.68
小叶黄杨	充分供水	6.51	6.07	6.22	5.64	5.49	5.78	5.56	41.27
	轻度缺水	4.02	3.72	4.02	3.61	3.55	3.61	3.49	26.01
	中度缺水	2.53	2.35	2.48	2.25	2.16	2.21	2.16	16.15
紫叶小檗	充分供水	29.24	29.32	24.60	24.52	24.35	20.54	20.87	173.44
	轻度缺水	19.63	19.70	16.49	16.34	16.27	13.81	14.03	116.28
	中度缺水	14.91	14.91	12.48	12.40	12.32	10.42	10.57	88.01

表6-6～6-7显示了尺度扩展后灌木树种各月和生长期不同供水等级和不同光照条件下的耗水率，这两个表的建立，为计算不同配置绿地的耗水量进而制订灌溉制度奠定了基础。

6.2.2 草坪耗水量的计算

由于草坪草的耗水试验是按草坪面积观测的，因此只需进行时间尺度扩展即可。为了计算方便，先统计不同季节不同天气的耗水量(表6－8 ~6-10)，然后扩展到各月和整个生长期的耗水量(表6－11 ~6-13)。根据北京的气候及早熟禾和高羊茅的生长特点，4月不是一个完整的生长月。据观察，早熟禾和高羊茅在每年的4月10日左右开始大量发芽长叶。因此，4月的耗水量按20d计算，其中晴天15d，阴雨天5d。

表6-8 草坪草全光照不同季节不同天气耗水量

种名	供水等级	日均耗水量(kg·m^{-2})					
		春季(4~5月)		夏季(6~8月)		秋季(9~10月)	
		晴天	阴雨天	晴天	阴雨天	晴天	阴雨天
草地早熟禾	充分供水	4.80	2.71	6.37	3.56	5.78	2.75
	轻度缺水	3.13	1.77	4.51	2.52	4.05	1.93
	中度缺水	1.52	0.86	2.32	1.30	1.54	0.73
高羊茅	充分供水	3.06	1.73	3.86	2.16	3.19	2.68
	轻度缺水	2.14	1.21	2.83	1.58	1.95	1.64
	中度缺水	1.11	0.63	1.73	0.97	0.71	0.60

表6-9 草坪草半光照不同季节不同天气耗水量

种名	供水等级	日均耗水量(kg·m^{-2})					
		春季(4~5月)		夏季(6~8月)		秋季(9~10月)	
		晴天	阴雨天	晴天	阴雨天	晴天	阴雨天
草地早熟禾	充分供水	2.94	1.66	4.35	2.43	3.86	1.84
	轻度缺水	1.92	1.08	3.08	1.72	2.43	1.16
	中度缺水	0.93	0.53	1.58	0.89	1.28	0.61
高羊茅	充分供水	2.14	1.21	2.70	1.51	3.03	2.55
	轻度缺水	1.50	0.85	1.98	1.11	1.85	1.56
	中度缺水	0.78	0.44	1.21	0.68	0.67	0.57

表6-10 高羊茅全遮荫不同季节不同天气耗水量

种名	供水等级	日均耗水量(kg·m^{-2})					
		春季(4~5月)		夏季(6~8月)		秋季(9~10月)	
		晴天	阴雨天	晴天	阴雨天	晴天	阴雨天
高羊茅	充分供水	1.72	0.97	1.81	1.01	1.78	1.50
	轻度缺水	1.20	0.68	1.33	0.74	1.09	0.92
	中度缺水	0.62	0.35	0.81	0.45	0.40	0.33

表 6-11 草坪草全光照月度和生长期耗水量

kg · m⁻²

种 名	供水等级	耗水量							
		4 月	5 月	6 月	7 月	8 月	9 月	10 月	生长期
草地早熟禾	充分供水	85.55	123.72	165.81	155.32	152.51	149.16	145.85	977.92
	轻度缺水	55.72	80.58	117.46	110.02	108.03	104.54	102.22	678.56
	中度缺水	27.02	39.07	60.38	56.56	55.53	39.72	38.84	317.13
高羊茅	充分供水	54.57	78.92	100.55	94.18	92.47	91.52	93.17	605.39
	轻度缺水	38.20	55.24	73.55	68.89	67.64	56.11	57.13	416.77
	中度缺水	19.86	28.72	45.14	42.28	41.51	20.48	20.85	218.85

注：4 月按 20d 计算(其中晴天 15d，阴雨天 5d)。

表 6-12 草坪草半光照月度和生长期耗水量

kg · m⁻²

种 名	供水等级	耗水量							
		4 月	5 月	6 月	7 月	8 月	9 月	10 月	生长期
草地早熟禾	充分供水	52.40	75.78	113.23	106.07	104.15	99.61	97.40	648.63
	轻度缺水	34.18	49.43	80.16	75.09	73.73	62.72	61.34	436.66
	中度缺水	16.60	24.01	41.26	38.67	37.97	33.01	32.27	223.79
高羊茅	充分供水	38.15	55.18	70.35	65.91	64.72	87.02	88.60	469.94
	轻度缺水	26.68	38.59	51.56	48.29	47.41	53.21	54.18	319.91
	中度缺水	13.85	20.04	31.54	29.56	29.03	19.40	19.76	163.17

注：4 月按 20d 计算(其中晴天 15d，阴雨天 5d)。

表 6-13 高羊茅全遮荫月度和生长期耗水量

kg · m⁻²

种 名	供水等级	耗水量							
		4 月	5 月	6 月	7 月	8 月	9 月	10 月	生长期
高羊茅	充分供水	30.66	44.35	47.13	44.15	43.36	51.12	52.05	312.82
	轻度缺水	21.44	31.02	34.54	32.35	31.76	31.26	31.83	214.19
	中度缺水	11.13	16.10	21.13	19.80	19.45	11.39	11.61	110.61

注：4 月按 20d 计算(其中晴天 15d，阴雨天 5d)。

表 6-11 ~6-13 显示了尺度扩展后草坪草各月和生长期不同供水等级和不同光照条件下的耗水量，这 3 个表的建立，为计算不同配置绿地的耗水量进而制订灌溉制度奠定了基础。

6.2.3 乔木大树耗水量的计算

虽然对样木单株的树干液流进行了每 10min 记录 1 次的全天候自动观测，但为了在绿地水分管理时充分考虑天气因素的影响，仍然有必要对样木不同天气的耗水量进行单独计算

(表6-14)，并根据观测结果计算出样木月度和整个生长期的耗水量(表6-15)，对于没有进行径阶尺度扩展的树种，在下一章计算绿地耗水量时，使用样木的耗水数据。每一个树种的物候期不同，在树干液流测定中发现，侧柏在整个4月都有正常的液流波动，而槐树在5月1日左右才出现正常而规律的树干液流，其他树种大致在4月20日左右出现，因此计算月度耗水量时，侧柏4月按整月计算，槐树4月不予计算，其他树种4月按10d计算。

从表6-14可以看到，侧柏等8个树种单株日耗水量晴天明显大于阴天和雨天，在多数情况下阴天大于雨天，出现少数雨天大于阴天的情况可能跟统计方法有关，因为在统计方法上把所有下雨天都算作雨天，而雨天往往不是整天下雨，有时候晚上下雨而白天是晴天。

表6-14　样木单株各月不同天气耗水量

kg

树种	天气	各月日耗水量						
		4月	5月	6月	7月	8月	9月	10月
侧柏	晴天	7.51	6.81	6.77	4.47	3.43	3.85	3.87
	阴天	6.77	4.66	4.19	2.32	2.2	3.71	2.5
	雨天	2.5	3.62	3.06	3.52	1.69	1.72	/
油松	晴天	8.14	7.55	5.32	5.4	4.23	4.15	4.61
	阴天	4.76	4.76	2.64	2.64	1.93	3.44	2.45
	雨天	/	3.32	3.02	1.96	1.81	1.47	/
元宝枫	晴天	14.69	9.08	9.76	13.06	6.97	7.59	5.86
	阴天	9.03	7.65	6.11	7.1	4.35	4.93	4.29
	雨天	/	8.52	5.23	8.37	4.19	3.95	/
刺槐	晴天	15.32	15.54	7.53	13.31	14.85	19.05	17.79
	阴天	12.11	12.45	5.63	11.24	13.15	11.04	8.37
	雨天	/	6.2	5.37	4.76	8.7	6.72	/
槐树	晴天	/	4.73	4.81	7.24	12.33	10.71	8.96
	阴天	/	3.98	3	3.94	7.69	6.94	6.56
	雨天	/	4.43	2.58	4.64	7.41	5.58	
银杏	晴天	12.34	11.78	9.57	12.07	18.59	16.24	12.75
	阴天	8.45	8.87	7.97	8.33	15.23	13.42	10.73
	雨天	/	5.36	4.56	5.74	11.3	10.03	/
鹅掌楸	晴天	32.54	31.83	25.86	26.82	26.6	30.81	27.7
	阴天	20.83	25.32	23.53	17.4	20.6	28.01	17.15
	雨天	/	18.63	18.07	12.65	17.68	21.41	/
白玉兰	晴天	27.7	28.07	20.25	11.88	18.52	30.78	31.17
	阴天	20.16	17.26	16.07	9.01	9.32	21.69	17.64
	雨天	/	8.57	11.12	4.64	5.82	10.88	/

表 6-15 样木单株月度和生长期总耗水量 kg

树种	各月日耗水量							合计
	4 月	5 月	6 月	7 月	8 月	9 月	10 月	
侧柏	215.9	181.2	177.6	111.1	83.6	108.4	104.9	982.6
油松	71.9	194.8	136.2	123.3	93.6	112.9	119.2	851.9
元宝枫	130.7	267.8	258.2	320.5	173.2	203.5	164.4	1 518.3
刺槐	113.9	223.1	222.3	193.2	367.1	357.7	332.0	1 809.3
槐树	/	139.4	127.2	177.7	306.3	287.1	251.4	1 289.1
银杏	107.8	316.2	265.9	307.7	499.0	454.5	373.0	2 324.1
鹅掌楸	278.6	881.9	743.9	671.1	711.1	882.1	742.7	4 911.3
白玉兰	246.8	705.7	727.4	307.8	405.9	818.3	817.4	4 029.3

从表 6-15 可以看出，全年单株样木实际耗水总量侧柏(1m 树高处直径 15.6cm)982.6 kg、油松(1m 树高处直径 15.4cm)851.9kg、元宝枫(1m 树高处直径 14.6cm)1 518.3kg、刺槐(1m 树高处直径 15.9cm)1 809.3 kg、槐树(1m 树高处直径 14.4cm)1 289.1 kg、银杏(1m 树高处直径 16.4cm)2 324.1 kg、鹅掌楸(1m 树高处直径 16.8cm)4 911.3 kg、白玉兰(1m 树高处直径 16.6cm)4 029.3 kg。由于被测木的直径差不多，因而具有可比性。从观测结果可以看出，单株总耗水量鹅掌楸最大，白玉兰第二，侧柏和油松最小，其他树种居中。孙鹏森(2001)在北京西山测定的直径 15cm 左右树木的年耗水量为油松 833.6kg、侧柏 970.2 kg、白皮松 1 050.5kg、刺槐 1 858.8kg、元宝枫 1 667.6kg。其中，侧柏、油松、元宝枫和刺槐的耗水量与本试验测定的相差不大。由于到目前为止观测的树种数量有限，因此还不能作出阔叶树种的耗水量大于针叶树种的普遍结论，但就目前对有限树种树干液流的观测来看，阔叶树种的耗水量明显大于针叶树种(王华田，2002)。

7

园林绿地节水灌溉制度的建立

园林绿地节水灌溉制度的建立需要解决以下 3 个问题：①根据盆栽苗木的水分梯度试验划分土壤水分等级，并与北京市园林绿地养护等级相衔接；②根据绿地水量平衡原理，计算绿地水分的各个收支项；③针对北京的几种典型绿地，计算灌溉制度的各个具体指标，从而构建一套完整的绿地灌溉制度。

7.1 园林绿地养护等级的划分

在苗木耗水特性研究部分，根据不同水分梯度下植物蒸腾、光合作用的变化规律和植物的外貌特征，将北京丁香等 22 个树种和草地早熟禾等 2 种草坪草的土壤水分分为水分充足、轻度缺水、中度缺水和严重缺水 4 级。试验和分析表明，只要土壤水势在中度缺水标准以上，就不会对植物的生长和景观造成长期不利影响。因此，可据此研究结果将北京市绿地水分管理分为以下 3 级：

特级：水分充足，树木土壤水势 -0.24 ~ -0.08MPa，含水量 14.6% ~18.6%；草坪土壤水势 -0.18 ~ -0.06MPa、含水量 15.6% ~19.6%。

一级：轻度缺水，树木土壤水势 -0.59 ~ -0.24MPa、含水量 11.6% ~14.6%；草坪土壤水势 -0.44 ~ -0.18MPa、含水量 12.6% ~15.6%。

二级：中度缺水，树木土壤水势 -1.41 ~ -0.59MPa、含水量 8.6% ~11.6%；草坪土壤水势 -1.06 ~ -0.44MPa、含水量 9.6% ~12.6%。

根据《北京城市园林绿化养护管理标准》(以下简称《标准》)，北京园林绿地的养护等级分为特级、一级和二级(杨守山，2000)。绿地养护包含修剪、施肥、浇水、防冻等广泛内容，但在缺水地区，水分管理显然是最重要的内容，也是养护成本中的主要支出项。在水分管理方面，该《标准》仅提出了年度灌溉的次数，未对灌溉时间、灌溉量、月度灌溉次数等至关重要的指标作出规定，因此实际操作很困难。如果将本次试验划分的绿地水分管理等级与《标准》的绿地养护等级相衔接，可以克服《标准》中灌溉制度不具体的缺陷。

7.2 绿地水量平衡各收支项的观测和计算

要制定绿地灌溉制度，必须知道绿地水分供求差额，因此，首先要搞清楚绿地水分的各个收支项。在不进行人工灌溉时，绿地水分的收入项为降水量，支出项有植物(包括乔木、灌木和草本)蒸腾耗水量、土壤蒸发量、降雨时的径流、水分在土壤中的深层渗透和侧方渗透、树冠截留和蒸发等，其中降雨时的径流只有在降雨强度大时(大雨和暴雨)才会发生，雨水的深层渗透只有在降水量大且持续时间长时才发生。根据北京的气候特点，年降水量极端不匀，7~8月降水量占全年降水量的65%，大雨和暴雨也集中在这两个月。由于这两个月降水量大，往往绿地水分的收入会大于支出，所以这两个月不是灌溉的重点，因此可忽略这两项支出。侧方渗透、树冠截留和蒸发一般量比较少，也可忽略不计，这样一来，只剩下降水量、植物蒸腾耗水量和土壤蒸发量了，其中降水量可根据气象统计资料计算(表7-1)，植物蒸腾耗水量在"园林植物耗水的尺度扩展"中已算出，土壤蒸发量在本试验中进行了具体观测(表7-2)。

表7-1 北京市多年生长期各月平均降水量*

月份(月)	4	5	6	7	8	9	10	合计
降水量(mm)	17	32.9	75	198	129	9	4.2	465.1
单位面积降水量(kg·m^{-2})	17	32.9	75	198	129	9	4.2	465.1

注：为1998~2003年的数据。

表7-2 林下土壤不同水分梯度下各月水分消耗量

供水等级	林下土壤蒸发量(kg·m^{-2})							
	4月	5月	6月	7月	8月	9月	10月	生长期
水分充足	28.3	43.7	45.9	40.9	35.5	23.6	3.4	221.2
轻度缺水	18.8	29.1	30.5	27.2	23.6	15.7	2.2	147.2
中度缺水	10.8	16.6	17.5	15.5	13.5	9	1.3	84.2

根据绿地水量平衡原理，如果一定时期单位面积绿地内的水分收入等于支出，则绿地水量保持平衡，不需灌溉，如果支出大于收入，则说明绿地水分亏缺，应进行灌溉，相反，如果收入大于支出，说明绿地水分过多，不需灌溉，应注意排水。如果我们将绿地上植物的蒸腾量和土壤的蒸发量统称为绿地耗水量，则绿地耗水量(乔木蒸腾量+灌木蒸腾量+草本植物蒸腾量+绿地土壤蒸发量)、降水量和绿地水分供求差额的关系为：

$$\text{绿地耗水量} - \text{降水量} = \text{绿地水分供求差额} \quad (7-1)$$

利用公式7-1计算绿地水分供求差额时，分月计算。如果某月的绿地水分供求差额为负值，则表示该月的降水量超过绿地耗水量，绿地水量有剩余。但该月剩余的水量并不能作为下一个月绿地水分的收入。因为事实上剩余的水分都随地表径流流失了。

7.3 园林绿地典型配置模式

城市绿化植物种类繁多，绿地配置形式千差万别，给耗水量的测算和灌溉制度的建立带来了难度。要制定切实可行的灌溉制度，首先必须设计好绿地的典型配置模式，再根据典型配置模式计算出水量平衡的各个收支项和灌溉制度的各项指标，至于生产实际中的各种具体绿地，可以通过与典型配置绿地的比较估算出耗水量和灌溉指标。

根据北京市常见的绿地植物配置形式设计以下典型配置模式：

(1)模式Ⅰ——乔木型绿地　典型配置方式有两种，一种是乔木单株种植，另一种是乔木片林种植，郁闭度0.7以上，林下灌木、草本稀少。

(2)模式Ⅱ——乔灌型绿地　典型配置方式：乔木树种呈疏林状种植，林下配置块状灌木。

(3)模式Ⅲ——乔草型绿地　典型配置方式：乔木树种呈疏林状种植，林下配置草坪植物。

(4)模式Ⅳ——灌木型绿地　灌木呈球状、绿篱或块状种植。

(5)模式Ⅵ——乔灌草型绿地　典型配置方式：乔木呈疏林状种植，其下配置灌木球、灌木块，在空闲地铺设草坪。

(6)模式Ⅶ——纯草坪绿地　典型配置方式：绿地为均匀的草坪覆盖，其上没有乔木和灌木。

7.4　节水型灌溉制度的制定

7.4.1　灌溉时间的确定

灌溉时间包括每次灌溉的起始时间和停止时间，灌溉量是根据绿地的水分供求差额和养护的等级一次实际供给绿地的水量，又叫灌溉强度。在绿地的水分管理分级中，已经给出了各等级土壤水势和含水量的范围，灌溉时间和灌溉量的确定以此为基础，结合植物的根系分布特点和土壤特性计算，每次灌溉的开始时间为土壤水势(含水量)下降至选定养护等级的下限的时候，停止的时间为土壤水势(含水量)达到该等级的上限时，针对本试验的土壤，灌溉时间的具体确定如下：

(1)乔灌木：

特级养护：当土壤水势下降至－0.24MPa(含水量14.6%)时开始灌溉，达到－0.08MPa(18.6%)时停止灌溉。

一级养护：当土壤水势下降至－0.59MPa(含水量11.6%)时开始灌溉，达到－0.24MPa(含水量14.6%)时停止灌溉。

二级养护：当土壤水势下降至－1.41MPa(含水量8.6%)时开始灌溉，达到－0.59MPa(含水量11.6%)时停止灌溉。

(2)草坪草：

特级养护：当土壤水势下降至－0.18MPa(含水量15.6%)时开始灌溉，达到－0.06MPa(19.6%)时停止灌溉。

一级养护：当土壤水势下降至－0.44MPa(含水量12.6%)时开始灌溉，达到－0.18MPa(含水量15.6%)时停止灌溉。

二级养护：当土壤水势下降至－1.06MPa(含水量9.6%)时开始灌溉，达到－0.44MPa(含水量12.6%)时停止灌溉。

7.4.2　灌溉量(灌溉强度)确定

不同植物根系的分布区不同，要确保达到预期的灌溉效果，每次灌溉后都应保证植物根系主要分布区土壤水势达到选定养护等级水势的上限，本试验土壤的密度为1.27g·cm^{-3}，植物的主要根系分布区草本植物为10cm、灌木为30cm、乔木为50cm，则灌溉强度的计算结果为：

(1)草坪：

特级养护：5.08kg·m^{-2}

一级养护：3.81kg·m^{-2}

二级养护：3.81kg·m^{-2}

(2)灌木：

特级养护：15.24kg·m^{-2}

一级养护：11.43kg·m^{-2}

二级养护：11.43kg·m^{-2}

(3)乔木：

特级养护：25.4kg·m^{-2}

一级养护：19.05kg·m^{-2}

二级养护：19.05kg·m^{-2}

以上计算结果对确定单一植物种类组成的绿地的灌溉强度是非常有效的。但当绿地中存在乔、灌、草三类植物中的二类以上时，则情况较为复杂，理论上应根据乔、灌、草各自的蒸腾耗水量、对干旱的忍耐力、主要根系的分布土层和养护等级，分别计算各自的灌溉强度。但这样的计算将相当复杂，且在目前的管理水平下也不容易赋诸实践。使问题简化的方法是：如果乔、灌、草是呈块块镶嵌配置的，则各自计算灌溉强度和灌溉次数。如果在同一绿地中乔、灌、草为均匀配置，则以草坪为标准计算灌溉强度和灌溉次数。因为草本植物根系浅，耐旱性比灌木和乔木差，只要草坪的供水有保证，乔木和灌木就不会发生严重水分亏缺。

7.4.3 典型配置绿地耗水量和灌溉次数的计算

7.4.3.1 乔木型绿地

(1)单株种植　城市绿化中有大量单株种植的树木，有的虽成行状种植但株行距很大，如行道树，都可视作单株种植。单株种植的耗水量应为树木耗水量与土壤蒸散量之和，其范围以冠幅范围为准。树木的根系很深广，但70%以上的吸收根分布在树冠垂直投影外缘向内的2/3范围内(郭学望，2003)，移植时间不长的树木其根系的分布范围更窄。本试验在北京植物园和北京林业大学校园测定了呈疏林状种植的树木的径阶和冠幅。只要计算出给定胸径单株蒸腾量、冠幅范围内月度降水量、土壤蒸发量(按轻度缺水计算)即可计算出总耗水量和水分供求差额，计算结果见表7-3~7-7，为了不使表格过于冗长，此处只列出16cm径阶的耗水量和供求差额，其他径阶树木直接给出灌溉强度和灌溉次数的计算结果(表7-8~7-12)，计算时4月的蒸腾量侧柏按整月计算、油松、元宝枫、刺槐和银杏按10d计算(下同)，单株灌溉湿润土壤的面积以冠幅面积的1/2计算。

表 7-3 侧柏单株(胸径 16cm)种植水分供求差额计算 kg·株$^{-1}$

月份	降水量	土壤蒸发	树木蒸腾	耗水量	供求差额
4	192.6	213.3	215.8	429.1	236.5
5	372.7	329.4	181.2	510.6	137.9
6	849.7	346.0	177.6	523.6	-326.1
7	2 243.2	308.1	111.1	419.2	-1 824.0
8	1 461.5	267.8	83.6	351.4	-1 110.1
9	102.0	177.8	108.3	286.1	184.1
10	47.6	25.3	104.9	130.2	82.6
总计	5 269.3	1 667.8	982.5	2 650.3	641.1

表 7-4 油松单株(胸径 16cm)种植水分供求差额计算 kg·株$^{-1}$

月份	降水量	土壤蒸发	树木蒸腾	耗水量	供求差额
4	282.2	312.6	71.8	384.4	102.2
5	546.2	482.8	194.8	677.6	131.3
6	1 245.2	507.1	136.3	643.4	-601.8
7	3 287.3	451.5	123.3	574.8	-2 712.5
8	2 141.7	392.5	93.5	486.0	-1 655.7
9	149.4	260.5	112.9	373.4	224.0
10	69.7	37.0	119.1	156.1	86.4
总计	7 721.7	2 444.0	851.7	3 295.7	543.9

表 7-5 元宝枫单株(胸径 16cm)种植水分供求差额计算 kg·株$^{-1}$

月份	降水量	土壤蒸发	树木蒸腾	耗水量	供求差额
4	307.5	340.5	130.6	471.2	163.7
5	595.0	525.9	267.7	793.6	198.6
6	1 356.5	552.4	258.1	810.5	-546.0
7	3 581.0	491.9	320.4	812.3	-2 768.7
8	2 333.1	427.5	173.2	600.8	-1 732.3
9	162.8	283.8	203.5	487.3	324.5
10	76.0	40.4	164.4	204.7	128.7
总计	8 411.9	2 662.4	1 517.9	4 180.3	815.8

表 7-6 刺槐单株(胸径 16cm)种植水分供求差额计算 kg·株$^{-1}$

月份	降水量	土壤蒸发	树木蒸腾	耗水量	供求差额
4	464.6	513.7	140.4	654.1	189.5
5	899.2	795.2	419.7	1214.9	315.7
6	2 049.8	833.4	208.3	1041.7	-1 008.0
7	5 411.3	743.3	355.6	1098.9	-4 312.5

（续）

月份	降水量	土壤蒸发	树木蒸腾	耗水量	供求差额
8	3 525.6	644.9	406.5	1051.4	-2474.2
9	246.0	429.0	494.5	923.5	677.5
10	114.8	60.1	447.9	508.0	393.2
总计	12 711.3	4 019.7	2 472.9	6 492.6	1 576.0

表 7-7 银杏单株(胸径 16cm)种植水分供求差额计算 kg·株$^{-1}$

月份	降水量	土壤蒸发	树木蒸腾	耗水量	供求差额
4	418.5	462.8	107.8	570.6	152.1
5	809.9	716.4	316.2	1032.6	222.7
6	1 846.3	750.8	265.9	1016.7	-829.6
7	4 874.3	669.6	307.7	977.3	-3 897.0
8	3 175.7	581.0	499.0	1080.0	-2 095.7
9	221.6	386.5	454.5	841.0	619.4
10	103.4	54.2	373.0	427.2	323.8
总计	11 449.7	3 621.2	2 324.1	5 945.3	1 318.0

从表 7-3 ~ 7-7 可知，在 4、5、9、10 月，乔木单株土壤水分支出大于收入，供求差额为正值，6、7、8 月则相反，收入大于支出，供求差额为负值。生长期(4 ~ 10 月)单株冠幅范围内土壤水分盈余量侧柏为 2 619kg、油松为 4 426kg、元宝枫为 4 231kg、刺槐为 6 218.6 kg、银杏为 5 504.3 kg。虽然按整个生长期计算绿地有大量盈余的水分，但供求差额为正值的月份还是需要灌溉，也就是说虽然 6 ~ 8 月土壤水分收入大大超过支出，但并不能作为其他月份不灌溉的理由。因为北京 6 ~ 8 月降水量占全年降水量的 65% 以上，多数降水不是保存在绿地土壤中，而是通过地表径流和深层渗透流失了。因此，全年(生长期)总灌溉量为供求差额为正值的各月供求差额之和。

表 7-8 侧柏单株种植各月灌溉量和灌溉次数计算

胸径 (cm)	灌溉量 (kg·株$^{-1}$)	各月灌溉次数							合计
		4 月	5 月	6 月	7 月	8 月	9 月	10 月	
8	44.0	1	0	0	0	0	1	0	2
10	52.7	2	1	0	0	0	1	1	5
12	67.4	2	1	0	0	0	2	1	6
14	102.1	2	1	0	0	0	1	1	5
16	144.0	2	1	0	0	0	1	1	5
18	159.5	2	1	0	0	0	1	1	5
20	175.9	2	1	0	0	0	1	1	5

表 7-9　油松单株种植各月灌溉量和灌溉次数计算

胸径(cm)	灌溉量(kg·株$^{-1}$)	各月灌溉次数							合计
		4月	5月	6月	7月	8月	9月	10月	
8	78.2	1	0	0	0	0	1	0	2
10	115.2	1	1	0	0	0	1	0	3
12	144.0	0	1	0	0	0	1	1	3
14	175.9	1	1	0	0	0	1	1	4
16	211.0	1	1	0	0	0	1	1	4
18	229.7	1	1	0	0	0	1	0	3
20	259.3	1	1	0	0	0	1	0	3

表 7-10　元宝枫单株种植各月灌溉量和灌溉次数计算

胸径(cm)	灌溉量(kg·株$^{-1}$)	各月灌溉次数							合计
		4月	5月	6月	7月	8月	9月	10月	
8	62.3	1	0	0	0	0	1	0	2
10	72.7	1	1	0	0	0	2	1	5
12	108.6	1	2	0	0	0	2	1	6
14	159.5	1	1	0	0	0	2	1	5
16	229.7	1	1	0	0	0	2	1	5
18	269.6	1	1	0	0	0	2	1	5
20	312.6	1	1	0	0	0	1	1	4

表 7-11　刺槐单株种植各月灌溉量和灌溉次数计算

胸径(cm)	灌溉量(kg·株$^{-1}$)	各月灌溉次数							合计
		4月	5月	6月	7月	8月	9月	10月	
8	211.0	1	1	0	0	0	2	1	5
10	239.4	1	1	0	0	0	2	1	5
12	269.6	1	1	0	0	0	2	1	5
14	312.6	1	1	0	0	0	2	1	5
16	347.0	1	1	0	0	0	2	1	5
18	383.2	1	1	0	0	0	2	1	5
20	434.3	1	1	0	0	0	1	1	4

表 7-12　银杏单株种植各月灌溉量和灌溉次数计算

胸径(cm)	灌溉量(kg·株$^{-1}$)	各月灌溉次数							合计
		4月	5月	6月	7月	8月	9月	10月	
8	144.0	1	1	0	0	0	2	1	5
10	175.9	1	1	0	0	0	2	1	5
12	211.0	1	1	0	0	0	2	1	5

（续）

胸径（cm）	灌溉量（kg·株$^{-1}$）	各月灌溉次数							合计
		4月	5月	6月	7月	8月	9月	10月	
14	249.2	1	1	0	0	0	2	1	5
16	312.6	1	1	0	0	0	2	1	5
18	358.9	1	1	0	0	0	2	2	6
20	408.4	1	1	0	0	0	3	2	7

由表7-8～7-12可见，乔木各径阶树木各月需要灌溉的次数较少，6～8月不需灌溉，其他各月一般只需灌溉1～2次。由于乔木灌溉要求湿润的土层比较厚，达50cm，故一次灌溉的量比较大。例如20cm径阶的刺槐，每次灌溉量为434.3kg(表7-11)，因此，要求在灌溉时必须开好围堰，让水缓慢渗透，防止跑水。根据计算结果，6～8月不需灌溉，但如果长时间不下雨，也要考虑灌溉。表7-8～7-12是根据树木冠幅范围土壤水分平衡进行计算的，考虑到树木根系可以在更广阔的范围内吸收水分，实际灌溉次数可以更少些，但如果树木移植不久，扎根尚浅，或城市地形和地下工程把树木的根系限制在较小的范围内，则应在此基础上适当增加灌溉次数。

(2)乔木片林　设定乔木按纯林配置，平均胸径16cm，每公顷种植750株，林下植被稀少，其地被物的蒸腾忽略不计，林下土壤蒸散量按轻度缺水计算，则乔木片林的耗水量、水分供求差额见表7-13～7-20。

表7-13　侧柏片林各月耗水量和水分供求差额计算　　$m^3\cdot hm^{-2}$

月份	降水量	林地蒸散	林木耗水量	总耗水量	供求差额
4	170	188	161.84	349.84	179.84
5	329	291	135.88	426.88	97.88
6	750	305	133.17	438.17	-311.83
7	1 980	272	83.35	355.35	-1 624.65
8	1 290	236	62.70	298.70	-991.30
9	90	157	81.24	238.24	148.24
10	42	22	78.70	100.70	58.70
总计	4 651	1 471	736.88	2 207.88	484.65

表7-14　油松片林各月耗水量和水分供求差额计算　　$m^3\cdot hm^{-2}$

月份	降水量	林地蒸散	林木耗水量	总耗水量	供求差额
4	170	188	161.59	349.59	179.59
5	329	291	146.08	437.08	108.08
6	750	305	102.22	407.22	-342.78
7	1 980	272	92.46	364.46	-1 615.54
8	1 290	236	70.15	306.15	-983.85
9	90	157	84.70	241.70	151.70
10	42	22	89.31	111.31	69.31
总计	4 651	1 471	746.51	2 217.51	508.67

表 7-15　元宝枫片林各月耗水量和水分供求差额计算　$m^3 \cdot hm^{-2}$

月份	降水量	林地蒸散	林木耗水量	总耗水量	供求差额
4	170	188	293.97	481.97	311.97
5	329	291	200.78	491.78	162.78
6	750	305	193.55	498.55	-251.45
7	1 980	272	240.33	512.33	-1 467.67
8	1 290	236	129.91	365.91	-924.09
9	90	157	152.62	309.62	219.62
10	42	22	123.26	145.26	103.26
总计	4 651	1 471	1 334.42	2 805.42	797.63

表 7-16　刺槐片林各月耗水量和水分供求差额计算　$m^3 \cdot hm^{-2}$

月份	降水量	林地蒸散	林木耗水量	总耗水量	供求差额
4	170	188	88.44	276.44	106.44
5	329	291	167.96	458.96	129.96
6	750	305	167.80	472.80	-277.20
7	1 980	272	146.60	418.60	-1 561.41
8	1 290	236	276.14	512.14	-777.86
9	90	157	269.59	426.59	336.59
10	42	22	249.89	271.89	229.89
总计	4 651	1 471	1 366.41	2 837.41	802.88

表 7-17　槐树片林各月耗水量和水分供求差额计算　$m^3 \cdot hm^{-2}$

月份	降水量	林地蒸散	林木耗水量	总耗水量	供求差额
4	170	188	0	188.00	18.00
5	329	291	104.55	395.55	66.55
6	750	305	95.40	400.40	-349.60
7	1 980	272	133.28	405.28	-1 574.73
8	1 290	236	229.73	465.73	-824.28
9	90	157	215.33	372.33	282.33
10	42	22	188.55	210.55	168.55
总计	4 651	1 471	966.83	2 437.83	535.43

表 7-18　银杏片林各月耗水量和水分供求差额计算　$m^3 \cdot hm^{-2}$

月份	降水量	林地蒸散	林木耗水量	总耗水量	供求差额
4	170	188	78.90	266.90	96.90
5	329	291	231.32	522.32	193.32
6	750	305	194.63	499.63	-250.38
7	1 980	272	225.23	497.23	-1 482.77
8	1 290	236	365.12	601.12	-688.89
9	90	157	332.48	489.48	399.48
10	42	22	272.98	294.98	252.98
总计	4 651	1 471	1 700.65	3 171.65	942.68

表 7-19 鹅掌楸片林各月耗水量和水分供求差额计算 $m^3 \cdot hm^{-2}$

月份	降水量	林地蒸散	林木耗水量	总耗水量	供求差额
4	170	188	208.95	396.95	226.95
5	329	291	661.43	952.43	623.43
6	750	305	557.93	862.93	112.93
7	1 980	272	503.33	775.33	-1 204.68
8	1 290	236	533.33	769.33	-520.68
9	90	157	661.58	818.58	728.58
10	42	22	557.03	579.03	537.03
总计	4 651	1 471	3 683.55	5 154.55	2 228.90

表 7-20 白玉兰片林各月耗水量和水分供求差额计算 $m^3 \cdot hm^{-2}$

月份	降水量	林地蒸散	林木耗水量	总耗水量	供求差额
4	170	188	185.10	373.10	203.10
5	329	291	529.28	820.28	491.28
6	750	305	545.55	850.55	100.55
7	1 980	272	230.85	502.85	-1 477.15
8	1 290	236	304.43	540.43	-749.58
9	90	157	613.73	770.73	680.73
10	42	22	613.05	635.05	593.05
总计	4 651	1 471	3 021.98	4 492.98	2 068.70

从表 7-13 ~ 7-20 可以看出，以月度为单位计算水分供求差额时，侧柏、油松、元宝枫、刺槐、槐树和银杏片林 4、5、9、10 月水分出现亏缺，6 ~ 8 月都有盈余；鹅掌楸和白玉兰片林 4、5、6、9、10 月水分出现亏缺，7、8 月有盈余。按整个生长期计算的水分供求差额均为正值，数值从大到小依次为侧柏 2 443.1 $m^3 \cdot hm^{-2}$、油松 2 433.5 $m^3 \cdot hm^{-2}$、槐树 2 213.2 $m^3 \cdot hm^{-2}$、元宝枫 1 845.6 $m^3 \cdot hm^{-2}$、刺槐 1 813.6 $m^3 \cdot hm^{-2}$、银杏 1 479.4 $m^3 \cdot hm^{-2}$、鹅掌楸 503.6 $m^3 \cdot hm^{-2}$、白玉兰 158.0 $m^3 \cdot hm^{-2}$。森林具有良好的蓄水保水能力，即使降雨强度大，也不容易形成地表径流，因此按整个生长期统计的水分收支余额能较好地反映森林的水文效益。从研究结果可以看出，侧柏、油松和槐树等低耗水树种生长期林分水分盈余量为鹅掌楸、白玉兰等高耗水树种的 5 ~ 15 倍。因此，要取得良好的水文效益，正确选择树种至关重要。

表 7-21 乔木片林灌溉量和灌溉次数计算

树种	灌溉量 ($m^3 \cdot hm^{-2}$)	各月灌溉次数							生长期
		4 月	5 月	6 月	7 月	8 月	9 月	10 月	
侧柏	254	1	1	0	0	0	1	1	4
油松	254	1	1	0	0	0	1	1	4
元宝枫	254	1	1	0	0	0	1	1	4
刺槐	254	1	1	0	0	0	1	1	4
槐树	254	1	0	0	0	0	1	1	3
银杏	254	1	1	0	0	0	2	1	5
鹅掌楸	254	1	2	0	0	0	3	2	8
白玉兰	254	1	2	0	0	0	3	2	8

从表7-21可以看到，片林按月计算的灌溉次数不多，6～8月不需灌溉。考虑到乔木大树的抗旱能力很强，在发生干旱时，根系能利用深层土壤的水分。因此，在生产实际中除非出现严重干旱，可不灌溉或仅在入冬前灌1次“冬水”，在开春后灌1次“春水”。

7.4.3.2 乔灌型绿地

设计该配置模式中乔木为疏林状种植，每公顷种植300株，平均胸径16cm。据观测，在这种密度下林分的郁闭度约为0.5。灌木呈块状配置在乔木树冠下，由于乔木树冠对阳光的阻挡，灌木处于半光照状态。各种乔灌型绿地的耗水量、水分供求差额和灌溉次数的计算结果见表7-22～7-37。

表7-22 侧柏＋灌木绿地不同养护等级各月耗水量和水分供求差额计算 kg·m⁻²

配置类型	供水等级	月份	4月	5月	6月	7月	8月	9月	10月	合计
		降水量*	17.0	32.9	75.0	198.0	129.0	9.0	4.2	465.1
侧柏＋金叶女贞	充分供水	耗水量	100.2	117.4	137.7	134.7	128.5	59.8	40.7	718.9
		供求差额	83.2	84.5	62.7	－63.3	－0.5	50.8	36.5	317.6
	轻度缺水	耗水量	77.5	89.2	94.6	92.1	87.7	38.8	26.0	506.0
		供求差额	60.5	56.3	19.6	－105.9	－41.3	29.8	21.8	188.1
	中度缺水	耗水量	35.6	41.2	50.6	47.7	45.2	23.5	16.1	259.9
		供求差额	18.6	8.3	－24.4	－150.3	－83.8	14.5	11.9	53.2
侧柏＋大叶黄杨	充分供水	耗水量	88.7	100.7	116.1	105.0	97.7	48.7	28.2	585.1
		供求差额	71.7	67.8	41.1	－93.0	－31.3	39.7	24.0	224.4
	轻度缺水	耗水量	59.7	67.5	75.7	67.8	62.7	30.4	16.6	380.5
		供求差额	42.7	34.6	0.7	－130.2	－66.3	21.4	12.4	111.9
	中度缺水	耗水量	26.4	30.7	40.0	34.8	31.7	17.7	9.9	191.2
		供求差额	9.4	－2.2	－35.0	－163.2	－97.3	8.7	5.7	23.8
侧柏＋小叶黄杨	充分供水	耗水量	69.3	81.3	84.2	74.1	67.1	57.5	36.0	469.5
		供求差额	52.3	48.4	9.2	－123.9	－61.9	48.5	31.8	190.2
	轻度缺水	耗水量	46.6	54.3	57.1	49.7	44.9	38.1	23.8	314.5
		供求差额	29.6	21.4	－17.9	－148.3	－84.1	29.1	19.6	99.7
	中度缺水	耗水量	30.7	34.5	36.0	30.8	27.5	24.0	15.9	199.2
		供求差额	13.7	1.6	－39.0	－167.2	－101.5	15.0	11.7	41.9
侧柏＋紫叶小檗	充分供水	耗水量	168.6	183.3	163.8	156.4	149.4	120.8	102.0	1044.4
		供求差额	151.6	150.4	88.8	－41.6	20.4	111.8	97.8	620.9
	轻度缺水	耗水量	115.1	124.7	111.3	105.3	100.6	82.1	69.5	708.6
		供求差额	98.1	91.8	36.3	－92.7	－28.4	73.1	65.3	364.7
	中度缺水	耗水量	85.5	90.3	79.9	75.6	72.4	59.9	52.8	516.4
		供求差额	68.5	57.4	4.9	－122.4	－56.6	50.9	48.6	230.3
侧柏＋铺地柏	充分供水	耗水量	61.6	75.2	95.6	86.5	79.7	45.5	25.2	469.3
		供求差额	44.6	42.3	20.6	－111.5	－49.3	36.5	21.0	165.0
	轻度缺水	耗水量	47.1	55.8	66.9	60.0	55.1	29.6	16.0	330.5
		供求差额	30.1	22.9	－8.1	－138.0	－73.9	20.6	11.8	85.3
	中度缺水	耗水量	31.1	35.6	43.8	38.8	35.7	18.1	10.3	213.4
		供求差额	14.1	2.7	－31.2	－159.2	－93.3	9.1	6.1	32.0

注：降水量单位为mm，下同。

表 7-23 油松 + 灌木绿地不同养护等级各月耗水量和水分供求差额计算 kg · m^{-2}

配置类型	供水等级	月份	4月	5月	6月	7月	8月	9月	10月	合计
		降水量	17.0	32.9	75.0	198.0	129.0	9.0	4.2	465.1
油松+金叶女贞	充分供水	耗水量	100.2	117.8	136.5	135.0	128.8	59.9	41.1	719.2
		供求差额	83.2	84.9	61.5	-63.0	-0.2	50.9	36.9	317.3
	轻度缺水	耗水量	77.5	89.6	93.3	92.5	88.0	39.0	26.4	506.4
		供求差额	60.5	56.7	18.3	-105.5	-41.0	30.0	22.2	187.8
	中度缺水	耗水量	35.6	41.6	49.3	48.1	45.5	23.6	16.5	260.3
		供求差额	18.6	8.7	-25.7	-149.9	-83.5	14.6	12.3	54.2
油松+大叶黄杨	充分供水	耗水量	88.7	101.2	114.9	105.3	98.0	48.9	28.6	585.5
		供求差额	71.7	68.3	39.9	-92.7	-31.0	39.9	24.4	244.1
	轻度缺水	耗水量	59.7	67.9	74.5	68.2	63.0	30.6	17.0	380.9
		供求差额	42.7	35.0	-0.5	-129.8	-66.0	21.6	12.8	112.1
	中度缺水	耗水量	26.4	31.1	38.8	35.2	32.0	17.8	10.3	191.6
		供求差额	9.4	-1.8	-36.2	-162.8	-97.0	8.8	6.1	24.4
油松+小叶黄杨	充分供水	耗水量	69.3	81.7	83.0	74.5	67.4	57.6	36.4	469.9
		供求差额	52.3	48.8	8.0	-123.5	-61.6	48.6	32.2	189.9
	轻度缺水	耗水量	46.6	54.7	55.9	50.0	45.2	38.2	24.3	314.9
		供求差额	29.6	21.8	-19.1	-148.0	-83.8	29.2	20.1	100.6
	中度缺水	耗水量	30.7	34.9	34.7	31.1	27.8	24.1	16.3	199.6
		供求差额	13.7	2.0	-40.3	-166.9	-101.2	15.1	12.1	42.9
油松+紫叶小檗	充分供水	耗水量	168.6	183.7	162.6	156.8	149.7	121.0	102.5	1044.8
		供求差额	151.6	150.8	87.6	-41.2	20.7	112.0	98.3	620.9
	轻度缺水	耗水量	115.1	125.1	110.0	105.7	100.9	82.3	70.0	709.0
		供求差额	98.1	92.2	35.0	-92.3	-28.1	73.3	65.8	364.4
	中度缺水	耗水量	85.5	90.7	78.7	75.9	72.7	60.1	53.2	516.8
		供求差额	68.5	57.8	3.7	-122.1	-56.3	51.1	49.0	230.1
油松+铺地柏	充分供水	耗水量	61.6	75.6	94.4	86.9	80.0	45.6	25.6	469.7
		供求差额	44.6	42.7	19.4	-111.1	-49.0	36.6	21.4	164.7
	轻度缺水	耗水量	47.1	56.2	65.7	60.4	55.4	29.7	16.4	330.9
		供求差额	30.1	23.3	-9.3	-137.6	-73.6	20.7	12.2	86.3
	中度缺水	耗水量	31.1	36.0	42.6	39.1	36.0	18.2	10.7	213.8
		供求差额	14.1	3.1	-32.4	-158.9	-93.0	9.2	6.5	33.0

表 7-24 元宝枫 + 灌木绿地不同养护等级各月耗水量和水分供求差额计算 kg·m^{-2}

配置类型	供水等级	月份	4月	5月	6月	7月	8月	9月	10月	合计
		降水量	17.0	32.9	75.0	198.0	129.0	9.0	4.2	465.1
元宝枫+金叶女贞	充分供水	耗水量	105.5	120.0	140.1	141.0	131.1	62.6	42.5	742.8
		供求差额	88.5	87.1	65.1	-57.0	2.1	53.6	38.3	334.7
	轻度缺水	耗水量	82.8	91.8	97.0	98.4	90.4	41.7	27.8	529.9
		供求差额	65.8	58.9	22.0	-99.6	-38.6	32.7	23.6	203.0
	中度缺水	耗水量	40.9	43.8	53.0	54.0	47.9	26.3	17.8	283.8
		供求差额	23.9	10.9	-22.0	-144.0	-81.1	17.3	13.6	65.8
元宝枫+大叶黄杨	充分供水	耗水量	94.0	103.3	118.5	111.2	100.4	51.6	29.9	609.0
		供求差额	77.0	70.4	43.5	-86.8	-28.6	42.6	25.7	259.3
	轻度缺水	耗水量	65.0	70.1	78.1	74.1	65.4	33.3	18.4	404.4
		供求差额	48.0	37.2	3.1	-123.9	-63.6	24.3	14.2	126.8
	中度缺水	耗水量	31.7	33.3	42.4	41.1	34.4	20.5	11.7	215.1
		供求差额	14.7	0.4	-32.6	-156.9	-94.6	11.5	7.5	34.1
元宝枫+小叶黄杨	充分供水	耗水量	74.6	83.9	86.6	80.4	69.8	60.3	37.8	493.4
		供求差额	57.6	51.0	11.6	-117.6	-59.2	51.3	33.6	205.1
	轻度缺水	耗水量	51.9	56.9	59.6	55.9	47.6	40.9	25.6	338.4
		供求差额	34.9	24.0	-15.4	-142.1	-81.4	31.9	21.4	112.2
	中度缺水	耗水量	36.0	37.1	38.4	37.0	30.1	26.8	17.7	223.1
		供求差额	19.0	4.2	-36.6	-161.0	-98.9	17.8	13.5	54.5
元宝枫+紫叶小檗	充分供水	耗水量	173.9	185.9	166.2	162.7	152.1	123.7	103.8	1068.3
		供求差额	156.9	153.0	91.2	-35.3	23.1	114.7	99.6	638.5
	轻度缺水	耗水量	120.4	127.3	113.7	111.6	103.2	85.0	71.3	732.5
		供求差额	103.4	94.4	38.7	-86.4	-25.8	76.0	67.1	379.6
	中度缺水	耗水量	90.8	92.9	82.4	81.9	75.1	62.8	54.6	540.3
		供求差额	73.8	60.0	7.4	-116.1	-53.9	53.8	50.4	245.3
元宝枫+铺地柏	充分供水	耗水量	66.9	77.8	98.0	92.8	82.4	48.3	26.9	493.2
		供求差额	49.9	44.9	23.0	-105.2	-46.6	39.3	22.7	179.9
	轻度缺水	耗水量	52.4	58.4	69.3	66.3	57.8	32.4	17.8	354.4
		供求差额	35.4	25.5	-5.7	-131.7	-71.2	23.4	13.6	97.9
	中度缺水	耗水量	36.4	38.2	46.2	45.1	38.4	21.0	12.1	237.3
		供求差额	19.4	5.3	-28.8	-152.9	-90.6	12.0	7.9	44.5

表 7-25 刺槐＋灌木绿地不同养护等级各月耗水量和水分供求差额计算 kg · m^{-2}

配置类型	供水等级	月份	4月	5月	6月	7月	8月	9月	10月	合计
		降水量	17.0	32.9	75.0	198.0	129.0	9.0	4.2	465.1
刺槐＋金叶女贞	充分供水	耗水量	97.9	124.5	138.6	142.0	138.1	71.3	51.0	763.6
		供求差额	80.9	91.6	63.6	-56.0	9.1	62.3	46.8	354.5
	轻度缺水	耗水量	75.3	96.4	95.5	99.5	97.4	50.4	36.3	550.7
		供求差额	58.3	63.5	20.5	-98.5	-31.6	41.4	32.1	215.8
	中度缺水	耗水量	33.4	48.3	51.5	55.0	54.9	35.1	26.3	304.6
		供求差额	16.4	15.4	-23.5	-143.0	-74.1	26.1	22.1	80.0
刺槐＋大叶黄杨	充分供水	耗水量	86.4	107.9	117.0	112.3	107.4	60.3	38.5	629.8
		供求差额	69.4	75.0	42.0	-85.7	-21.6	51.3	34.3	272.1
	轻度缺水	耗水量	57.5	74.6	76.7	75.1	72.4	42.0	26.9	425.2
		供求差额	40.5	41.7	1.7	-122.9	-56.6	33.0	22.7	139.6
	中度缺水	耗水量	24.2	37.9	40.9	42.1	41.3	29.3	20.2	235.9
		供求差额	7.2	5.0	-34.1	-155.9	-87.7	20.3	16.0	48.4
刺槐＋小叶黄杨	充分供水	耗水量	67.0	88.5	85.1	81.5	76.8	69.1	46.3	514.3
		供求差额	50.0	55.6	10.1	-116.5	-52.2	60.1	42.1	217.9
	轻度缺水	耗水量	44.3	61.4	58.1	57.0	54.6	49.7	34.1	359.2
		供求差额	27.3	28.5	-16.9	-141.0	-74.4	40.7	29.9	126.4
	中度缺水	耗水量	28.4	41.6	36.9	38.1	37.1	35.6	26.2	243.9
		供求差额	11.4	8.7	-38.1	-159.9	-91.9	26.6	22.0	68.7
刺槐＋紫叶小檗	充分供水	耗水量	166.3	190.5	164.7	163.8	159.1	132.4	112.3	1089.1
		供求差额	149.3	157.6	89.7	-34.2	30.1	123.4	108.1	658.3
	轻度缺水	耗水量	112.8	131.8	112.2	112.6	110.2	93.7	79.8	753.3
		供求差额	95.8	98.9	37.2	-85.4	-18.8	84.7	75.6	392.4
	中度缺水	耗水量	83.2	97.4	80.9	82.9	82.1	71.5	63.1	561.1
		供求差额	66.2	64.5	5.9	-115.1	-46.9	62.5	58.9	258.0
刺槐＋铺地柏	充分供水	耗水量	59.4	82.3	96.5	93.8	89.4	57.0	35.4	514.0
		供求差额	42.4	49.4	21.5	-104.2	-39.6	48.0	31.2	192.7
	轻度缺水	耗水量	44.8	63.0	67.9	67.4	64.8	41.2	26.3	375.2
		供求差额	27.8	30.1	-7.1	-130.6	-64.2	32.2	22.1	112.1
	中度缺水	耗水量	28.8	42.8	44.8	46.1	45.4	29.7	20.6	258.1
		供求差额	11.8	9.9	-30.2	-151.9	-83.6	20.7	16.4	58.8

表 7-26　槐树 + 灌木绿地不同养护等级各月耗水量和水分供求差额计算　　kg · m⁻²

配置类型	供水等级	月份	4月	5月	6月	7月	8月	9月	10月	合计
		降水量	17.0	32.9	75.0	198.0	129.0	9.0	4.2	465.1
槐树+金叶女贞	充分供水	耗水量	93.7	116.1	136.2	136.7	135.1	65.1	45.1	728.1
		供求差额	76.7	83.2	61.2	-61.3	6.1	56.1	40.9	324.3
	轻度缺水	耗水量	71.1	88.0	93.0	94.1	94.4	44.2	30.4	515.2
		供求差额	54.1	55.1	18.0	-103.9	-34.6	35.2	26.2	188.6
	中度缺水	耗水量	29.2	39.9	49.1	49.7	51.9	28.8	20.5	269.1
		供求差额	12.2	7.0	-25.9	-148.3	-77.1	19.8	16.3	55.3
槐树+大叶黄杨	充分供水	耗水量	82.2	99.5	114.6	107.0	104.4	54.1	32.6	594.3
		供求差额	65.2	66.6	39.6	-91.0	-24.6	45.1	28.4	244.9
	轻度缺水	耗水量	53.3	66.2	74.2	69.8	69.4	35.8	21.0	389.7
		供求差额	36.3	33.3	-0.8	-128.2	-59.6	26.8	16.8	113.2
	中度缺水	耗水量	20.0	29.5	38.5	36.8	38.3	23.1	14.3	200.4
		供求差额	3.0	-3.4	-36.5	-161.2	-90.7	14.1	10.1	27.1
槐树+小叶黄杨	充分供水	耗水量	62.8	80.1	82.7	76.1	73.8	62.9	40.4	478.7
		供求差额	45.8	47.2	7.7	-121.9	-55.2	53.9	36.2	190.7
	轻度缺水	耗水量	40.1	53.0	55.6	51.7	51.6	43.4	28.2	323.7
		供求差额	23.1	20.1	-19.4	-146.3	-77.4	34.4	24.0	101.7
	中度缺水	耗水量	24.2	33.2	34.5	32.8	34.1	29.3	20.3	208.4
		供求差额	7.2	0.3	-40.5	-165.2	-94.9	20.3	16.1	44.0
槐树+紫叶小檗	充分供水	耗水量	162.1	182.1	162.3	158.4	156.1	126.2	106.4	1053.6
		供求差额	145.1	149.2	87.3	-39.6	27.1	117.2	102.2	628.1
	轻度缺水	耗水量	108.6	123.4	109.8	107.3	107.2	87.5	73.9	717.8
		供求差额	91.6	90.5	34.8	-90.7	-21.8	78.5	69.7	365.2
	中度缺水	耗水量	79.0	89.0	78.4	77.6	79.1	65.3	57.2	525.6
		供求差额	62.0	56.1	3.4	-120.4	-49.9	56.3	53.0	230.9
槐树+铺地柏	充分供水	耗水量	55.2	73.9	94.1	88.5	86.4	50.8	29.6	478.5
		供求差额	38.2	41.0	19.1	-109.5	-42.6	41.8	25.4	165.5
	轻度缺水	耗水量	40.6	54.6	65.4	62.0	61.8	34.9	20.4	339.7
		供求差额	23.6	21.7	-9.6	-136.0	-67.2	25.9	16.2	87.4
	中度缺水	耗水量	24.6	34.3	42.3	40.8	42.4	23.5	14.7	222.6
		供求差额	7.6	1.4	-32.7	-157.2	-86.6	14.5	10.5	34.0

表 7-27 银杏+灌木绿地不同养护等级各月耗水量和水分供求差额计算 kg·m^{-2}

配置类型	供水等级	月份	4月	5月	6月	7月	8月	9月	10月	合计
		降水量	17.0	32.9	75.0	198.0	129.0	9.0	4.2	465.1
银杏+金叶女贞	充分供水	耗水量	97.0	121.4	140.4	140.6	140.9	70.1	48.7	759.1
		供求差额	80.0	88.5	65.4	-57.4	11.9	61.1	44.5	351.4
	轻度缺水	耗水量	74.3	93.3	97.2	98.0	100.2	49.2	34.1	546.2
		供求差额	57.3	60.4	22.2	-100.0	-28.8	40.2	29.9	210.0
	中度缺水	耗水量	32.4	45.2	53.2	53.6	57.7	33.9	24.1	300.1
		供求差额	15.4	12.3	-21.8	-144.4	-71.3	24.9	19.9	72.5
银杏+大叶黄杨	充分供水	耗水量	85.5	104.8	118.8	110.9	110.1	59.1	36.2	625.4
		供求差额	68.5	71.9	43.8	-87.1	-18.9	50.1	32.0	266.3
	轻度缺水	耗水量	56.5	71.5	78.4	73.7	75.2	40.8	24.7	420.8
		供求差额	39.5	38.6	3.4	-124.3	-53.8	31.8	20.5	133.8
	中度缺水	耗水量	23.2	34.8	42.7	40.7	44.1	28.1	17.9	231.4
		供求差额	6.2	1.9	-32.3	-157.3	-84.9	19.1	13.7	40.9
银杏+小叶黄杨	充分供水	耗水量	66.0	85.4	86.8	80.0	79.6	67.9	44.1	509.8
		供求差额	49.0	52.5	11.8	-118.0	-49.4	58.9	39.9	212.1
	轻度缺水	耗水量	43.3	58.3	59.8	55.6	57.4	48.5	31.9	354.8
		供求差额	26.3	25.4	-15.2	-142.4	-71.6	39.5	27.7	118.9
	中度缺水	耗水量	27.4	38.5	38.6	36.7	39.9	34.4	23.9	239.5
		供求差额	10.4	5.6	-36.4	-161.3	-89.1	25.4	19.7	61.2
银杏+紫叶小檗	充分供水	耗水量	165.3	187.4	166.4	162.3	161.9	131.2	110.1	1084.7
		供求差额	148.3	154.5	91.4	-35.7	32.9	122.2	105.9	655.2
	轻度缺水	耗水量	111.9	128.7	113.9	111.2	113.0	92.5	77.6	748.9
		供求差额	94.9	95.8	38.9	-86.8	-16.0	83.5	73.4	386.6
	中度缺水	耗水量	82.3	94.3	82.6	81.5	84.8	70.3	60.9	556.7
		供求差额	65.3	61.4	7.6	-116.5	-44.2	61.3	56.7	252.2
银杏+铺地柏	充分供水	耗水量	58.4	79.2	98.3	92.4	92.2	55.8	33.2	509.6
		供求差额	41.4	46.3	23.3	-105.6	-36.8	46.8	29.0	186.9
	轻度缺水	耗水量	43.8	59.9	69.6	65.9	67.5	40.0	24.0	370.8
		供求差额	26.8	27.0	-5.4	-132.1	-61.5	31.0	19.8	104.6
	中度缺水	耗水量	27.9	39.6	46.5	44.7	48.1	28.5	18.3	253.6
		供求差额	10.9	6.7	-28.5	-153.3	-80.9	19.5	14.1	51.2

表 7-28 鹅掌楸＋灌木绿地不同养护等级各月耗水量和水分供求差额计算 kg·m^-2

配置类型	供水等级	月份	4月	5月	6月	7月	8月	9月	10月	合计
		降水量	17.0	32.9	75.0	198.0	129.0	9.0	4.2	465.1
鹅掌楸＋金叶女贞	充分供水	耗水量	102.1	138.4	154.7	151.5	147.3	83.0	59.8	836.7
		供求差额	85.1	105.5	79.7	-46.5	18.3	74.0	55.6	418.1
	轻度缺水	耗水量	79.4	110.2	111.5	108.9	106.5	62.0	45.2	623.8
		供求差额	62.4	77.3	36.5	-89.1	-22.5	53.0	41.0	270.3
	中度缺水	耗水量	37.5	62.2	67.6	64.5	64.1	46.7	35.2	377.7
		供求差额	20.5	29.3	-7.4	-133.5	-64.9	37.7	31.0	118.5
鹅掌楸＋大叶黄杨	充分供水	耗水量	90.6	121.8	133.1	121.8	116.5	71.9	47.3	703.0
		供求差额	73.6	88.9	58.1	-76.2	-12.5	62.9	43.1	326.6
	轻度缺水	耗水量	61.6	88.5	92.7	84.6	81.5	53.7	35.8	498.4
		供求差额	44.6	55.6	17.7	-113.4	-47.5	44.7	31.6	194.1
	中度缺水	耗水量	28.3	51.7	57.0	51.6	50.5	40.9	29.0	309.1
		供求差额	11.3	18.8	-18.0	-146.4	-78.5	31.9	24.8	86.9
鹅掌楸＋小叶黄杨	充分供水	耗水量	71.2	102.3	101.2	90.9	85.9	80.7	55.2	587.4
		供求差额	54.2	69.4	26.2	-107.1	-43.1	71.7	51.0	272.4
	轻度缺水	耗水量	48.5	75.3	74.1	66.5	63.8	61.3	43.0	432.4
		供求差额	31.5	42.4	-0.9	-131.5	-65.2	52.3	38.8	164.9
	中度缺水	耗水量	32.6	55.5	53.0	47.6	46.3	47.2	35.0	317.1
		供求差额	15.6	22.6	-22.0	-150.4	-82.7	38.2	30.8	107.2
鹅掌楸＋紫叶小檗	充分供水	耗水量	170.5	204.3	180.8	173.2	168.3	144.1	121.2	1162.3
		供求差额	153.5	171.4	105.8	-24.8	39.3	135.1	117.0	722.0
	轻度缺水	耗水量	117.0	145.7	128.3	122.1	119.4	105.4	88.7	826.5
		供求差额	100.0	112.8	53.3	-75.9	-9.6	96.4	84.5	446.9
	中度缺水	耗水量	87.4	111.3	96.9	92.4	91.2	83.1	71.9	634.3
		供求差额	70.4	78.4	21.9	-105.6	-37.8	74.1	67.7	312.6
鹅掌楸＋铺地柏	充分供水	耗水量	63.5	96.2	112.6	103.3	98.6	68.7	44.3	587.2
		供求差额	46.5	63.3	37.6	-94.7	-30.4	59.7	40.1	247.2
	轻度缺水	耗水量	49.0	76.8	83.9	76.8	73.9	52.8	35.1	448.4
		供求差额	32.0	43.9	8.9	-121.2	-55.1	43.8	30.9	159.5
	中度缺水	耗水量	33.0	56.6	60.8	55.6	54.5	41.3	29.4	331.2
		供求差额	16.0	23.7	-14.2	-142.4	-74.5	32.3	25.2	97.2

表 7-29 白玉兰+灌木绿地不同养护等级各月耗水量和水分供求差额计算 kg·m^{-2}

配置类型	供水等级	月份	4月	5月	6月	7月	8月	9月	10月	合计
		降水量	17.0	32.9	75.0	198.0	129.0	9.0	4.2	465.1
白玉兰+金叶女贞	充分供水	耗水量	101.1	133.1	154.2	140.6	138.1	81.1	62.1	810.3
		供求差额	84.1	100.2	79.2	-57.4	9.1	72.1	57.9	402.6
	轻度缺水	耗水量	78.5	105.0	111.0	98.0	97.4	60.1	47.4	597.4
		供求差额	61.5	72.1	36.0	-100.0	-31.6	51.1	43.2	263.9
	中度缺水	耗水量	36.6	56.9	67.1	53.6	54.9	44.8	37.4	351.3
		供求差额	19.6	24.0	-7.9	-144.4	-74.1	35.8	33.2	112.6
白玉兰+大叶黄杨	充分供水	耗水量	89.6	116.5	132.6	110.9	107.4	70.0	49.5	676.5
		供求差额	72.6	83.6	57.6	-87.1	-21.6	61.0	45.3	320.2
	轻度缺水	耗水量	60.7	83.2	92.2	73.7	72.4	51.7	38.0	471.9
		供求差额	43.7	50.3	17.2	-124.3	-56.6	42.7	33.8	187.7
	中度缺水	耗水量	27.4	46.5	56.5	40.7	41.3	39.0	31.3	282.6
		供求差额	10.4	13.6	-18.5	-157.3	-87.7	30.0	27.1	81.0
白玉兰+小叶黄杨	充分供水	耗水量	70.2	97.0	100.7	80.0	76.8	78.8	57.4	561.0
		供求差额	53.2	64.1	25.7	-118.0	-52.2	69.8	53.2	266.0
	轻度缺水	耗水量	47.5	70.0	73.6	55.6	54.6	59.4	45.2	405.9
		供求差额	30.5	37.1	-1.4	-142.4	-74.4	50.4	41.0	159.0
	中度缺水	耗水量	31.6	50.2	52.5	36.7	37.1	45.3	37.3	290.6
		供求差额	14.6	17.3	-22.5	-161.3	-91.9	36.3	33.1	101.3
白玉兰+紫叶小檗	充分供水	耗水量	169.5	199.0	180.3	162.3	159.1	142.1	123.4	1135.8
		供求差额	152.5	166.1	105.3	-35.7	30.1	133.1	119.2	706.4
	轻度缺水	耗水量	116.0	140.4	127.8	111.2	110.2	103.4	90.9	800.0
		供求差额	99.0	107.5	52.8	-86.8	-18.8	94.4	86.7	440.5
	中度缺水	耗水量	86.4	106.0	96.4	81.5	82.1	81.2	74.2	607.8
		供求差额	69.4	73.1	21.4	-116.5	-46.9	72.2	70.0	306.2
白玉兰+铺地柏	充分供水	耗水量	62.6	90.9	112.1	92.4	89.4	66.8	46.5	560.7
		供求差额	45.6	58.0	37.1	-105.6	-39.6	57.8	42.3	240.8
	轻度缺水	耗水量	48.0	71.5	83.4	65.9	64.8	50.9	37.4	421.9
		供求差额	31.0	38.6	8.4	-132.1	-64.2	41.9	33.2	153.1
	中度缺水	耗水量	32.0	51.3	60.3	44.7	45.4	39.4	31.7	304.8
		供求差额	15.0	18.4	-14.7	-153.3	-83.6	30.4	27.5	91.3

表 7-30　侧柏 + 灌木绿地各月不同养护等级灌溉量和灌溉次数计算

绿地类型	养护等级	灌溉量 ($kg \cdot m^{-2}$)	各月灌溉次数							合计
			4 月	5 月	6 月	7 月	8 月	9 月	10 月	
侧柏 + 金叶女贞	充分供水	15.24	5	6	4	0	0	3	2	20
	轻度缺水	11.43	5	5	2	0	0	3	2	17
	中度缺水	11.43	2	1	0	0	0	1	1	5
侧柏 + 大叶黄杨	充分供水	15.24	5	4	3	0	0	3	2	17
	轻度缺水	11.43	4	3	0	0	0	2	1	10
	中度缺水	11.43	1	0	0	0	0	1	0	2
侧柏 + 小叶黄杨	充分供水	15.24	3	3	1	0	0	3	2	12
	轻度缺水	11.43	3	2	0	0	0	3	2	10
	中度缺水	11.43	1	0	0	0	0	1	1	3
侧柏 + 紫叶小檗	充分供水	15.24	10	10	6	0	1	7	6	40
	轻度缺水	11.43	9	8	3	0	0	6	6	32
	中度缺水	11.43	6	5	0	0	0	4	4	19
侧柏 + 铺地柏	充分供水	15.24	3	3	1	0	0	2	1	10
	轻度缺水	11.43	3	2	0	0	0	2	1	8
	中度缺水	11.43	1	0	0	0	0	1	1	3

表 7-31　油松 + 灌木绿地各月不同养护等级灌溉量和灌溉次数计算

绿地类型	养护等级	灌溉量 ($kg \cdot m^{-2}$)	各月灌溉次数							合计
			4 月	5 月	6 月	7 月	8 月	9 月	10 月	
油松 + 金叶女贞	充分供水	15.24	5	6	4	0	0	3	2	20
	轻度缺水	11.43	5	5	2	0	0	3	2	17
	中度缺水	11.43	2	1	0	0	0	1	1	5
油松 + 大叶黄杨	充分供水	15.24	5	4	3	0	0	3	2	17
	轻度缺水	11.43	4	3	0	0	0	2	1	10
	中度缺水	11.43	1	0	0	0	0	1	1	3
油松 + 小叶黄杨	充分供水	15.24	3	3	1	0	0	3	2	12
	轻度缺水	11.43	3	2	0	0	0	3	2	10
	中度缺水	11.43	1	0	0	0	0	1	1	3
油松 + 紫叶小檗	充分供水	15.24	10	10	6	0	1	7	6	40
	轻度缺水	11.43	9	8	3	0	0	6	6	32
	中度缺水	11.43	6	5	0	0	0	4	4	19
油松 + 铺地柏	充分供水	15.24	3	3	1	0	0	2	1	10
	轻度缺水	11.43	3	2	0	0	0	2	1	8
	中度缺水	11.43	1	0	0	0	0	1	1	3

表 7-32 元宝枫 + 灌木绿地各月不同养护等级灌溉量和灌溉次数计算

绿地类型	养护等级	灌溉量（kg · m^{-2}）	各月灌溉次数							合计
			4 月	5 月	6 月	7 月	8 月	9 月	10 月	
元宝枫 + 金叶女贞	充分供水	15.24	6	6	4	0	0	4	3	23
	轻度缺水	11.43	6	5	2	0	0	3	2	18
	中度缺水	11.43	2	1	0	0	0	2	1	6
元宝枫 + 大叶黄杨	充分供水	15.24	5	5	3	0	0	3	2	18
	轻度缺水	11.43	4	3	0	0	0	2	1	10
	中度缺水	11.43	1	0	0	0	0	1	1	3
元宝枫 + 小叶黄杨	充分供水	15.24	4	3	1	0	0	3	2	13
	轻度缺水	11.43	3	2	0	0	0	3	2	10
	中度缺水	11.43	2	0	0	0	0	2	1	5
元宝枫 + 紫叶小檗	充分供水	15.24	10	10	6	0	2	8	7	43
	轻度缺水	11.43	9	8	3	0	0	7	6	33
	中度缺水	11.43	6	5	1	0	0	5	4	21
元宝枫 + 铺地柏	充分供水	15.24	3	3	2	0	0	3	1	12
	轻度缺水	11.43	3	2	0	0	0	2	1	8
	中度缺水	11.43	2	0	0	0	0	1	1	4

表 7-33 刺槐 + 灌木绿地各月不同养护等级灌溉量和灌溉次数计算

绿地类型	养护等级	灌溉量（kg · m^{-2}）	各月灌溉次数							合计
			4 月	5 月	6 月	7 月	8 月	9 月	10 月	
刺槐 + 金叶女贞	充分供水	15.24	5	6	4	0	1	4	3	23
	轻度缺水	11.43	5	6	2	0	0	4	3	20
	中度缺水	11.43	1	1	0	0	0	2	2	6
刺槐 + 大叶黄杨	充分供水	15.24	5	5	3	0	0	3	2	18
	轻度缺水	11.43	4	4	0	0	0	3	2	13
	中度缺水	11.43	1	0	0	0	0	2	1	4
刺槐 + 小叶黄杨	充分供水	15.24	3	4	1	0	0	4	3	15
	轻度缺水	11.43	2	2	0	0	0	4	3	11
	中度缺水	11.43	1	1	0	0	0	2	2	6
刺槐 + 紫叶小檗	充分供水	15.24	10	10	6	0	2	8	7	43
	轻度缺水	11.43	8	9	3	0	0	7	7	34
	中度缺水	11.43	6	6	1	0	0	5	5	23
刺槐 + 铺地柏	充分供水	15.24	3	3	1	0	0	3	2	12
	轻度缺水	11.43	2	3	0	0	0	3	2	10
	中度缺水	11.43	1	1	0	0	0	2	1	5

表 7-34 槐树 + 灌木绿地各月不同养护等级灌溉量和灌溉次数计算

绿地类型	养护等级	灌溉量（kg·m^{-2}）	各月灌溉次数							合计
			4月	5月	6月	7月	8月	9月	10月	
槐树+金叶女贞	充分供水	15.24	5	5	4	0	0	4	3	21
	轻度缺水	11.43	5	5	2	0	0	3	2	17
	中度缺水	11.43	1	1	0	0	0	2	1	5
槐树+大叶黄杨	充分供水	15.24	4	4	3	0	0	3	2	16
	轻度缺水	11.43	3	3	0	0	0	2	1	9
	中度缺水	11.43	0	0	0	0	0	1	1	2
槐树+小叶黄杨	充分供水	15.24	3	3	1	0	0	4	2	13
	轻度缺水	11.43	2	2	0	0	0	3	2	9
	中度缺水	11.43	1	0	0	0	0	2	1	4
槐树+紫叶小檗	充分供水	15.24	10	10	6	0	2	8	7	43
	轻度缺水	11.43	8	8	3	0	0	7	6	32
	中度缺水	11.43	5	5	0	0	0	5	5	20
槐树+铺地柏	充分供水	15.24	3	3	1	0	0	3	2	12
	轻度缺水	11.43	2	2	0	0	0	2	1	7
	中度缺水	11.43	1	0	0	0	0	1	1	3

表 7-35 银杏 + 灌木绿地各月不同养护等级灌溉量和灌溉次数计算

绿地类型	养护等级	灌溉量（kg·m^{-2}）	各月灌溉次数							合计
			4月	5月	6月	7月	8月	9月	10月	
银杏+金叶女贞	充分供水	15.24	5	6	4	0	1	4	3	23
	轻度缺水	11.43	5	5	2	0	0	4	3	19
	中度缺水	11.43	1	1	0	0	0	2	2	6
银杏+大叶黄杨	充分供水	15.24	4	5	3	0	0	3	2	17
	轻度缺水	11.43	3	3	0	0	0	3	2	11
	中度缺水	11.43	1	0	0	0	0	2	1	4
银杏+小叶黄杨	充分供水	15.24	3	3	1	0	0	4	3	14
	轻度缺水	11.43	2	2	0	0	0	3	2	9
	中度缺水	11.43	1	0	0	0	0	2	2	5
银杏+紫叶小檗	充分供水	15.24	10	10	6	0	2	8	7	43
	轻度缺水	11.43	8	8	3	0	0	7	6	32
	中度缺水	11.43	6	5	1	0	0	5	5	22
银杏+铺地柏	充分供水	15.24	3	3	2	0	0	3	2	13
	轻度缺水	11.43	2	2	0	0	0	3	2	9
	中度缺水	11.43	1	1	0	0	0	2	1	5

表 7-36 鹅掌楸 + 灌木绿地各月不同养护等级灌溉量和灌溉次数计算

绿地类型	养护等级	灌溉量（kg·m^{-2}）	各月灌溉次数							合计
			4月	5月	6月	7月	8月	9月	10月	
鹅掌楸+金叶女贞	充分供水	15.24	6	7	5	0	1	5	4	28
	轻度缺水	11.43	5	7	3	0	0	5	4	24
	中度缺水	11.43	2	3	0	0	0	3	3	11
鹅掌楸+大叶黄杨	充分供水	15.24	5	6	4	0	0	4	3	22
	轻度缺水	11.43	4	5	2	0	0	4	3	18
	中度缺水	11.43	1	2	0	0	0	3	2	8
鹅掌楸+小叶黄杨	充分供水	15.24	4	5	2	0	0	5	3	19
	轻度缺水	11.43	3	4	0	0	0	5	3	15
	中度缺水	11.43	1	2	0	0	0	3	3	9
鹅掌楸+紫叶小檗	充分供水	15.24	10	11	7	0	3	9	8	48
	轻度缺水	11.43	9	10	5	0	0	8	7	39
	中度缺水	11.43	6	7	2	0	0	6	6	27
鹅掌楸+铺地柏	充分供水	15.24	3	4	2	0	0	4	3	16
	轻度缺水	11.43	3	4	1	0	0	4	3	15
	中度缺水	11.43	1	2	0	0	0	3	2	8

表 7-37 白玉兰 + 灌木绿地各月不同养护等级灌溉量和灌溉次数计算

绿地类型	养护等级	灌溉量（kg·m^{-2}）	各月灌溉次数							合计
			4月	5月	6月	7月	8月	9月	10月	
白玉兰+金叶女贞	充分供水	15.24	6	7	5	0	1	5	4	28
	轻度缺水	11.43	5	6	3	0	0	4	4	22
	中度缺水	11.43	2	2	0	0	0	3	3	10
白玉兰+大叶黄杨	充分供水	15.24	5	5	4	0	0	4	3	21
	轻度缺水	11.43	4	4	2	0	0	4	3	17
	中度缺水	11.43	1	1	0	0	0	3	2	7
白玉兰+小叶黄杨	充分供水	15.24	3	4	2	0	0	5	3	17
	轻度缺水	11.43	3	3	0	0	0	4	4	14
	中度缺水	11.43	1	2	0	0	0	3	3	9
白玉兰+紫叶小檗	充分供水	15.24	10	11	7	0	2	9	8	47
	轻度缺水	11.43	9	9	5	0	0	8	8	39
	中度缺水	11.43	6	6	2	0	0	6	6	26
白玉兰+铺地柏	充分供水	15.24	3	4	2	0	0	4	3	16
	轻度缺水	11.43	3	3	1	0	0	4	3	14
	中度缺水	11.43	1	2	0	0	0	3	2	8

在乔灌型绿地中，耗水量主要由乔木耗水量、灌木耗水量和土壤蒸散量组成。由于乔木配置的株数不多，耗水较少，在绿地总的水分消耗中，灌木耗水量和土壤蒸散量占的比例比较大。在乔木相同的情况下，林分耗水量大小决定于灌木的耗水大小。在8种乔木中，鹅掌楸耗水量最大，侧柏耗水最少。在5种灌木中，紫叶小檗耗水量最大，铺地柏耗水最少。因此在所有的组合中，鹅掌楸+紫叶小檗组合耗水最多(表7-28)，在充分供水时生长期的总耗水量达1 162.3 kg·m^{-2},侧柏+铺地柏组合耗水最少(表7-22)，在充分供水时生长期的总耗水量仅为469.3 kg·m^{-2}，前者为后者的近2.5倍。

总的来说，乔灌型绿地的耗水量较大，主要原因是灌木在进行块状种植时，往往密度比较大，叶面积指数高。因此，从节水的角度，应适当降低灌木的种植密度，特别是当灌木本身的耗水能力强时，更不宜种植过密。另外，在灌木的光照能基本满足的情况下，可适当加大乔木的种植密度，这样可增加林内空气湿度、降低林内温度，从而减少灌木的蒸腾强度，降低林分的水分消耗。从耗水量和水分供求差额计算表中还可以看到，通过养护等级的选择也可以达到节水的目的。

7.4.3.3 乔草型绿地

在乔草型绿地中，假定乔木平均胸径16cm，疏林状种植，林下建植草地早熟禾的，每公顷种植300株，草地处于半光照状态，林下建植高羊茅的，每公顷种植300株和600株，草地分别处于半光照和全遮荫状态，各种乔草绿地的耗水量、水分供求差额和灌溉次数见表7-38~7-53。

表7-38 侧柏+草坪不同养护等级各月耗水量和水分供求差额计算 kg·m^{-2}

配置类型	乔木密度(株·hm^{-2})	供水等级	月份	4月	5月	6月	7月	8月	9月	10月	合计
			降水量	17.0	32.9	75.0	198.0	129.0	9.0	4.2	465.1
侧柏+草地早熟禾	300	充分供水	耗水量	58.9	81.2	118.6	109.4	106.7	102.9	100.5	678.1
			供求差额	41.9	48.3	43.6	-88.6	-22.3	93.9	96.3	324.0
		轻度缺水	耗水量	40.7	54.9	85.5	78.4	76.2	66.0	64.5	466.1
			供求差额	23.7	22.0	10.5	-119.6	-52.8	57.0	60.3	173.4
		中度缺水	耗水量	23.1	29.4	46.6	42.0	40.5	36.3	35.4	253.3
			供求差额	6.1	-3.5	-28.4	-156.0	-88.5	27.3	31.2	64.6
侧柏+高羊茅	300	充分供水	耗水量	44.6	60.6	75.7	69.2	67.2	90.3	91.7	499.4
			供求差额	27.6	27.7	0.7	-128.8	-61.8	81.3	87.5	224.8
		轻度缺水	耗水量	33.2	44.0	56.9	51.6	49.9	56.5	57.3	349.4
			供求差额	16.2	11.1	-18.1	-146.4	-79.1	47.5	53.1	127.9
		中度缺水	耗水量	20.3	25.5	36.9	32.9	31.5	22.6	22.9	192.7
			供求差额	3.3	-7.4	-38.1	-165.1	-97.5	13.6	18.7	35.7
侧柏+高羊茅	600	充分供水	耗水量	43.6	55.2	57.8	50.8	48.4	57.6	58.3	371.8
			供求差额	26.6	22.3	-17.2	-147.2	-80.6	48.6	54.1	151.7
		轻度缺水	耗水量	34.4	41.9	45.2	39.0	36.8	37.8	38.1	273.1
			供求差额	17.4	9.0	-29.8	-159.0	-92.2	28.8	33.9	89.1
		中度缺水	耗水量	24.1	27.0	31.8	26.5	24.5	17.9	17.9	169.6
			供求差额	7.1	-5.9	-43.2	-171.5	-104.5	8.9	13.7	29.7

表 7-39 侧柏 + 草坪各月不同养护等级灌溉量和灌溉次数计算

绿地类型	乔木密度（株·hm^{-2}）	养护等级	灌溉量（$kg\cdot m^{-2}$）	各月灌溉次数							合计
				4月	5月	6月	7月	8月	9月	10月	
侧柏+草地早熟禾	300	充分供水	5.08	8	10	9	0	0	18	19	64
		轻度缺水	3.81	6	6	3	0	0	15	16	46
		中度缺水	3.81	2	0	0	0	0	7	8	17
侧柏+高羊茅	300	充分供水	5.08	5	5	0	0	0	16	17	43
		轻度缺水	3.81	4	3	0	0	0	12	14	33
		中度缺水	3.81	1	0	0	0	0	4	5	10
侧柏+高羊茅	600	充分供水	5.08	5	4	0	0	0	10	11	30
		轻度缺水	3.81	5	2	0	0	0	8	9	24
		中度缺水	3.81	2	0	0	0	0	2	4	8

表 7-40 油松 + 草坪不同养护等级各月耗水量和水分供求差额计算 $kg\cdot m^{-2}$

配置类型	乔木密度（株·hm^{-2}）	供水等级	月份	4月	5月	6月	7月	8月	9月	10月	合计
			降水量	17.0	32.9	75.0	198.0	129.0	9.0	4.2	465.1
油松+草地早熟禾	300	充分供水	耗水量	58.9	81.6	117.3	109.8	107.0	103.0	101.0	678.5
			供求差额	41.9	48.7	42.3	-88.2	-22.0	94.0	96.8	323.7
		轻度缺水	耗水量	40.6	55.3	84.2	78.8	76.5	66.1	64.9	466.5
			供求差额	23.6	22.4	9.2	-119.2	-52.5	57.1	60.7	173.1
		中度缺水	耗水量	23.1	29.9	45.3	42.4	40.8	36.4	35.8	253.7
			供求差额	6.1	-3.0	-29.7	-155.6	-88.2	27.4	31.6	65.1
油松+高羊茅	300	充分供水	耗水量	44.6	61.0	74.4	69.6	67.5	90.4	92.2	499.8
			供求差额	27.6	28.1	-0.6	-128.4	-61.5	81.4	88.0	225.1
		轻度缺水	耗水量	33.1	44.4	55.6	52.0	50.2	56.6	57.8	349.8
			供求差额	16.1	11.5	-19.4	-146.0	-78.8	47.6	53.6	128.8
		中度缺水	耗水量	20.3	25.9	35.6	33.3	31.8	22.8	23.3	193.0
			供求差额	3.3	-7.0	-39.4	-164.7	-97.2	13.8	19.1	36.2
油松+高羊茅	600	充分供水	耗水量	43.6	56.0	55.3	51.5	49.0	57.9	59.2	372.6
			供求差额	26.6	23.1	-19.7	-146.5	-80.0	48.9	55.0	153.6
		轻度缺水	耗水量	34.4	42.7	42.7	39.7	37.4	38.0	39.0	273.9
			供求差额	17.4	9.8	-32.3	-158.3	-91.6	29.0	34.8	91.0
		中度缺水	耗水量	24.1	27.8	29.3	27.2	25.1	18.2	18.8	170.3
			供求差额	7.1	-5.1	-45.7	-170.8	-103.9	9.2	14.6	30.8

表 7-41 油松 + 草坪各月不同养护等级灌溉量和灌溉次数计算

绿地类型	乔木密度（株·hm⁻²）	养护等级	灌溉量（kg·m⁻²）	各月灌溉次数 4月	5月	6月	7月	8月	9月	10月	合计
油松+草地早熟禾	300	充分供水	5.08	8	10	8	0	0	19	19	64
		轻度缺水	3.81	6	6	2	0	0	15	16	45
		中度缺水	3.81	2	0	0	0	0	7	8	17
油松+高羊茅	300	充分供水	5.08	5	6	0	0	0	16	17	44
		轻度缺水	3.81	4	3	0	0	0	12	14	34
		中度缺水	3.81	1	0	0	0	0	4	5	10
油松+高羊茅	600	充分供水	5.08	5	5	0	0	0	10	11	31
		轻度缺水	3.81	5	3	0	0	0	8	9	25
		中度缺水	3.81	2	0	0	0	0	2	4	8

表 7-42 元宝枫 + 草坪不同养护等级各月耗水量和水分供求差额计算 kg·m⁻²

配置类型	乔木密度（株·hm⁻²）	供水等级	月份	4月	5月	6月	7月	8月	9月	10月	合计
			降水量	17.0	32.9	75.0	198.0	129.0	9.0	4.2	465.1
元宝枫+草地早熟禾	300	充分供水	耗水量	64.2	83.8	121.0	115.7	109.3	105.7	102.3	702.0
			供求差额	47.2	50.9	46.0	-82.3	-19.7	96.7	98.1	338.9
		轻度缺水	耗水量	45.9	57.5	87.9	84.7	78.9	68.8	66.3	490.0
			供求差额	28.9	24.6	12.9	-113.3	-50.1	59.8	62.1	188.3
		中度缺水	耗水量	28.4	32.0	49.0	48.3	43.2	39.1	37.2	277.2
			供求差额	11.4	-0.9	-26.0	-149.7	-85.8	30.1	33.0	74.5
元宝枫+高羊茅	300	充分供水	耗水量	49.9	63.2	78.1	75.5	69.9	93.1	93.5	523.3
			供求差额	32.9	30.3	3.1	-122.5	-59.1	84.1	89.3	239.8
		轻度缺水	耗水量	38.4	46.6	59.3	57.9	52.6	59.3	59.1	373.3
			供求差额	21.4	13.7	-15.7	-140.1	-76.4	50.3	54.9	140.4
		中度缺水	耗水量	25.6	28.1	39.3	39.2	34.2	25.5	24.7	216.6
			供求差额	8.6	-4.8	-35.7	-158.8	-94.8	16.5	20.5	45.6
元宝枫+高羊茅	600	充分供水	耗水量	54.2	60.4	62.6	63.4	53.8	63.3	61.9	419.6
			供求差额	37.2	27.5	-12.4	-134.6	-75.2	54.3	57.7	176.7
		轻度缺水	耗水量	45.0	47.1	50.0	51.6	42.2	43.5	41.7	321.0
			供求差额	28.0	14.2	-25.0	-146.4	-86.8	34.5	37.5	114.1
		中度缺水	耗水量	34.6	32.2	36.6	39.0	29.8	23.6	21.5	217.4
			供求差额	17.6	-0.7	-38.4	-159.0	-99.2	14.6	17.3	49.5

表 7-43 元宝枫+草坪各月不同养护等级灌溉量和灌溉次数计算

绿地类型	乔木密度（株·hm⁻²）	养护等级	灌溉量（kg·m⁻²）	各月灌溉次数							合计
				4月	5月	6月	7月	8月	9月	10月	
元宝枫+草地早熟禾	300	充分供水	5.08	9	10	9	0	0	19	19	67
		轻度缺水	3.81	8	6	3	0	0	16	16	49
		中度缺水	3.81	3	0	0	0	0	8	9	19
元宝枫+高羊茅	300	充分供水	5.08	6	6	1	0	0	17	18	47
		轻度缺水	3.81	6	4	0	0	0	13	14	37
		中度缺水	3.81	2	0	0	0	0	4	5	11
元宝枫+高羊茅	600	充分供水	5.08	7	5	0	0	0	11	11	35
		轻度缺水	3.81	7	4	0	0	0	9	10	30
		中度缺水	3.81	5	0	0	0	0	4	5	14

表 7-44 刺槐+草坪不同养护等级各月耗水量和水分供求差额计算 kg·m⁻²

配置类型	乔木密度（株·hm⁻²）	供水等级	月份	4月	5月	6月	7月	8月	9月	10月	合计
			降水量	17.0	32.9	75.0	198.0	129.0	9.0	4.2	465.1
刺槐+草地早熟禾	300	充分供水	耗水量	56.6	88.4	119.5	116.7	116.3	114.4	110.8	722.8
			供求差额	39.6	55.5	44.5	-81.3	-12.7	105.4	106.6	351.6
		轻度缺水	耗水量	38.4	62.0	86.4	85.8	85.9	77.6	74.8	510.8
			供求差额	21.4	29.1	11.4	-112.2	-43.1	68.6	70.6	201.1
		中度缺水	耗水量	20.8	36.6	47.5	49.3	50.2	47.8	45.7	298.0
			供求差额	3.8	3.7	-27.5	-148.7	-78.8	38.8	41.5	87.9
刺槐+高羊茅	300	充分供水	耗水量	42.4	67.8	76.6	76.6	76.9	101.9	102.0	544.1
			供求差额	25.4	34.9	1.6	-121.4	-52.1	92.9	97.8	252.5
		轻度缺水	耗水量	30.9	51.2	57.8	59.0	59.6	68.0	67.6	394.1
			供求差额	13.9	18.3	-17.2	-139.0	-69.4	59.0	63.4	154.6
		中度缺水	耗水量	18.1	32.6	37.8	40.2	41.2	34.2	33.2	237.4
			供求差额	1.1	-0.3	-37.2	-157.8	-87.8	25.2	29.0	55.3
刺槐+高羊茅	600	充分供水	耗水量	39.1	69.5	59.6	65.5	67.8	80.8	78.9	461.2
			供求差额	22.1	36.6	-15.4	-132.5	-61.3	71.8	74.7	205.2
		轻度缺水	耗水量	29.9	56.2	47.0	53.7	56.2	60.9	58.7	362.6
			供求差额	12.9	23.3	-28.0	-144.3	-72.9	51.9	54.5	142.6
		中度缺水	耗水量	19.6	41.3	33.6	41.1	43.8	41.1	38.5	259.0
			供求差额	2.6	8.4	-41.4	-156.9	-85.2	32.1	34.3	77.3

表 7-45　刺槐＋草坪各月不同养护等级灌溉量和灌溉次数计算

绿地类型	乔木密度（株·hm^{-2}）	养护等级	灌溉量（kg·m^{-2}）	各月灌溉次数 4月	5月	6月	7月	8月	9月	10月	合计
刺槐＋草地早熟禾	300	充分供水	5.08	8	11	9	0	0	21	21	70
		轻度缺水	3.81	6	8	3	0	0	18	19	54
		中度缺水	3.81	1	1	0	0	0	10	11	23
刺槐＋高羊茅	300	充分供水	5.08	5	7	0	0	0	18	19	49
		轻度缺水	3.81	4	5	0	0	0	15	17	41
		中度缺水	3.81	0	0	0	0	0	7	8	15
刺槐＋高羊茅	600	充分供水	5.08	4	7	0	0	0	14	15	40
		轻度缺水	3.81	3	6	0	0	0	14	14	37
		中度缺水	3.81	1	2	0	0	0	8	9	20

表 7-46　槐树＋草坪不同养护等级各月耗水量和水分供求差额计算　kg·m^{-2}

配置类型	乔木密度（株·hm^{-2}）	供水等级	月份	4月	5月	6月	7月	8月	9月	10月	合计
			降水量	17.0	32.9	75.0	198.0	129.0	9.0	4.2	465.1
槐树＋草地早熟禾	300	充分供水	耗水量	52.4	80.0	117.0	111.4	113.3	108.2	104.9	687.3
			供求差额	35.4	47.1	42.0	－86.6	－15.7	99.2	100.7	324.5
		轻度缺水	耗水量	34.2	53.6	84.0	80.4	82.9	71.3	68.9	475.3
			供求差额	17.2	20.7	9.0	－117.6	－46.1	62.3	64.7	173.9
		中度缺水	耗水量	16.6	28.2	45.1	44.0	47.2	41.6	39.8	262.5
			供求差额	－0.4	－4.7	－29.9	－154.0	－81.8	32.6	35.6	68.2
槐树＋高羊茅	300	充分供水	耗水量	38.2	59.4	74.2	71.2	73.9	95.6	96.1	508.6
			供求差额	21.2	26.5	－0.8	－126.8	－55.1	86.6	91.9	226.2
		轻度缺水	耗水量	26.7	42.8	55.4	53.6	56.6	61.8	61.7	358.6
			供求差额	9.7	9.9	－19.6	－144.4	－72.4	52.8	57.5	129.9
		中度缺水	耗水量	13.9	24.2	35.4	34.9	38.2	28.0	27.3	201.9
			供求差额	－3.2	－8.7	－39.6	－163.1	－90.8	19.0	23.1	42.1
槐树＋高羊茅	600	充分供水	耗水量	30.7	52.7	54.8	54.8	61.7	68.3	67.1	390.2
			供求差额	13.7	19.8	－20.2	－143.2	－67.3	59.3	62.9	155.8
		轻度缺水	耗水量	21.4	39.4	42.2	43.0	50.1	48.5	46.9	291.5
			供求差额	4.4	6.5	－32.8	－155.0	－78.9	39.5	42.7	93.1
		中度缺水	耗水量	11.1	24.5	28.8	30.5	37.8	28.6	26.7	188.0
			供求差额	－5.9	－8.4	－46.2	－167.5	－91.2	19.6	22.5	42.1

表 7-47 槐树+草坪各月不同养护等级灌溉量和灌溉次数计算

绿地类型	乔木密度（株·hm⁻²）	养护等级	灌溉量（kg·m⁻²）	各月灌溉次数							合计
				4月	5月	6月	7月	8月	9月	10月	
槐树+草地早熟禾	300	充分供水	5.08	7	9	8	0	0	20	20	64
		轻度缺水	3.81	5	5	2	0	0	16	17	45
		中度缺水	3.81	0	0	0	0	0	9	9	18
槐树+高羊茅	300	充分供水	5.08	4	5	0	0	0	17	18	44
		轻度缺水	3.81	3	3	0	0	0	14	15	35
		中度缺水	3.81	0	0	0	0	0	5	6	11
槐树+高羊茅	600	充分供水	5.08	3	4	0	0	0	12	12	31
		轻度缺水	3.81	1	2	0	0	0	10	11	24
		中度缺水	3.81	0	0	0	0	0	5	6	11

表 7-48 银杏+草坪不同养护等级各月耗水量和水分供求差额计算 $kg \cdot m^{-2}$

配置类型	乔木密度（株·hm⁻²）	供水等级	月份	4月	5月	6月	7月	8月	9月	10月	合计
			降水量	17.0	32.9	75.0	198.0	129.0	9.0	4.2	465.1
银杏+草地早熟禾	300	充分供水	耗水量	55.6	85.3	121.2	115.3	119.1	113.2	108.6	718.4
			供求差额	38.6	52.4	46.2	-82.7	-9.9	104.2	104.4	345.8
		轻度缺水	耗水量	37.4	58.9	88.1	84.3	88.7	76.4	72.5	506.4
			供求差额	20.4	26.0	13.1	-113.7	-40.3	67.4	68.3	195.3
		中度缺水	耗水量	19.8	33.5	49.2	47.9	52.9	46.6	43.5	293.5
			供求差额	2.8	0.6	-25.8	-150.1	-76.1	37.6	39.3	80.3
银杏+高羊茅	300	充分供水	耗水量	41.4	64.7	78.3	75.1	79.7	100.7	99.8	539.7
			供求差额	24.4	31.8	3.3	-122.9	-49.3	91.7	95.6	246.7
		轻度缺水	耗水量	29.9	48.1	59.5	57.5	62.4	66.8	65.4	389.6
			供求差额	12.9	15.2	-15.5	-140.5	-66.6	57.8	61.2	147.1
		中度缺水	耗水量	17.1	29.5	39.5	38.8	44.0	33.0	31.0	232.9
			供求差额	0.1	-3.4	-35.5	-159.2	-85.0	24.0	26.8	50.9
银杏+高羊茅	600	充分供水	耗水量	37.1	63.3	63.1	62.6	73.3	78.4	74.4	452.3
			供求差额	20.1	30.4	-11.9	-135.4	-55.7	69.4	70.2	190.2
		轻度缺水	耗水量	27.9	50.0	50.5	50.8	61.7	58.5	54.2	353.6
			供求差额	10.9	17.1	-24.5	-147.2	-67.3	49.5	50.0	127.5
		中度缺水	耗水量	17.6	35.1	37.1	38.3	49.4	38.7	34.0	250.1
			供求差额	0.6	2.2	-37.9	-159.7	-79.6	29.7	29.8	62.2

表 7-49　银杏 + 草坪各月不同养护等级灌溉量和灌溉次数计算

绿地类型	乔木密度（株·hm^{-2}）	养护等级	灌溉量（kg·m^{-2}）	各月灌溉次数 4月	5月	6月	7月	8月	9月	10月	合计
银杏 + 草地早熟禾	300	充分供水	5.08	8	10	9	0	0	21	21	69
		轻度缺水	3.81	5	7	3	0	0	18	18	50
		中度缺水	3.81	1	0	0	0	0	10	10	21
银杏 + 高羊茅	300	充分供水	5.08	5	6	1	0	0	18	19	49
		轻度缺水	3.81	3	4	0	0	0	15	16	38
		中度缺水	3.81	0	0	0	0	0	6	7	13
银杏 + 高羊茅	600	充分供水	5.08	4	6	0	0	0	14	14	38
		轻度缺水	3.81	3	4	0	0	0	13	13	33
		中度缺水	3.81	0	1	0	0	0	8	8	17

表 7-50　鹅掌楸 + 草坪不同养护等级各月耗水量和水分供求差额计算　kg·m^{-2}

配置类型	乔木密度（株·hm^{-2}）	供水等级	月份	4月	5月	6月	7月	8月	9月	10月	合计
			降水量	17.0	32.9	75.0	198.0	129.0	9.0	4.2	465.1
鹅掌楸 + 草地早熟禾	300	充分供水	耗水量	60.8	102.2	135.5	126.2	125.5	126.1	119.7	796.0
			供求差额	43.8	69.3	60.5	−71.8	−3.5	117.1	115.5	406.2
		轻度缺水	耗水量	42.5	75.9	102.5	95.2	95.1	89.2	83.6	584.0
			供求差额	25.5	43.0	27.5	−102.8	−33.9	80.2	79.4	255.6
		中度缺水	耗水量	25.0	50.5	63.6	58.8	59.3	59.5	54.6	371.1
			供求差额	8.0	17.6	−11.4	−139.2	−69.7	50.5	50.4	126.4
鹅掌楸 + 高羊茅	300	充分供水	耗水量	46.5	81.6	92.7	86.0	86.1	113.5	110.9	617.3
			供求差额	29.5	48.7	17.7	−112.0	−42.9	104.5	106.7	307.1
		轻度缺水	耗水量	35.0	65.0	73.9	68.4	68.7	79.7	76.5	467.3
			供求差额	18.0	32.1	−1.1	−129.6	−60.3	70.7	72.3	193.1
		中度缺水	耗水量	22.2	46.5	53.9	49.7	50.4	45.9	42.0	310.5
			供求差额	5.2	13.6	−21.1	−148.3	−78.6	36.9	37.8	93.5
鹅掌楸 + 高羊茅	600	充分供水	耗水量	47.4	97.3	91.8	84.4	86.0	104.0	96.6	607.5
			供求差额	30.4	64.4	16.8	−113.6	−43.0	95.0	92.4	299.0
		轻度缺水	耗水量	38.2	83.9	79.2	72.6	74.4	84.2	76.4	508.9
			供求差额	21.2	51.0	4.2	−125.4	−54.6	75.2	72.2	223.7
		中度缺水	耗水量	27.8	69.0	65.8	60.1	62.1	64.3	56.2	405.3
			供求差额	10.8	36.1	−9.2	−137.9	−66.9	55.3	52.0	154.3

表 7-51 鹅掌楸+草坪各月不同养护等级灌溉量和灌溉次数计算

绿地类型	乔木密度（株·hm^{-2}）	养护等级	灌溉量（kg·m^{-2}）	各月灌溉次数							合计
				4月	5月	6月	7月	8月	9月	10月	
鹅掌楸+草地早熟禾	300	充分供水	5.08	9	14	12	0	0	23	23	81
		轻度缺水	3.81	7	11	7	0	0	21	21	67
		中度缺水	3.81	2	5	0	0	0	13	13	33
鹅掌楸+高羊茅	300	充分供水	5.08	6	10	3	0	0	21	21	61
		轻度缺水	3.81	5	8	0	0	0	19	19	51
		中度缺水	3.81	1	4	0	0	0	10	10	25
鹅掌楸+高羊茅	600	充分供水	5.08	6	13	3	0	0	19	18	59
		轻度缺水	3.81	6	13	1	0	0	20	19	59
		中度缺水	3.81	3	9	0	0	0	15	14	41

表 7-52 白玉兰+草坪不同养护等级各月耗水量和水分供求差额计算 kg·m^{-2}

配置类型	乔木密度（株·hm^{-2}）	供水等级	月份	4月	5月	6月	7月	8月	9月	10月	合计
			降水量	17.0	32.9	75.0	198.0	129.0	9.0	4.2	465.1
白玉兰+草地早熟禾	300	充分供水	耗水量	59.8	97.0	135.1	115.3	116.3	124.2	121.9	769.5
			供求差额	42.8	64.1	60.1	−82.7	−12.7	115.2	117.7	399.8
		轻度缺水	耗水量	41.6	70.6	102.0	84.3	85.9	87.3	85.9	557.5
			供求差额	24.6	37.7	27.0	−113.7	−43.1	78.3	81.7	249.2
		中度缺水	耗水量	24.0	45.2	63.1	47.9	50.1	57.6	56.8	344.7
			供求差额	7.0	12.3	−11.9	−150.1	−78.9	48.6	52.6	120.4
白玉兰+高羊茅	300	充分供水	耗水量	45.6	76.4	92.2	75.1	76.9	111.6	113.1	590.8
			供求差额	28.6	43.5	17.2	−122.9	−52.1	102.6	108.9	300.7
		轻度缺水	耗水量	34.1	59.8	73.4	57.5	59.6	77.8	78.7	440.8
			供求差额	17.1	26.9	−1.6	−140.5	−69.4	68.8	74.5	187.2
		中度缺水	耗水量	21.3	41.2	53.4	38.8	41.2	43.9	44.3	284.1
			供求差额	4.3	8.3	−21.6	−159.2	−87.8	34.9	40.1	87.6
白玉兰+高羊茅	600	充分供水	耗水量	45.5	86.7	90.8	62.6	67.7	100.2	101.1	554.6
			供求差额	28.5	53.8	15.8	−135.4	−61.3	91.2	96.9	286.2
		轻度缺水	耗水量	36.2	73.4	78.2	50.8	56.1	80.4	80.9	456.0
			供求差额	19.2	40.5	3.2	−147.2	−72.9	71.4	76.7	210.9
		中度缺水	耗水量	25.9	58.4	64.8	38.3	43.8	60.5	60.7	352.4
			供求差额	8.9	25.5	−10.2	−159.7	−85.2	51.5	56.5	142.4

表 7-53　白玉兰＋草坪各月不同养护等级灌溉量和灌溉次数计算

绿地类型	乔木密度（株·hm^{-2}）	养护等级	灌溉量（kg·m^{-2}）	各月灌溉次数							合计
				4月	5月	6月	7月	8月	9月	10月	
白玉兰＋草地早熟禾	300	充分供水	5.08	8	13	12	0	0	23	23	79
		轻度缺水	3.81	8	12	9	0	0	25	26	80
		中度缺水	3.81	2	3	0	0	0	13	14	32
白玉兰＋高羊茅	300	充分供水	5.08	6	9	3	0	0	20	21	59
		轻度缺水	3.81	4	7	0	0	0	18	20	49
		中度缺水	3.81	1	2	0	0	0	9	11	23
白玉兰＋高羊茅	600	充分供水	5.08	6	11	3	0	0	18	19	57
		轻度缺水	3.81	5	11	1	0	0	19	20	56
		中度缺水	3.81	2	7	0	0	0	14	15	38

乔草型绿地是城市最常见的园林绿地之一，它的耗水量由乔木耗水量和草坪耗水量两部分组成，绿地总耗水量的大小决定于乔木和草坪草耗水的强弱及乔木的种植密度。从表7-38可以看出，在侧柏＋高羊茅的组合中，生长期总耗水量侧柏种植密度600株·hm^{-2}的为371.8 kg·m^{-2}，种植密度300株·hm^{-2}的为499.4 kg·m^{-2}。通过加大乔木的种植密度，可使林内的小环境发生改变，如光照减弱、空气湿度增加、温度降低、风速减慢等，从而抑制草坪草的蒸腾，虽然乔木的耗水量增加了，但草坪的耗水量减少了，因此总的耗水量减少，但减少的幅度跟乔木的耗水量大小关系很大。在鹅掌楸＋高羊茅的组合中，生长期总耗水量鹅掌楸种植密度600株·hm^{-2}的为607.5 kg·m^{-2}，种植密度300株·hm^{-2}的为617.3 kg·m^{-2}，减少并不明显（表7-50）。因为鹅掌楸为高耗水树种，在这种组合中，草坪减少的耗水量基本上与乔木增加的耗水量抵消了，尽管如此，适当加大乔木的种植密度仍然十分必要，因为加大乔木密度，相应地增加了林分绿量，能增强林分的稳定性，更有利于充分发挥多种生态效益。因此，在设计乔草型绿地时，应注意选择耐荫性较强的草坪草，在草坪草的光照基本能满足的情况下，适当加大乔木的种植密度。

在乔草型绿地的耗水量中，草地的耗水量占了绝大部分比例，在充分供水条件下，4～10月乔木耗水量占绿地总耗水量的百分比见表7-54。从表7-54中可以清楚地看到，在乔草型绿地中乔木的密度越低，乔木耗水所占的比例越小；在乔木密度相同时，组成乔草型绿地的乔木的耗水量越少，乔木耗水所占的比例越小。

表 7-54　乔草型绿地充分供水条件下乔木耗水量占绿地总耗水量的百分比　　%

绿地配置	侧柏	油松	元宝枫	刺槐	槐树	银杏	鹅掌楸	白玉兰
乔木（300株·hm^{-2}）＋草地早熟禾	4.3	4.4	7.6	10.3	5.6	9.7	18.5	15.7
乔木（300株·hm^{-2}）＋高羊茅	5.9	6.0	10.2	13.6	7.6	12.9	23.9	20.5
乔木（600株·hm^{-2}）＋高羊茅	15.9	16.0	25.4	32.2	19.8	30.8	48.5	43.6

乔草型绿地灌溉次数最多的是4、5、9、10月，特级养护的4~5月大约平均2~3d必须浇水一次，9~10月在所有的晴天可能都必须灌溉。按照计算结果，7~8月不需灌溉，但这不是绝对的，如果长时间不下雨，植物出现明显萎蔫症状就应及时灌溉；从不同的养护等级来看，对于同一个乔灌组合，各月和全年的灌溉次数特级养护的略多于一级养护的，一级的多于二级的。

7.4.3.4 灌木型绿地

（1）绿球 在园林绿化中，常将灌木修剪成绿球，单独种植或配置于各种绿地中。绿球的耗水量取决于树种的蒸腾耗水能力和绿球的叶面积指数。根据树种的单位叶面积耗水量、绿球叶面积指数抽样调查结果和绿球占地范围内的降水量可计算出绿球的耗水量、水分供求差额和灌溉次数（表7-55~7-56）。从表7-55中可以看到，灌木绿球的耗水量是比较大的，如采用特级养护每平方米绿球表面积在整个生长期的耗水量金叶女贞达1 647.5kg，大叶黄杨为1 434.8kg，水分供求差额大叶黄杨为1 202.3kg，金叶女贞为1 415.0kg。绿球耗水量大的主要原因是叶面积指数大，金叶女贞为14.048、大叶黄杨为10.174。本来，把植物修剪成半球属于立体绿化，半球的球面面积是其底面积的两倍，加上大叶黄杨和金叶女贞的枝叶非常密集，使得绿球的叶面积指数很大。根据这一结果，在绿地配置中应注意两点：第一，把灌木配置成绿球可充分利用绿地空间，如果要在有限的空间里增加绿量，把植物配置成绿球是理想的方法，但绿球的耗水量大，一定要加强水分管理；第二，从节约水资源的角度，则要尽量少种绿球，尤其是在水资源供不应求的地段，更应慎重考虑。

表7-55 绿球不同养护等级耗水量和水分供求差额计算 $kg \cdot m^{-2}$

树种	养护等级		月份							总计
			4	5	6	7	8	9	10	
金叶女贞	特级	耗水量	232.3	240.0	307.1	317.3	317.3	114.9	118.7	1 647.5
		供求差额	223.8	223.6	269.6	218.3	252.8	110.4	116.6	1 415.0
	一级	耗水量	182.7	188.8	204.8	211.6	211.6	67.4	69.6	1 136.3
		供求差额	174.2	172.3	167.3	112.6	147.1	62.9	67.5	903.8
	二级	耗水量	68.1	70.4	104.8	108.3	108.3	41.5	42.8	544.1
		供求差额	59.6	53.9	67.3	9.3	43.8	37.0	40.7	311.5
大叶黄杨	特级	耗水量	222.0	229.4	260.4	269.0	269.0	91.0	94.0	1 434.8
		供求差额	213.5	212.9	222.9	170.0	204.5	86.5	91.9	1 202.3
	一级	耗水量	170.4	176.1	190.5	196.8	196.8	56.4	58.3	1 045.1
		供求差额	161.9	159.6	153.0	97.8	132.3	51.9	56.2	812.6
	二级	耗水量	58.7	60.7	104.1	107.6	107.6	35.8	37.0	511.5
		供求差额	50.2	44.2	66.6	8.6	43.1	31.3	34.9	278.9

从表7-56中可以看到，由于绿球耗水量大，相应的灌溉次数也比较多，其中春夏季（4~8月）是灌溉的重点，进入秋季后，树木的蒸腾耗水减弱，灌溉次数减少。

表 7-56 绿球不同养护等级灌溉量和灌溉次数计算

绿地类型	养护等级	灌溉量（kg·m⁻²）	各月灌溉次数							总计
			4 月	5 月	6 月	7 月	8 月	9 月	10 月	
金叶女贞	特级	15.24	15	15	18	14	17	7	8	94
	一级	11.43	15	15	15	10	13	5	6	79
	二级	11.43	5	5	6	1	4	3	4	28
大叶黄杨	特级	15.24	14	14	15	11	13	6	6	79
	一级	11.43	14	14	13	9	12	5	5	72
	二级	11.43	4	4	6	1	4	3	3	25

(2)绿篱　假设绿篱宽 1m、高 0.5m，绿篱的情况与绿球相似，但由于绿篱的叶面积指数比绿篱要小，故单位面积绿篱的耗水量、水分供求差额和灌溉次数都要少于绿球(表 7-57 ~ 7-58)。

表 7-57 绿篱不同养护等级耗水量和水分供求差额计算　　kg·m⁻²

树种	供水等级	月份	4 月	5 月	6 月	7 月	8 月	9 月	10 月	合计
		降水量	17.0	32.9	75.0	198.0	129.0	9.0	4.2	465.1
金叶女贞	充分供水	耗水量	93.6	111.8	132.2	131.2	125.8	56.4	37.5	688.6
		供求差额	76.6	78.9	57.2	-66.8	-3.2	47.4	33.3	293.5
	轻度缺水	耗水量	71.0	83.7	89.1	88.7	85.1	35.5	22.8	475.9
		供求差额	54.0	50.8	14.1	-109.3	-43.9	26.5	18.6	164.1
	中度缺水	耗水量	29.1	35.7	45.2	44.3	42.7	20.2	12.9	230.1
		供求差额	12.1	2.8	-29.8	-153.7	-86.3	11.2	8.7	34.8
大叶黄杨	充分供水	耗水量	141.9	152.4	182.6	168.8	161.2	69.7	48.9	925.5
		供求差额	124.9	119.5	107.6	-29.2	32.2	60.7	44.7	489.6
	轻度缺水	耗水量	91.4	98.5	114.5	105.7	100.7	39.9	25.9	576.7
		供求差额	74.4	65.6	39.5	-92.3	-28.3	30.9	21.7	232.1
	中度缺水	耗水量	30.1	34.9	53.7	49.1	46.5	20.5	12.8	247.5
		供求差额	13.1	2.0	-21.3	-148.9	-82.5	11.5	8.6	35.1
小叶黄杨	充分供水	耗水量	79.6	91.6	95.0	85.4	78.8	69.2	47.3	546.8
		供求差额	62.6	58.7	20.0	-112.6	-50.2	60.2	43.1	244.5
	轻度缺水	耗水量	50.5	58.4	62.2	55.7	51.6	44.2	29.7	352.3
		供求差额	33.5	25.5	-12.8	-142.3	-77.4	35.2	25.5	119.7
	中度缺水	耗水量	30.8	35.1	37.1	33.2	30.5	26.4	18.3	211.5
		供求差额	13.8	2.2	-37.9	-164.8	-98.5	17.4	14.1	47.6
紫叶小檗	充分供水	耗水量	227.4	243.3	213.4	207.9	201.3	163.5	145.5	1402.3
		供求差额	210.4	210.4	138.4	9.9	72.3	154.5	141.3	937.2
	轻度缺水	耗水量	152.5	163.2	142.8	138.5	134.4	109.7	97.7	938.8
		供求差额	135.5	130.3	67.8	-59.5	5.4	100.7	93.5	527.8
	中度缺水	耗水量	112.3	118.1	102.5	99.9	97.4	79.9	73.3	683.5
		供求差额	95.3	85.2	27.5	-98.1	-31.6	70.9	69.1	348.0

表 7-58 绿篱不同养护等级灌溉量、灌溉次数计算

绿地类型	养护等级	灌溉量 (kg·m^{-2})	各月灌溉次数							合计
			4月	5月	6月	7月	8月	9月	10月	
金叶女贞	充分供水	15.24	5	5	4	0	0	3	2	19
	轻度缺水	11.43	5	4	1	0	0	2	2	14
	中度缺水	11.43	1	0	0	0	0	1	1	3
大叶黄杨	充分供水	15.24	8	8	7	0	2	4	3	32
	轻度缺水	11.43	7	6	3	0	0	3	2	21
	中度缺水	11.43	1	0	0	0	0	1	1	3
小叶黄杨	充分供水	15.24	4	4	1	0	0	4	3	16
	轻度缺水	11.43	3	2	0	0	0	3	2	10
	中度缺水	11.43	1	0	0	0	0	2	1	4
紫叶小檗	充分供水	15.24	14	14	9	1	5	10	9	62
	轻度缺水	11.43	12	11	6	0	0	9	8	46
	中度缺水	11.43	8	7	2	0	0	6	6	29

在城市园林绿化中，绿球和绿篱一般都种植在比较重要和醒目的位置，要求有较好的观赏效果，因此应采用比较高的养护等级。值得指出的是，绿球和绿篱需要经常修剪，修剪会减少叶面积，相应减少蒸腾耗水。因此，修剪后枝叶未恢复到正常水平之前，可以适当减少灌溉次数，以节约宝贵的水资源。

(3)块状灌木　块状灌木的耗水量取决于灌木的耗水能力和叶面积指数，从植物耗水性研究结果可知，在金叶女贞、大叶黄杨、小叶黄杨、紫叶小檗和铺地柏 5 种灌木中，单位叶面积耗水量紫叶小檗 > 大叶黄杨 > 金叶女贞 > 铺地柏 > 小叶黄杨，叶面积指数金叶女贞 > 小叶黄杨 > 紫叶小檗 > 大叶黄杨 > 铺地柏。从表 7-59 可以看到，充分供水时块状灌木生长期总耗水量紫叶小檗最多，为 1 015.0 kg·m^{-2}，铺地柏、小叶黄杨和金叶女贞耗水较少，分别为 439.8 kg·m^{-2}、440.1 kg·m^{-2}和 465.1 kg·m^{-2}，大叶黄杨居中，为 555.7 kg·m^{-2}，块状紫叶小檗的耗水量是其他 4 个树种的 2 倍左右。由此可见，从节水的角度考虑，应尽量减少块状紫叶小檗的种植，或尽量将其配置在林冠下。

在上述 5 种灌木组成的块状绿地中，铺地柏的耗水量是最少的。根据试验结果，结合北京的地理气候特点分析，铺地柏为北京地区比较理想的节水植物。从复水试验中已知，铺地柏旱后恢复生机的能力强于金叶女贞和大叶黄杨。北京地处华北平原北部，春季西北风盛行，如果土地裸露，大风容易将表层土壤颗粒吹起，导致尘土飞扬，随沙尘暴而来的沙尘如果降落在裸露的地表上，也容易在大风的作用下多次飞扬。铺地柏作为理想的地被植物，不仅耗水少，对土壤干旱的适应能力强，而且枝叶繁茂，叶片表面积大，能充分发挥护土和吸尘的作用。块状灌木绿地不同养护等级的灌溉量和灌溉次数见表 7-60。

表 7-59 块状灌木绿地不同养护等级耗水量和水分供求差额计算 kg · m^{-2}

树种	供水等级	月份	4月	5月	6月	7月	8月	9月	10月	合计
		降水量	17.0	32.9	75.0	198.0	129.0	9.0	4.2	465.1
金叶女贞	充分供水	耗水量	93.7	111.9	132.4	131.4	126.0	56.5	37.5	689.4
		供求差额	76.7	79.0	57.4	-66.6	-3.0	47.5	33.3	294.0
	轻度缺水	耗水量	71.1	83.8	89.2	88.8	85.2	35.6	22.9	476.5
		供求差额	54.1	50.9	14.2	-109.2	-43.8	26.6	18.7	164.4
	中度缺水	耗水量	29.2	35.7	45.2	44.4	42.7	20.2	12.9	230.4
		供求差额	12.2	2.8	-29.8	-153.6	-86.3	11.2	8.7	34.9
大叶黄杨	充分供水	耗水量	82.2	95.3	110.8	101.6	95.2	45.5	25.0	555.7
		供求差额	65.2	62.4	35.8	-96.4	-33.8	36.5	20.8	220.7
	轻度缺水	耗水量	53.3	62.0	70.4	64.5	60.2	27.2	13.5	351.0
		供求差额	36.3	29.1	-4.6	-133.5	-68.8	18.2	9.3	92.9
	中度缺水	耗水量	20.0	25.3	34.7	31.5	29.2	14.4	6.7	161.7
		供求差额	3.0	-7.6	-40.3	-166.5	-99.8	5.4	2.5	10.9
小叶黄杨	充分供水	耗水量	62.8	75.9	78.9	70.8	64.6	54.2	32.9	440.1
		供求差额	45.8	43.0	3.9	-127.2	-64.4	45.2	28.7	166.6
	轻度缺水	耗水量	40.1	48.8	51.8	46.3	42.4	34.8	20.7	285.0
		供求差额	23.1	15.9	-23.2	-151.7	-86.6	25.8	16.5	81.4
	中度缺水	耗水量	24.2	29.1	30.6	27.4	25.0	20.7	12.8	169.8
		供求差额	7.2	-3.8	-44.4	-170.6	-104.0	11.7	8.6	27.5
紫叶小檗	充分供水	耗水量	162.1	177.9	158.5	153.1	146.9	117.6	98.9	1015.0
		供求差额	145.1	145.0	83.5	-44.9	17.9	108.6	94.7	594.8
	轻度缺水	耗水量	108.6	119.2	106.0	102.0	98.1	78.9	66.4	679.2
		供求差额	91.6	86.3	31.0	-96.0	-30.9	69.9	62.2	341.0
	中度缺水	耗水量	79.0	84.8	74.6	72.2	69.9	56.7	49.7	486.9
		供求差额	62.0	51.9	-0.4	-125.8	-59.1	47.7	45.5	207.1
铺地柏	充分供水	耗水量	55.2	69.8	90.3	83.2	77.2	42.2	22.0	439.8
		供求差额	38.2	36.9	15.3	-114.8	-51.8	33.2	17.8	141.3
	轻度缺水	耗水量	40.6	50.4	61.6	56.7	52.6	26.3	12.8	301.0
		供求差额	23.6	17.5	-13.4	-141.3	-76.4	17.3	8.6	67.0
	中度缺水	耗水量	24.6	30.2	38.5	35.4	33.2	14.8	7.1	183.9
		供求差额	7.6	-2.7	-36.5	-162.6	-95.8	5.8	2.9	16.4

表 7-60 块状灌木绿地不同养护等级灌溉量、灌溉次数计算

绿地类型	养护等级	灌溉量 (kg·m⁻²)	各月灌溉次数							合计
			4月	5月	6月	7月	8月	9月	10月	
金叶女贞	充分供水	15.24	5	5	4	0	0	3	2	19
	轻度缺水	11.43	5	4	1	0	0	2	2	14
	中度缺水	11.43	1	0	0	0	0	1	1	3
大叶黄杨	充分供水	15.24	4	4	2	0	0	2	1	13
	轻度缺水	11.43	3	3	0	0	0	2	1	9
	中度缺水	11.43	0	0	0	0	0	0	0	0
小叶黄杨	充分供水	15.24	3	3	0	0	0	3	2	11
	轻度缺水	11.43	2	1	0	0	0	2	1	6
	中度缺水	11.43	1	0	0	0	0	1	1	3
紫叶小檗	充分供水	15.24	10	10	5	0	1	7	6	39
	轻度缺水	11.43	8	8	3	0	0	6	5	30
	中度缺水	11.43	5	5	0	0	0	4	4	18
铺地柏	充分供水	15.24	3	2	1	0	0	2	1	9
	轻度缺水	11.43	2	2	0	0	0	2	1	7
	中度缺水	11.43	1	0	0	0	0	1	0	2

7.4.3.5 乔灌草型绿地

由于乔灌草型绿地中的灌木可以是绿球，也可以是块状种植。因此，乔灌草型绿地又分两种配置方式。

(1)乔木+灌木绿球+草坪　在城市休闲绿地中，常见乔木+灌木绿球+草坪的配置方式，这种绿地由于美景度和可及度高而受到人们的青睐。为了计算方便，假设乔木每公顷种植300株，胸径16cm，灌木为大叶黄杨和金叶女贞绿球，底径1.8m，每公顷配置750球，其他空地建植草坪(早熟禾或高羊茅)，8种乔木、2种灌木和2个草本植物共可组成32种绿地。因为乔木对草坪有遮荫效果，故草坪的耗水量按半光照计算。由于在灌木的种植点范围内不可能再种植草坪，故计算单位面积草坪耗水量时应减去灌木绿球所占的面积，但乔木的占地面积不需除去，因为在乔木的树冠下仍可以铺设草坪。该绿地灌溉制度各项指标的计算结果见表7-61~7-76。

表 7-61 侧柏+灌木绿球+草坪绿地不同养护等级耗水量和水分供求差额计算　kg·m⁻²

树种	供水等级	月份	4月	5月	6月	7月	8月	9月	10月	合计
		降水量	17.0	32.9	75.0	198.0	129.0	9.0	4.2	465.1
侧柏+金叶女贞+草地早熟禾	充分供水	耗水量	60.6	83.0	120.9	111.8	109.0	103.7	101.4	690.5
		供求差额	43.6	50.1	45.9	-86.2	-20.0	94.7	97.2	331.6
	轻度缺水	耗水量	42.0	56.3	87.0	80.0	77.8	66.5	65.0	474.6
		供求差额	25.0	23.4	12.0	-118.0	-51.2	57.5	60.8	178.7
	中度缺水	耗水量	23.6	30.0	47.4	42.8	41.3	36.6	35.7	257.3
		供求差额	6.6	-2.9	-27.6	-155.2	-87.7	27.6	31.5	65.7

（续）

树种	供水等级	月份	4月	5月	6月	7月	8月	9月	10月	合计
		降水量	17.0	32.9	75.0	198.0	129.0	9.0	4.2	465.1
侧柏+金叶女贞+高羊茅	充分供水	耗水量	46.4	62.4	78.0	71.6	69.6	91.1	92.6	511.8
		供求差额	29.4	29.5	3.0	-126.4	-59.4	82.1	88.4	232.4
	轻度缺水	耗水量	34.5	45.4	58.4	53.2	51.5	57.0	57.9	357.9
		供求差额	17.5	12.5	-16.6	-144.8	-77.5	48.0	53.7	131.7
	中度缺水	耗水量	20.8	26.0	37.7	33.7	32.3	23.0	23.2	196.7
		供求差额	3.8	-6.9	-37.3	-164.3	-96.7	14.0	19.0	36.8
侧柏+大叶黄杨+草地早熟禾	充分供水	耗水量	60.5	82.9	120.5	111.4	108.7	103.5	101.3	688.9
		供求差额	43.5	50.0	45.5	-86.6	-20.3	94.5	97.1	330.7
	轻度缺水	耗水量	41.9	56.2	86.9	79.9	77.7	66.4	64.9	474.0
		供求差额	24.9	23.3	11.9	-118.1	-51.3	57.4	60.7	178.2
	中度缺水	耗水量	23.5	29.9	47.4	42.8	41.3	36.5	35.7	257.1
		供求差额	6.5	-3.0	-27.6	-155.2	-87.7	27.5	31.5	65.5
侧柏+大叶黄杨+高羊茅	充分供水	耗水量	46.3	62.3	77.6	71.3	69.2	91.0	92.5	510.2
		供求差额	29.3	29.4	2.6	-126.7	-59.8	82.0	88.3	231.6
	轻度缺水	耗水量	34.4	45.3	58.3	53.1	51.4	56.9	57.8	357.2
		供求差额	17.4	12.4	-16.7	-144.9	-77.6	47.9	53.6	131.3
	中度缺水	耗水量	20.8	25.9	37.6	33.7	32.3	22.9	23.2	196.5
		供求差额	3.8	-7.0	-37.4	-164.3	-96.7	13.9	19.0	36.7

表 7-62　油松+灌木绿球+草坪绿地不同养护等级耗水量和水分供求差额计算　$kg \cdot m^{-2}$

树种	供水等级	月份	4月	5月	6月	7月	8月	9月	10月	合计
		降水量	17.0	32.9	75.0	198.0	129.0	9.0	4.2	465.1
油松+金叶女贞+草地早熟禾	充分供水	耗水量	60.6	83.4	119.6	112.1	109.3	103.9	101.9	690.9
		供求差额	43.6	50.5	44.6	-85.9	-19.7	94.9	97.7	331.3
	轻度缺水	耗水量	42.0	56.7	85.8	80.4	78.1	66.6	65.4	475.0
		供求差额	25.0	23.8	10.8	-117.6	-50.9	57.6	61.2	178.4
	中度缺水	耗水量	23.6	30.4	46.1	43.2	41.6	36.7	36.2	257.7
		供求差额	6.6	-2.5	-28.9	-154.8	-87.4	27.7	32.0	66.3
油松+金叶女贞+高羊茅	充分供水	耗水量	46.4	62.8	76.7	72.0	69.9	91.3	93.1	512.2
		供求差额	29.4	29.9	1.7	-126.0	-59.1	82.3	88.9	232.2
	轻度缺水	耗水量	34.5	45.8	57.2	53.6	51.8	57.1	58.3	358.3
		供求差额	17.5	12.9	-17.8	-144.4	-77.2	48.1	54.1	132.6
	中度缺水	耗水量	20.8	26.4	36.4	34.1	32.6	23.1	23.7	197.1
		供求差额	3.8	-6.5	-38.6	-163.9	-96.4	14.1	19.5	37.4
油松+大叶黄杨+草地早熟禾	充分供水	耗水量	60.5	83.3	119.3	111.8	109.0	103.7	101.7	689.3
		供求差额	43.5	50.4	44.3	-86.2	-20.0	94.7	97.5	330.4
	轻度缺水	耗水量	41.9	56.6	85.7	80.3	78.0	66.5	65.3	474.4
		供求差额	24.9	23.7	10.7	-117.7	-51.0	57.5	61.1	178.0
	中度缺水	耗水量	23.5	30.3	46.1	43.2	41.6	36.7	36.1	257.5
		供求差额	6.5	-2.6	-28.9	-154.8	-87.4	27.7	31.9	66.1

（续）

树种	供水等级	月份	4月	5月	6月	7月	8月	9月	10月	合计
		降水量	17.0	32.9	75.0	198.0	129.0	9.0	4.2	465.1
油松+大叶黄杨+高羊茅	充分供水	耗水量	46.3	62.7	76.4	71.6	69.5	91.1	92.9	510.6
		供求差额	29.3	29.8	1.4	-126.4	-59.5	82.1	88.7	231.3
	轻度缺水	耗水量	34.4	45.8	57.1	53.5	51.7	57.0	58.2	357.6
		供求差额	17.4	12.9	-17.9	-144.5	-77.3	48.0	54.0	132.3
	中度缺水	耗水量	20.8	26.3	36.4	34.1	32.6	23.1	23.6	196.9
		供求差额	3.8	-6.6	-38.6	-163.9	-96.4	14.1	19.4	37.2

表7-63　元宝枫+灌木绿球+草坪绿地不同养护等级耗水量和水分供求差额计算　kg·m^{-2}

树种	供水等级	月份	4月	5月	6月	7月	8月	9月	10月	合计
		降水量	17.0	32.9	75.0	198.0	129.0	9.0	4.2	465.1
元宝枫+金叶女贞+草地早熟禾	充分供水	耗水量	65.9	85.6	123.3	118.1	111.7	106.6	103.2	714.4
		供求差额	48.9	52.7	48.3	-79.9	-17.3	97.6	99.0	346.5
	轻度缺水	耗水量	47.3	58.9	89.4	86.3	80.5	69.3	66.8	498.5
		供求差额	30.3	26.0	14.4	-111.7	-48.5	60.3	62.6	193.6
	中度缺水	耗水量	28.9	32.6	49.8	49.1	44.0	39.4	37.5	281.2
		供求差额	11.9	-0.3	-25.2	-148.9	-85.0	30.4	33.3	75.6
元宝枫+金叶女贞+高羊茅	充分供水	耗水量	51.7	65.0	80.4	77.9	72.3	94.0	94.4	535.7
		供求差额	34.7	32.1	5.4	-120.1	-56.7	85.0	90.2	247.4
	轻度缺水	耗水量	39.8	48.0	60.8	59.5	54.2	59.8	59.6	381.8
		供求差额	22.8	15.1	-14.2	-138.5	-74.8	50.8	55.4	144.2
	中度缺水	耗水量	26.1	28.6	40.1	40.0	35.0	25.8	25.0	220.6
		供求差额	9.1	-4.3	-34.9	-158.0	-94.0	16.8	20.8	46.7
元宝枫+大叶黄杨+草地早熟禾	充分供水	耗水量	65.8	85.5	122.9	117.7	111.4	106.4	103.0	712.8
		供求差额	48.8	52.6	47.9	-80.3	-17.6	97.4	98.8	345.6
	轻度缺水	耗水量	47.2	58.8	89.3	86.2	80.4	69.2	66.7	497.9
		供求差额	30.2	25.9	14.3	-111.8	-48.6	60.2	62.5	193.2
	中度缺水	耗水量	28.8	32.5	49.8	49.1	44.0	39.4	37.5	281.0
		供求差额	11.8	-0.4	-25.2	-148.9	-85.0	30.4	33.3	75.5
元宝枫+大叶黄杨+高羊茅	充分供水	耗水量	51.6	64.9	80.0	77.5	71.9	93.8	94.2	534.1
		供求差额	34.6	32.0	5.0	-120.5	-57.1	84.8	90.0	246.5
	轻度缺水	耗水量	39.7	47.9	60.7	59.4	54.1	59.7	59.5	381.1
		供求差额	22.7	15.0	-14.3	-138.6	-74.9	50.7	55.3	143.8
	中度缺水	耗水量	26.0	28.5	40.1	40.0	35.0	25.8	25.0	220.4
		供求差额	9.0	-4.4	-34.9	-158.0	-94.0	16.8	20.8	46.6

表 7-64　刺槐 + 灌木绿球 + 草坪绿地不同养护等级耗水量和水分供求差额计算　kg·m⁻²

树种	供水等级	月份	4月	5月	6月	7月	8月	9月	10月	合计
		降水量	17.0	32.9	75.0	198.0	129.0	9.0	4.2	465.1
刺槐+金叶女贞+草地早熟禾	充分供水	耗水量	58.4	90.2	121.8	119.1	118.7	115.3	111.7	735.2
		供求差额	41.4	57.3	46.8	-78.9	-10.3	106.3	107.5	359.2
	轻度缺水	耗水量	39.8	63.4	87.9	87.3	87.5	78.1	75.3	519.4
		供求差额	22.8	30.5	12.9	-110.7	-41.5	69.1	71.1	206.4
	中度缺水	耗水量	21.3	37.1	48.3	50.1	51.0	48.2	46.0	302.1
		供求差额	4.3	4.2	-26.7	-147.9	-78.0	39.2	41.8	89.5
刺槐+金叶女贞+高羊茅	充分供水	耗水量	44.1	69.6	78.9	79.0	79.3	102.7	102.9	556.5
		供求差额	27.1	36.7	3.9	-119.0	-49.7	93.7	98.7	260.1
	轻度缺水	耗水量	32.3	52.6	59.3	60.5	61.2	68.6	68.1	402.6
		供求差额	15.3	19.7	-15.7	-137.5	-67.8	59.6	63.9	158.4
	中度缺水	耗水量	18.6	33.2	38.6	41.0	42.0	34.5	33.5	241.4
		供求差额	1.6	0.3	-36.4	-157.0	-87.0	25.5	29.3	56.7
刺槐+大叶黄杨+草地早熟禾	充分供水	耗水量	58.3	90.1	121.4	118.8	118.4	115.1	111.5	733.6
		供求差额	41.3	57.2	46.4	-79.2	-10.6	106.1	107.3	358.4
	轻度缺水	耗水量	39.7	63.3	87.8	87.2	87.4	78.0	75.2	518.7
		供求差额	22.7	30.4	12.8	-110.8	-41.6	69.0	71.0	205.9
	中度缺水	耗水量	21.3	37.1	48.3	50.1	51.0	48.1	46.0	301.8
		供求差额	4.3	4.2	-26.7	-147.9	-78.0	39.1	41.8	89.3
刺槐+大叶黄杨+高羊茅	充分供水	耗水量	44.0	69.5	78.6	78.6	78.9	102.5	102.7	554.9
		供求差额	27.0	36.6	3.6	-119.4	-50.1	93.5	98.5	259.2
	轻度缺水	耗水量	32.2	52.5	59.2	60.4	61.1	68.5	68.1	401.9
		供求差额	15.2	19.6	-15.8	-137.6	-67.9	59.5	63.9	158.1
	中度缺水	耗水量	18.5	33.1	38.6	41.0	42.0	34.5	33.5	241.2
		供求差额	1.5	0.2	-36.4	-157.0	-87.0	25.5	29.3	56.5

表 7-65　槐树 + 灌木绿球 + 草坪绿地不同养护等级耗水量和水分供求差额计算　kg·m⁻²

树种	供水等级	月份	4月	5月	6月	7月	8月	9月	10月	合计
		降水量	17.0	32.9	75.0	198.0	129.0	9.0	4.2	465.1
槐树+金叶女贞+草地早熟禾	充分供水	耗水量	54.1	81.8	119.3	113.8	115.7	109.1	105.8	699.7
		供求差额	37.1	48.9	44.3	-84.2	-13.3	100.1	101.6	332.1
	轻度缺水	耗水量	35.6	55.0	85.5	82.0	84.5	71.8	69.4	483.8
		供求差额	18.6	22.1	10.5	-116.0	-44.5	62.8	65.2	179.2
	中度缺水	耗水量	17.1	28.7	45.9	44.8	48.0	41.9	40.1	266.5
		供求差额	0.1	-4.2	-29.1	-153.2	-81.0	32.9	35.9	69.0
槐树+金叶女贞+高羊茅	充分供水	耗水量	39.9	61.2	76.5	73.6	76.3	96.5	97.0	521.0
		供求差额	22.9	28.3	1.5	-124.4	-52.7	87.5	92.8	233.0
	轻度缺水	耗水量	28.1	44.2	56.9	55.2	58.2	62.3	62.2	367.1
		供求差额	11.1	11.3	-18.1	-142.8	-70.8	53.3	58.0	133.7
	中度缺水	耗水量	14.4	24.7	36.1	35.7	39.0	28.3	27.6	205.9
		供求差额	-2.6	-8.2	-38.9	-162.3	-90.0	19.3	23.4	42.7

（续）

树种	供水等级	月份	4月	5月	6月	7月	8月	9月	10月	合计
		降水量	17.0	32.9	75.0	198.0	129.0	9.0	4.2	465.1
槐树+大叶黄杨+草地早熟禾	充分供水	耗水量	54.1	81.7	119.0	113.4	115.4	108.9	105.6	698.1
		供求差额	37.1	48.8	44.0	-84.6	-13.6	99.9	101.4	331.2
	轻度缺水	耗水量	35.5	54.9	85.4	81.9	84.4	71.8	69.3	483.2
		供求差额	18.5	22.0	10.4	-116.1	-44.6	62.8	65.1	178.8
	中度缺水	耗水量	17.0	28.6	45.9	44.8	48.0	41.9	40.1	266.3
		供求差额	0.0	-4.3	-29.1	-153.2	-81.0	32.9	35.9	68.8
槐树+大叶黄杨+高羊茅	充分供水	耗水量	39.8	61.1	76.1	73.3	75.9	96.3	96.8	519.4
		供求差额	22.8	28.2	1.1	-124.7	-53.1	87.3	92.6	232.1
	轻度缺水	耗水量	28.0	44.1	56.8	55.1	58.1	62.2	62.2	366.4
		供求差额	11.0	11.2	-18.2	-142.9	-70.9	53.2	58.0	133.4
	中度缺水	耗水量	14.3	24.7	36.1	35.7	39.0	28.3	27.6	205.7
		供求差额	-2.7	-8.2	-38.9	-162.3	-90.0	19.3	23.4	42.7

表 7-66　银杏＋灌木绿球＋草坪绿地不同养护等级耗水量和水分供求差额计算　kg·m^{-2}

树种	供水等级	月份	4月	5月	6月	7月	8月	9月	10月	合计
		降水量	17.0	32.9	75.0	198.0	129.0	9.0	4.2	465.1
银杏+金叶女贞+草地早熟禾	充分供水	耗水量	57.4	87.1	123.5	117.7	121.5	114.1	109.5	730.7
		供求差额	40.4	54.2	48.5	-80.3	-7.5	105.1	105.3	353.4
	轻度缺水	耗水量	38.8	60.3	89.7	85.9	90.3	76.9	73.1	514.9
		供求差额	21.8	27.4	14.7	-112.1	-38.7	67.9	68.9	200.6
	中度缺水	耗水量	20.3	34.0	50.0	48.7	53.8	47.0	43.8	297.6
		供求差额	3.3	1.1	-25.0	-149.3	-75.2	38.0	39.6	82.0
银杏+金叶女贞+高羊茅	充分供水	耗水量	43.1	66.5	80.6	77.5	82.1	101.5	100.7	552.0
		供求差额	26.1	33.6	5.6	-120.5	-46.9	92.5	96.5	254.3
	轻度缺水	耗水量	31.3	49.5	61.1	59.1	64.0	67.4	65.9	398.2
		供求差额	14.3	16.6	-13.9	-138.9	-65.0	58.4	61.7	150.9
	中度缺水	耗水量	17.6	30.1	40.3	39.6	44.8	33.3	31.3	237.0
		供求差额	0.6	-2.8	-34.7	-158.4	-84.2	24.3	27.1	52.0
银杏+大叶黄杨+草地早熟禾	充分供水	耗水量	57.3	87.0	123.2	117.3	121.1	113.9	109.3	729.1
		供求差额	40.3	54.1	48.2	-80.7	-7.9	104.9	105.1	352.6
	轻度缺水	耗水量	38.7	60.2	89.6	85.8	90.2	76.8	73.0	514.2
		供求差额	21.7	27.3	14.6	-112.2	-38.8	67.8	68.8	200.1
	中度缺水	耗水量	20.3	34.0	50.0	48.7	53.7	46.9	43.7	297.3
		供求差额	3.3	1.1	-25.0	-149.3	-75.3	37.9	39.5	81.8
银杏+大叶黄杨+高羊茅	充分供水	耗水量	43.0	66.4	80.3	77.2	81.7	101.3	100.5	550.4
		供求差额	26.0	33.5	5.3	-120.8	-47.3	92.3	96.3	253.4
	轻度缺水	耗水量	31.2	49.4	61.0	59.0	63.9	67.3	65.8	397.5
		供求差额	14.2	16.5	-14.0	-139.0	-65.1	58.3	61.6	150.6
	中度缺水	耗水量	17.5	30.0	40.3	39.6	44.8	33.3	31.2	236.7
		供求差额	0.5	-2.9	-34.7	-158.4	-84.2	24.3	27.0	51.9

表 7-67　鹅掌楸 + 灌木绿球 + 草坪绿地不同养护等级耗水量和水分供求差额计算　$kg \cdot m^{-2}$

树种	供水等级	月份	4月	5月	6月	7月	8月	9月	10月	合计
		降水量	17.0	32.9	75.0	198.0	129.0	9.0	4.2	465.1
鹅掌楸 + 金叶女贞 + 草地早熟禾	充分供水	耗水量	62.5	104.0	137.8	128.6	127.9	126.9	120.6	808.3
		供求差额	45.5	71.1	62.8	-69.4	-1.1	117.9	116.4	413.8
	轻度缺水	耗水量	43.9	77.3	104.0	96.8	96.6	89.7	84.1	592.5
		供求差额	26.9	44.4	29.0	-101.2	-32.4	80.7	79.9	261.0
	中度缺水	耗水量	25.5	51.0	64.4	59.6	60.1	59.8	54.9	375.2
		供求差额	8.5	18.1	-10.6	-138.4	-68.9	50.8	50.7	128.0
鹅掌楸 + 金叶女贞 + 高羊茅	充分供水	耗水量	48.3	83.4	95.0	88.4	88.4	114.3	111.8	629.6
		供求差额	31.3	50.5	20.0	-109.6	-40.6	105.3	107.6	314.7
	轻度缺水	耗水量	36.4	66.5	75.4	70.0	70.3	80.2	77.0	475.8
		供求差额	19.4	33.6	0.4	-128.0	-58.7	71.2	72.8	197.3
	中度缺水	耗水量	22.7	47.0	54.6	50.5	51.2	46.2	42.4	314.6
		供求差额	5.7	14.1	-20.4	-147.5	-77.8	37.2	38.2	95.2
鹅掌楸 + 大叶黄杨 + 草地早熟禾	充分供水	耗水量	62.4	104.0	137.5	128.2	127.5	126.8	120.4	806.7
		供求差额	45.4	71.1	62.5	-69.8	-1.5	117.8	116.2	412.9
	轻度缺水	耗水量	43.8	77.2	103.9	96.7	96.5	89.6	84.1	591.8
		供求差额	26.8	44.3	28.9	-101.3	-32.5	80.6	79.9	260.5
	中度缺水	耗水量	25.4	50.9	64.4	59.6	60.1	59.7	54.8	375.0
		供求差额	8.4	18.0	-10.6	-138.4	-68.9	50.7	50.6	127.8
鹅掌楸 + 大叶黄杨 + 高羊茅	充分供水	耗水量	48.2	83.4	94.6	88.1	88.1	114.2	111.6	628.0
		供求差额	31.2	50.5	19.6	-109.9	-40.9	105.2	107.4	313.8
	轻度缺水	耗水量	36.3	66.4	75.3	69.9	70.2	80.1	76.9	475.1
		供求差额	19.3	33.5	0.3	-128.1	-58.8	71.1	72.7	196.9
	中度缺水	耗水量	22.6	47.0	54.6	50.5	51.2	46.1	42.3	314.4
		供求差额	5.6	14.1	-20.4	-147.5	-77.8	37.1	38.1	95.0

表 7-68　白玉兰 + 灌木绿球 + 草坪绿地不同养护等级耗水量和水分供求差额计算　$kg \cdot m^{-2}$

树种	供水等级	月份	4月	5月	6月	7月	8月	9月	10月	合计
		降水量	17.0	32.9	75.0	198.0	129.0	9.0	4.2	465.1
白玉兰 + 金叶女贞 + 草地早熟禾	充分供水	耗水量	61.5	98.8	137.4	117.7	118.7	125.0	122.8	781.9
		供求差额	44.5	65.9	62.4	-80.3	-10.3	116.0	118.6	407.4
	轻度缺水	耗水量	43.0	72.0	103.5	85.9	87.5	87.8	86.4	566.1
		供求差额	26.0	39.1	28.5	-112.1	-41.5	78.8	82.2	254.5
	中度缺水	耗水量	24.5	45.7	63.9	48.7	51.0	57.9	57.1	348.7
		供求差额	7.5	12.8	-11.1	-149.3	-78.0	48.9	52.9	122.1
白玉兰 + 金叶女贞 + 高羊茅	充分供水	耗水量	47.3	78.2	94.5	77.5	79.3	112.4	114.0	603.2
		供求差额	30.3	45.3	19.5	-120.5	-49.7	103.4	109.8	308.3
	轻度缺水	耗水量	35.5	61.2	74.9	59.1	61.2	78.3	79.2	449.3
		供求差额	18.5	28.3	-0.1	-138.9	-67.8	69.3	75.0	191.0
	中度缺水	耗水量	21.8	41.7	54.1	39.6	42.0	44.3	44.6	288.1
		供求差额	4.8	8.8	-20.9	-158.4	-87.0	35.3	40.4	89.3

（续）

树种	供水等级	月份	4月	5月	6月	7月	8月	9月	10月	合计
		降水量	17.0	32.9	75.0	198.0	129.0	9.0	4.2	465.1
白玉兰+大叶黄杨+草地早熟禾	充分供水	耗水量	61.5	98.7	137.0	117.3	118.3	124.8	122.6	780.3
		供求差额	44.5	65.8	62.0	-80.7	-10.7	115.8	118.4	406.5
	轻度缺水	耗水量	42.9	71.9	103.4	85.8	87.4	87.7	86.3	565.4
		供求差额	25.9	39.0	28.4	-112.2	-41.6	78.7	82.1	254.1
	中度缺水	耗水量	24.4	45.6	63.9	48.7	51.0	57.8	57.1	348.5
		供求差额	7.4	12.7	-11.1	-149.3	-78.0	48.8	52.9	121.9
白玉兰+大叶黄杨+高羊茅	充分供水	耗水量	47.2	78.1	94.1	77.2	78.9	112.3	113.8	601.6
		供求差额	30.2	45.2	19.1	-120.8	-50.1	103.3	109.6	307.4
	轻度缺水	耗水量	35.4	61.1	74.8	59.0	61.1	78.2	79.1	448.6
		供求差额	18.4	28.2	-0.2	-139.0	-67.9	69.2	74.9	190.7
	中度缺水	耗水量	21.7	41.7	54.1	39.6	42.0	44.2	44.6	287.9
		供求差额	4.7	8.8	-20.9	-158.4	-87.0	35.2	40.4	89.0

乔木+灌木绿球+草坪绿地的耗水量由绿地各组成成分的耗水量和土壤蒸散构成，从表6-61~6-68可以看到，从总共32种组合中，耗水量最大的为鹅掌楸+金叶女贞+草地早熟禾组合，充分供水时生长期的总耗水量为808.3 kg·m^{-2}，最少的为侧柏+大叶黄杨+高羊茅组合，充分供水时生长期的总耗水量为510.2 kg·m^{-2}，其他组合介于两者之间。乔木+灌木绿球+草坪绿地的耗水量之所以比较多，是因为这种配置模式中草坪的覆盖面积大，因此，该种绿地水分管理的重点是草坪。

表7-69　侧柏+灌木绿球+草坪绿地不同养护等级灌溉量和灌溉次数计算

绿地类型	养护等级	灌溉量（kg·m^{-2}）	各月灌溉次数 4月	5月	6月	7月	8月	9月	10月	合计
侧柏+金叶女贞+草地早熟禾	充分供水	5.08	9	10	9	0	0	19	19	66
	轻度缺水	3.81	7	6	3	0	0	15	16	47
	中度缺水	3.81	2	0	0	0	0	7	8	17
侧柏+金叶女贞+高羊茅	充分供水	5.08	6	6	1	0	0	16	17	46
	轻度缺水	3.81	5	3	0	0	0	13	14	35
	中度缺水	3.81	1	0	0	0	0	4	5	10
侧柏+大叶黄杨+草地早熟禾	充分供水	5.08	9	10	9	0	0	19	19	66
	轻度缺水	3.81	7	6	3	0	0	15	16	47
	中度缺水	3.81	2	0	0	0	0	7	8	17
侧柏+大叶黄杨+高羊茅	充分供水	5.08	6	6	1	0	0	16	17	46
	轻度缺水	3.81	5	3	0	0	0	13	14	35
	中度缺水	3.81	1	0	0	0	0	4	5	10

表 7-70 油松 + 灌木绿球 + 草坪绿地不同养护等级灌溉量和灌溉次数计算

绿地类型	养护等级	灌溉量（kg·m^{-2}）	各月灌溉次数							合计
			4月	5月	6月	7月	8月	9月	10月	
油松 + 金叶女贞 + 草地早熟禾	充分供水	5.08	9	10	9	0	0	19	19	66
	轻度缺水	3.81	7	6	3	0	0	15	16	47
	中度缺水	3.81	2	0	0	0	0	7	8	17
油松 + 金叶女贞 + 高羊茅	充分供水	5.08	6	6	0	0	0	16	17	45
	轻度缺水	3.81	5	3	0	0	0	13	14	35
	中度缺水	3.81	1	0	0	0	0	4	5	10
油松 + 大叶黄杨 + 草地早熟禾	充分供水	5.08	9	10	9	0	0	19	19	66
	轻度缺水	3.81	7	6	3	0	0	15	16	47
	中度缺水	3.81	2	0	0	0	0	7	8	17
油松 + 大叶黄杨 + 高羊茅	充分供水	5.08	6	6	0	0	0	16	17	45
	轻度缺水	3.81	5	3	0	0	0	13	14	35
	中度缺水	3.81	1	0	0	0	0	4	5	10

表 7-71 元宝枫 + 灌木绿球 + 草坪绿地不同养护等级灌溉量和灌溉次数计算

绿地类型	养护等级	灌溉量（kg·m^{-2}）	各月灌溉次数							合计
			4月	5月	6月	7月	8月	9月	10月	
元宝枫 + 金叶女贞 + 草地早熟禾	充分供水	5.08	10	10	10	0	0	19	19	68
	轻度缺水	3.81	8	7	4	0	0	16	16	51
	中度缺水	3.81	3	0	0	0	0	8	9	20
元宝枫 + 金叶女贞 + 高羊茅	充分供水	5.08	7	6	1	0	0	17	18	49
	轻度缺水	3.81	6	4	0	0	0	13	15	38
	中度缺水	3.81	2	0	0	0	0	4	5	11
元宝枫 + 大叶黄杨 + 草地早熟禾	充分供水	5.08	10	10	9	0	0	19	19	68
	轻度缺水	3.81	8	7	4	0	0	16	16	51
	中度缺水	3.81	3	0	0	0	0	8	9	20
元宝枫 + 大叶黄杨 + 高羊茅	充分供水	5.08	7	6	1	0	0	17	18	49
	轻度缺水	3.81	6	4	0	0	0	13	15	38
	中度缺水	3.81	2	0	0	0	0	4	5	11

表 7-72 刺槐+灌木绿球+草坪绿地不同养护等级灌溉量和灌溉次数计算

绿地类型	养护等级	灌溉量（kg·m^{-2}）	各月灌溉次数							合计
			4月	5月	6月	7月	8月	9月	10月	
刺槐+金叶女贞球+草地早熟禾	充分供水	5.08	8	11	9	0	0	21	21	70
	轻度缺水	3.81	6	8	3	0	0	18	19	54
	中度缺水	3.81	1	1	0	0	0	10	11	23
刺槐+金叶女贞球+高羊茅	充分供水	5.08	5	7	2	0	0	18	19	51
	轻度缺水	3.81	4	5	0	0	0	16	17	42
	中度缺水	3.81	1	0	0	0	0	7	8	16
刺槐+大叶黄杨球+草地早熟禾	充分供水	5.08	8	11	9	0	0	21	21	70
	轻度缺水	3.81	6	8	3	0	0	18	19	54
	中度缺水	3.81	1	1	0	0	0	10	11	23
刺槐+大叶黄杨球+高羊茅	充分供水	5.08	5	7	1	0	0	18	19	50
	轻度缺水	3.81	4	5	0	0	0	16	17	42
	中度缺水	3.81	0	0	0	0	0	7	8	15

表 7-73 槐树+灌木绿球+草坪绿地不同养护等级灌溉量和灌溉次数计算

绿地类型	养护等级	灌溉量（kg·m^{-2}）	各月灌溉次数							合计
			4月	5月	6月	7月	8月	9月	10月	
槐树+金叶女贞+草地早熟禾	充分供水	5.08	7	10	9	0	0	20	20	66
	轻度缺水	3.81	5	6	3	0	0	16	17	47
	中度缺水	3.81	1	0	0	0	0	9	9	19
槐树+金叶女贞+高羊茅	充分供水	5.08	5	6	0	0	0	17	18	46
	轻度缺水	3.81	3	3	0	0	0	14	15	35
	中度缺水	3.81	1	0	0	0	0	5	6	12
槐树+大叶黄杨+草地早熟禾	充分供水	5.08	7	10	9	0	0	20	20	66
	轻度缺水	3.81	5	6	3	0	0	16	17	47
	中度缺水	3.81	0	0	0	0	0	9	9	18
槐树+大叶黄杨+高羊茅	充分供水	5.08	4	6	0	0	0	17	18	45
	轻度缺水	3.81	3	3	0	0	0	14	15	35
	中度缺水	3.81	0	0	0	0	0	5	6	11

表 7-74　银杏＋灌木绿球＋草坪绿地不同养护等级灌溉量和灌溉次数计算

绿地类型	养护等级	灌溉量（kg·m^{-2}）	各月灌溉次数							合计
			4月	5月	6月	7月	8月	9月	10月	
银杏＋金叶女贞＋草地早熟禾	充分供水	5.08	8	11	10	0	0	21	21	71
	轻度缺水	3.81	7	7	4	0	0	18	18	54
	中度缺水	3.81	1	1	0	0	0	10	10	22
银杏＋金叶女贞＋高羊茅	充分供水	5.08	6	7	1	0	0	18	19	51
	轻度缺水	3.81	4	4	0	0	0	15	16	39
	中度缺水	3.81	1	0	0	0	0	6	7	14
银杏＋大叶黄杨＋草地早熟禾	充分供水	5.08	8	11	9	0	0	21	21	70
	轻度缺水	3.81	6	7	4	0	0	18	18	53
	中度缺水	3.81	1	0	0	0	0	10	10	21
银杏＋大叶黄杨＋高羊茅	充分供水	5.08	5	7	1	0	0	18	19	50
	轻度缺水	3.81	4	4	0	0	0	15	16	39
	中度缺水	3.81	0	0	0	0	0	6	7	13

表 7-75　鹅掌楸＋灌木绿球＋草坪绿地不同养护等级灌溉量和灌溉次数计算

绿地类型	养护等级	灌溉量（kg·m^{-2}）	各月灌溉次数							合计
			4月	5月	6月	7月	8月	9月	10月	
鹅掌楸＋金叶女贞＋草地早熟禾	充分供水	5.08	9	14	13	0	0	23	23	82
	轻度缺水	3.81	7	12	8	0	0	21	21	69
	中度缺水	3.81	2	5	0	0	0	13	13	33
鹅掌楸＋金叶女贞＋高羊茅	充分供水	5.08	6	10	4	0	0	21	21	62
	轻度缺水	3.81	5	9	0	0	0	19	19	52
	中度缺水	3.81	2	4	0	0	0	10	10	26
鹅掌楸＋大叶黄杨＋草地早熟禾	充分供水	5.08	9	14	12	0	0	23	23	81
	轻度缺水	3.81	7	12	7	0	0	21	21	68
	中度缺水	3.81	2	4	0	0	0	13	13	32
鹅掌楸＋大叶黄杨＋高羊茅	充分供水	5.08	6	10	4	0	0	21	20	61
	轻度缺水	3.81	5	9	0	0	0	18	19	51
	中度缺水	3.81	1	3	0	0	0	10	10	24

表 7-76 白玉兰＋灌木绿球＋草坪绿地不同养护等级灌溉量和灌溉次数计算

绿地类型	养护等级	灌溉量（kg·m^{-2}）	各月灌溉次数							合计
			4月	5月	6月	7月	8月	9月	10月	
白玉兰＋金叶女贞＋草地早熟禾	充分供水	5.08	9	13	12	0	0	23	23	80
	轻度缺水	3.81	7	10	7	0	0	21	22	67
	中度缺水	3.81	2	3	0	0	0	13	14	32
白玉兰＋金叶女贞＋高羊茅	充分供水	5.08	6	9	4	0	0	20	22	61
	轻度缺水	3.81	5	7	0	0	0	18	20	50
	中度缺水	3.81	1	2	0	0	0	9	11	23
白玉兰＋大叶黄杨＋草地早熟禾	充分供水	5.08	8	13	12	0	0	23	23	79
	轻度缺水	3.81	7	10	7	0	0	21	21	66
	中度缺水	3.81	2	3	0	0	0	13	13	31
白玉兰＋大叶黄杨＋高羊茅	充分供水	5.08	6	9	4	0	0	20	21	60
	轻度缺水	3.81	5	7	0	0	0	18	19	49
	中度缺水	3.81	1	2	0	0	0	9	10	22

由于乔木＋灌木绿球＋草坪的配置模式耗水量比较大，相应地灌溉次数也比较多，从表7-69～7-76可看到，秋季是这种绿地灌溉的重点。因为草坪在秋季的蒸腾仍十分强烈，而北京的秋季降水量稀少，导致土壤水分亏缺，当然春季也要进行适度灌溉。另外，虽然这种绿地水分管理的重点是草坪，但绿球的叶面积指数大，蒸腾耗水多，也要给予特别关照，在这种配置方式中，绿球的数量一般不多，因此，在给予绿地普遍灌溉的同时可以适当增加绿球的浇水量，保证30cm土层充分湿润。

(2)乔木＋块状灌木＋草坪　这种配置方式由于观赏价值高，在城市园林绿化中很常见。假定乔木呈疏林种植，每公顷种植300株，平均胸径16cm，灌木呈块状配置，占绿地面积的30%，其余70%的地方建植草坪，8种乔木、5种灌木和2种草坪草可交叉形成80种组合，为了不使表格过于冗长，以北京园林绿地中最具代表性的两种针叶树和两种阔叶树为例，它们分别是侧柏、油松、刺槐和槐树，说明计算的过程(表7-77～7-84)。

表 7-77 侧柏＋块状灌木＋草地早熟禾不同养护等级耗水量和水分供求差额计算　kg·m^{-2}

树种	供水等级	月份	4月	5月	6月	7月	8月	9月	10月	合计
		降水量	17.0	32.9	75.0	198.0	129.0	9.0	4.2	465.1
侧柏＋金叶女贞＋草地早熟禾	充分供水	耗水量	62.8	78.9	110.5	104.7	102.5	82.8	81.6	623.9
		供求差额	45.8	46.0	35.5	−93.3	−26.5	73.8	77.4	278.6
	轻度缺水	耗水量	46.1	56.4	79.1	74.4	72.6	53.1	52.3	433.9
		供求差额	29.1	23.5	4.1	−123.6	−56.4	44.1	48.1	148.9
	中度缺水	耗水量	23.6	28.0	42.5	39.1	37.9	29.7	29.2	230.0
		供求差额	6.6	−4.9	−32.5	−158.9	−91.1	20.7	25.0	52.4

（续）

树种	供水等级	月份	4月	5月	6月	7月	8月	9月	10月	合计
		降水量	17.0	32.9	75.0	198.0	129.0	9.0	4.2	465.1
侧柏+大叶黄杨+草地早熟禾	充分供水	耗水量	59.3	74.0	104.1	95.8	93.3	79.5	77.8	583.8
		供求差额	42.3	41.1	29.1	-102.2	-35.7	70.5	73.6	256.6
	轻度缺水	耗水量	40.7	49.9	73.4	67.1	65.1	50.6	49.5	396.3
		供求差额	23.7	17.0	-1.6	-130.9	-63.9	41.6	45.3	127.6
	中度缺水	耗水量	20.8	24.8	39.4	35.2	33.8	28.0	27.4	209.4
		供求差额	3.8	-8.1	-35.6	-162.8	-95.2	19.0	23.2	46.0
侧柏+小叶黄杨+草地早熟禾	充分供水	耗水量	53.5	68.1	94.5	86.6	84.1	82.2	80.2	549.2
		供求差额	36.5	35.2	19.5	-111.4	-44.9	73.2	76.0	240.4
	轻度缺水	耗水量	36.8	46.0	67.8	61.6	59.8	52.9	51.6	376.5
		供求差额	19.8	13.1	-7.2	-136.4	-69.2	43.9	47.4	124.2
	中度缺水	耗水量	22.1	26.0	38.2	34.0	32.5	29.9	29.2	211.8
		供求差额	5.1	-6.9	-36.8	-164.0	-96.5	20.9	25.0	51.0
侧柏+紫叶小檗+草地早熟禾	充分供水	耗水量	83.3	98.7	118.4	111.2	108.8	101.2	100.0	721.6
		供求差额	66.3	65.8	43.4	-86.8	-20.2	92.2	95.8	363.4
	轻度缺水	耗水量	57.3	67.1	84.1	78.3	76.5	66.1	65.3	494.7
		供求差额	40.3	34.2	9.1	-119.7	-52.5	57.1	61.1	201.9
	中度缺水	耗水量	38.6	42.7	51.3	47.4	46.0	40.7	40.2	306.9
		供求差额	21.6	9.8	-23.7	-150.6	-83.0	31.7	36.0	99.1
侧柏+铺地柏+草地早熟禾	充分供水	耗水量	51.2	66.3	97.9	90.3	87.9	78.6	76.9	549.1
		供求差额	34.2	33.4	22.9	-107.7	-41.1	69.6	72.7	232.8
	轻度缺水	耗水量	36.9	46.4	70.8	64.8	62.8	50.3	49.3	381.3
		供求差额	19.9	13.5	-4.2	-133.2	-66.2	41.3	45.1	119.9
	中度缺水	耗水量	22.2	26.3	40.5	36.4	35.0	28.1	27.5	216.0
		供求差额	5.2	-6.6	-34.5	-161.6	-94.0	19.1	23.3	47.6

表 7-78　侧柏+块状灌木+高羊茅不同养护等级耗水量和水分供求差额计算　$kg \cdot m^{-2}$

树种	供水等级	月份	4月	5月	6月	7月	8月	9月	10月	合计
		降水量	17.0	32.9	75.0	198.0	129.0	9.0	4.2	465.1
侧柏+金叶女贞+高羊茅	充分供水	耗水量	52.8	64.5	80.5	76.6	74.9	74.0	75.4	498.9
		供求差额	35.8	31.6	5.5	-121.4	-54.1	65.0	71.2	209.2
	轻度缺水	耗水量	40.8	48.9	59.0	55.6	54.2	46.5	47.3	352.2
		供求差额	23.8	16.0	-16.0	-142.4	-74.8	37.5	43.1	120.3
	中度缺水	耗水量	21.7	25.2	35.7	32.7	31.6	20.2	20.5	187.6
		供求差额	4.7	-7.7	-39.3	-165.3	-97.4	11.2	16.3	32.1

（续）

树种	供水等级	月份	4月	5月	6月	7月	8月	9月	10月	合计
		降水量	17.0	32.9	75.0	198.0	129.0	9.0	4.2	465.1
侧柏+大叶黄杨+高羊茅	充分供水	耗水量	49.4	59.5	74.0	67.7	65.7	70.7	71.7	458.7
		供求差额	32.4	26.6	-1.0	-130.3	-63.3	61.7	67.5	188.2
	轻度缺水	耗水量	35.5	42.3	53.4	48.3	46.7	43.9	44.5	314.6
		供求差额	18.5	9.4	-21.6	-149.7	-82.3	34.9	40.3	103.1
	中度缺水	耗水量	18.9	22.1	32.6	28.8	27.5	18.5	18.6	167.0
		供求差额	1.9	-10.8	-42.4	-169.2	-101.5	9.5	14.4	25.8
侧柏+小叶黄杨+高羊茅	充分供水	耗水量	43.5	53.7	64.5	58.4	56.5	73.4	74.0	424.1
		供求差额	26.5	20.8	-10.5	-139.6	-72.5	64.4	69.8	181.5
	轻度缺水	耗水量	31.5	38.4	47.8	42.9	41.3	46.2	46.6	294.8
		供求差额	14.5	5.5	-27.2	-155.1	-87.7	37.2	42.4	99.7
	中度缺水	耗水量	20.2	23.2	31.3	27.6	26.3	20.3	20.4	169.4
		供求差额	3.2	-9.7	-43.7	-170.4	-102.7	11.3	16.2	30.8
侧柏+紫叶小檗+高羊茅	充分供水	耗水量	73.3	84.3	88.3	83.1	81.2	92.4	93.8	596.5
		供求差额	56.3	51.4	13.3	-114.9	-47.8	83.4	89.6	294.1
	轻度缺水	耗水量	52.1	59.5	64.1	59.6	58.0	59.5	60.3	413.0
		供求差额	35.1	26.6	-10.9	-138.4	-71.0	50.5	56.1	168.3
	中度缺水	耗水量	36.6	39.9	44.5	41.0	39.7	31.1	31.5	264.5
		供求差额	19.6	7.0	-30.5	-157.0	-89.3	22.1	27.3	76.1
侧柏+铺地柏+高羊茅	充分供水	耗水量	41.2	51.9	67.9	62.2	60.3	69.7	70.8	424.0
		供求差额	24.2	19.0	-7.1	-135.8	-68.7	60.7	66.6	170.5
	轻度缺水	耗水量	31.7	38.8	50.8	46.0	44.4	43.7	44.3	299.6
		供求差额	14.7	5.9	-24.2	-152.0	-84.6	34.7	40.1	95.4
	中度缺水	耗水量	20.3	23.5	33.7	30.0	28.7	18.6	18.7	173.6
		供求差额	3.3	-9.4	-41.3	-168.0	-100.3	9.6	14.5	27.4

表7-79　油松+块状灌木+草地早熟禾不同养护等级耗水量和水分供求差额计算　$kg \cdot m^{-2}$

树种	供水等级	月份	4月	5月	6月	7月	8月	9月	10月	合计
		降水量	17.0	32.9	75.0	198.0	129.0	9.0	4.2	465.1
油松+金叶女贞+草地早熟禾	充分供水	耗水量	62.8	79.4	109.3	105.1	102.8	83.0	82.0	624.3
		供求差额	45.8	46.5	34.3	-92.9	-26.2	74.0	77.8	278.3
	轻度缺水	耗水量	46.1	56.9	77.8	74.7	72.9	53.3	52.7	434.3
		供求差额	29.1	24.0	2.8	-123.3	-56.1	44.3	48.5	148.6
	中度缺水	耗水量	23.6	28.4	41.3	39.4	38.2	29.9	29.6	230.4
		供求差额	6.6	-4.5	-33.7	-158.6	-90.8	20.9	25.4	52.9
油松+大叶黄杨+草地早熟禾	充分供水	耗水量	59.3	74.4	102.8	96.2	93.6	79.7	78.2	584.2
		供求差额	42.3	41.5	27.8	-101.8	-35.4	70.7	74.0	256.3
	轻度缺水	耗水量	40.7	50.3	72.2	67.4	65.4	50.7	49.9	396.7
		供求差额	23.7	17.4	-2.8	-130.6	-63.6	41.7	45.7	128.6
	中度缺水	耗水量	20.8	25.3	38.1	35.6	34.1	28.1	27.8	209.8
		供求差额	3.8	-7.6	-36.9	-162.4	-94.9	19.1	23.6	46.6

（续）

树种	供水等级	月份	4月	5月	6月	7月	8月	9月	10月	合计
		降水量	17.0	32.9	75.0	198.0	129.0	9.0	4.2	465.1
油松+小叶黄杨+草地早熟禾	充分供水	耗水量	53.5	68.5	93.2	86.9	84.4	82.3	80.6	549.5
		供求差额	36.5	35.6	18.2	-111.1	-44.6	73.3	76.4	240.1
	轻度缺水	耗水量	36.8	46.4	66.6	62.0	60.1	53.0	52.1	376.9
		供求差额	19.8	13.5	-8.4	-136.0	-68.9	44.0	47.9	125.1
	中度缺水	耗水量	22.1	26.4	36.9	34.3	32.8	30.0	29.6	212.2
		供求差额	5.1	-6.5	-38.1	-163.7	-96.2	21.0	25.4	51.5
油松+紫叶小檗+草地早熟禾	充分供水	耗水量	83.3	99.1	117.1	111.6	109.1	101.3	100.4	722.0
		供求差额	66.3	66.2	42.1	-86.4	-19.9	92.3	96.2	363.2
	轻度缺水	耗水量	57.3	67.5	82.8	78.7	76.8	66.3	65.8	495.1
		供求差额	40.3	34.6	7.8	-119.3	-52.2	57.3	61.6	201.6
	中度缺水	耗水量	38.6	43.1	50.1	47.8	46.3	40.8	40.7	307.3
		供求差额	21.6	10.2	-24.9	-150.2	-82.7	31.8	36.5	100.0
油松+铺地柏+草地早熟禾	充分供水	耗水量	51.2	66.7	96.7	90.6	88.2	78.7	77.3	549.5
		供求差额	34.2	33.8	21.7	-107.4	-40.8	69.7	73.1	232.5
	轻度缺水	耗水量	36.9	46.8	69.5	65.1	63.1	50.5	49.7	381.7
		供求差额	19.9	13.9	-5.5	-132.9	-65.9	41.5	45.5	120.8
	中度缺水	耗水量	22.2	26.7	39.3	36.7	35.3	28.2	27.9	216.4
		供求差额	5.2	-6.2	-35.7	-161.3	-93.7	19.2	23.7	48.2

表 7-80　油松+块状灌木+高羊茅不同养护等级耗水量和水分供求差额计算　kg·m^{-2}

树种	供水等级	月份	4月	5月	6月	7月	8月	9月	10月	合计
		降水量	17.0	32.9	75.0	198.0	129.0	9.0	4.2	465.1
油松+金叶女贞+高羊茅	充分供水	耗水量	52.8	64.9	79.3	77.0	75.2	74.2	75.8	499.2
		供求差额	35.8	32.0	4.3	-121.0	-53.8	65.2	71.6	208.9
	轻度缺水	耗水量	40.8	49.3	57.8	56.0	54.5	46.6	47.7	352.6
		供求差额	23.8	16.4	-17.2	-142.0	-74.5	37.6	43.5	121.3
	中度缺水	耗水量	21.7	25.6	34.5	33.1	31.9	20.3	20.9	188.0
		供求差额	4.7	-7.3	-40.5	-164.9	-97.1	11.3	16.7	32.7
油松+大叶黄杨+高羊茅	充分供水	耗水量	49.4	60.0	72.8	68.1	66.0	70.9	72.1	459.1
		供求差额	32.4	27.1	-2.2	-129.9	-63.0	61.9	67.9	189.2
	轻度缺水	耗水量	35.5	42.7	52.2	48.7	47.0	44.1	44.9	315.0
		供求差额	18.5	9.8	-22.8	-149.3	-82.0	35.1	40.7	104.1
	中度缺水	耗水量	18.9	22.5	31.3	29.2	27.8	18.6	19.0	167.3
		供求差额	1.9	-10.4	-43.7	-168.8	-101.2	9.6	14.8	26.3
油松+小叶黄杨+高羊茅	充分供水	耗水量	43.5	54.1	63.2	58.8	56.8	73.5	74.4	424.4
		供求差额	26.5	21.2	-11.8	-139.2	-72.2	64.5	70.2	182.5
	轻度缺水	耗水量	31.5	38.8	46.6	43.2	41.6	46.4	47.0	295.2
		供求差额	14.5	5.9	-28.4	-154.8	-87.4	37.4	42.8	100.6
	中度缺水	耗水量	20.2	23.6	30.1	28.0	26.6	20.5	20.8	169.8
		供求差额	3.2	-9.3	-44.9	-170.0	-102.4	11.5	16.6	31.3

（续）

树种	供水等级	月份	4月	5月	6月	7月	8月	9月	10月	合计
		降水量	17.0	32.9	75.0	198.0	129.0	9.0	4.2	465.1
油松+紫叶小檗+高羊茅	充分供水	耗水量	73.3	84.7	87.1	83.5	81.5	92.5	94.2	596.9
		供求差额	56.3	51.8	12.1	-114.5	-47.5	83.5	90.0	293.8
	轻度缺水	耗水量	52.1	59.9	62.8	59.9	58.3	59.6	60.8	413.4
		供求差额	35.1	27.0	-12.2	-138.1	-70.7	50.6	56.6	169.2
	中度缺水	耗水量	36.6	40.3	43.3	41.4	40.0	31.3	31.9	264.9
		供求差额	19.6	7.4	-31.7	-156.6	-89.0	22.3	27.7	77.1
油松+铺地柏+高羊茅	充分供水	耗水量	41.2	52.3	66.7	62.5	60.6	69.9	71.2	424.4
		供求差额	24.2	19.4	-8.3	-135.5	-68.4	60.9	67.0	171.5
	轻度缺水	耗水量	31.7	39.2	49.5	46.4	44.7	43.8	44.7	300.0
		供求差额	14.7	6.3	-25.5	-151.6	-84.3	34.8	40.5	96.3
	中度缺水	耗水量	20.3	23.9	32.5	30.4	29.0	18.7	19.2	174.0
		供求差额	3.3	-9.0	-42.5	-167.6	-100.0	9.7	15.0	28.0

表 7-81　槐树+块状灌木+草地早熟禾不同养护等级耗水量和水分供求差额计算　kg·m^{-2}

树种	供水等级	月份	4月	5月	6月	7月	8月	9月	10月	合计
		降水量	17.0	32.9	75.0	198.0	129.0	9.0	4.2	465.1
槐树+金叶女贞+草地早熟禾	充分供水	耗水量	56.3	77.7	109.0	106.7	109.2	88.2	86.0	633.1
		供求差额	39.3	44.8	34.0	-91.3	-19.8	79.2	81.8	279.1
	轻度缺水	耗水量	39.6	55.2	77.5	76.4	79.3	58.5	56.7	443.1
		供求差额	22.6	22.3	2.5	-121.6	-49.7	49.5	52.5	149.4
	中度缺水	耗水量	17.1	26.7	41.0	41.1	44.5	35.1	33.6	239.2
		供求差额	0.1	-6.2	-34.0	-156.9	-84.5	26.1	29.4	55.6
槐树+大叶黄杨+草地早熟禾	充分供水	耗水量	52.9	72.7	102.5	97.8	100.0	84.9	82.2	593.0
		供求差额	35.9	39.8	27.5	-100.2	-29.0	75.9	78.0	257.1
	轻度缺水	耗水量	34.3	48.7	71.9	69.1	71.8	56.0	53.9	405.5
		供求差额	17.3	15.8	-3.1	-128.9	-57.2	47.0	49.7	129.7
	中度缺水	耗水量	14.4	23.6	37.9	37.2	40.5	33.4	31.8	218.6
		供求差额	-2.6	-9.3	-37.1	-160.8	-88.5	24.4	27.6	51.9
槐树+小叶黄杨+草地早熟禾	充分供水	耗水量	47.0	66.9	93.0	88.5	90.8	87.5	84.6	558.4
		供求差额	30.0	34.0	18.0	-109.5	-38.2	78.5	80.4	240.9
	轻度缺水	耗水量	30.3	44.7	66.3	63.6	66.4	58.3	56.0	385.7
		供求差额	13.3	11.8	-8.7	-134.4	-62.6	49.3	51.8	126.2
	中度缺水	耗水量	15.6	24.7	36.6	36.0	39.2	35.2	33.6	221.0
		供求差额	-1.4	-8.2	-38.4	-162.0	-89.8	26.2	29.4	55.6
槐树+紫叶小檗+草地早熟禾	充分供水	耗水量	76.8	97.5	116.8	113.2	115.5	106.5	104.4	730.8
		供求差额	59.8	64.6	41.8	-84.8	-13.5	97.5	100.2	364.0
	轻度缺水	耗水量	50.9	65.8	82.6	80.3	83.1	71.5	69.7	503.9
		供求差额	33.9	32.9	7.6	-117.7	-45.9	62.5	65.5	202.4
	中度缺水	耗水量	32.1	41.5	49.8	49.4	52.7	46.0	44.6	316.1
		供求差额	15.1	8.6	-25.2	-148.6	-76.3	37.0	40.4	101.1

（续）

树种	供水等级	月份	4月	5月	6月	7月	8月	9月	10月	合计
		降水量	17.0	32.9	75.0	198.0	129.0	9.0	4.2	465.1
槐树+铺地柏+草地早熟禾	充分供水	耗水量	44.7	65.0	96.4	92.3	94.6	83.9	81.3	558.3
		供求差额	27.7	32.1	21.4	-105.7	-34.4	74.9	77.1	233.3
	轻度缺水	耗水量	30.5	45.2	69.3	66.7	69.5	55.7	53.7	390.5
		供求差额	13.5	12.3	-5.7	-131.3	-59.5	46.7	49.5	121.9
	中度缺水	耗水量	15.8	25.1	39.0	38.4	41.7	33.5	31.9	225.2
		供求差额	-1.2	-7.8	-36.0	-159.6	-87.3	24.5	27.7	52.2

表 7-82 槐树+块状灌木+高羊茅不同养护等级耗水量和水分供求差额计算 kg·m^{-2}

树种	供水等级	月份	4月	5月	6月	7月	8月	9月	10月	合计
		降水量	17.0	32.9	75.0	198.0	129.0	9.0	4.2	465.1
槐树+金叶女贞+高羊茅	充分供水	耗水量	46.3	63.3	79.0	78.6	81.6	79.4	79.8	508.0
		供求差额	29.3	30.4	4.0	-119.4	-47.4	70.4	75.6	209.7
	轻度缺水	耗水量	34.4	47.6	57.5	57.6	60.9	51.8	51.7	361.4
		供求差额	17.4	14.7	-17.5	-140.4	-68.1	42.8	47.5	122.3
	中度缺水	耗水量	15.2	23.9	34.2	34.7	38.3	25.6	24.9	196.8
		供求差额	-1.8	-9.0	-40.8	-163.3	-90.7	16.6	20.7	37.2
槐树+大叶黄杨+高羊茅	充分供水	耗水量	42.9	58.3	72.5	69.7	72.4	76.1	76.0	467.9
		供求差额	25.9	25.4	-2.5	-128.3	-56.6	67.1	71.8	190.2
	轻度缺水	耗水量	29.0	41.1	51.9	50.3	53.4	49.3	48.8	323.8
		供求差额	12.0	8.2	-23.1	-147.7	-75.6	40.3	44.6	105.1
	中度缺水	耗水量	12.4	20.8	31.1	30.8	34.2	23.8	23.0	176.2
		供求差额	-4.6	-12.1	-43.9	-167.2	-94.8	14.8	18.8	33.6
槐树+小叶黄杨+高羊茅	充分供水	耗水量	37.1	52.5	63.0	60.4	63.2	78.7	78.4	433.3
		供求差额	20.1	19.6	-12.0	-137.6	-65.8	69.7	74.2	183.5
	轻度缺水	耗水量	25.1	37.1	46.3	44.9	48.0	51.6	51.0	304.0
		供求差额	8.1	4.2	-28.7	-153.1	-81.0	42.6	46.8	101.7
	中度缺水	耗水量	13.7	21.9	29.8	29.6	32.9	25.7	24.8	178.6
		供求差额	-3.3	-11.0	-45.2	-168.4	-96.1	16.7	20.6	37.3
槐树+紫叶小檗+高羊茅	充分供水	耗水量	66.8	83.1	86.8	85.1	87.9	97.7	98.2	605.7
		供求差额	49.8	50.2	11.8	-112.9	-41.1	88.7	94.0	294.6
	轻度缺水	耗水量	45.6	58.2	62.5	61.6	64.7	64.8	64.7	422.2
		供求差额	28.6	25.3	-12.5	-136.4	-64.3	55.8	60.5	170.3
	中度缺水	耗水量	30.2	38.7	43.0	43.0	46.4	36.5	35.9	273.7
		供求差额	13.2	5.8	-32.0	-155.0	-82.6	27.5	31.7	78.1
槐树+铺地柏+高羊茅	充分供水	耗水量	34.8	50.6	66.4	64.1	67.0	75.1	75.1	433.2
		供求差额	17.8	17.7	-8.6	-133.9	-62.0	66.1	70.9	172.5
	轻度缺水	耗水量	25.2	37.6	49.2	48.0	51.1	49.1	48.7	308.8
		供求差额	8.2	4.7	-25.8	-150.0	-77.9	40.1	44.5	97.4
	中度缺水	耗水量	13.8	22.3	32.2	32.0	35.4	23.9	23.1	182.8
		供求差额	-3.2	-10.6	-42.8	-166.0	-93.6	14.9	18.9	33.9

表 7-83 银杏+块状灌木+草地早熟禾不同养护等级耗水量和水分供求差额计算 kg · m^{-2}

树种	供水等级	月份	4月	5月	6月	7月	8月	9月	10月	合计
		降水量	17.0	32.9	75.0	198.0	129.0	9.0	4.2	465.1
银杏+金叶女贞+草地早熟禾	充分供水	耗水量	59.5	83.0	113.2	110.6	115.0	93.2	89.6	664.2
		供求差额	42.5	50.1	38.2	-87.4	-14.0	84.2	85.4	300.5
	轻度缺水	耗水量	42.8	60.5	81.7	80.3	85.1	63.5	60.3	474.2
		供求差额	25.8	27.6	6.7	-117.7	-43.9	54.5	56.1	170.8
	中度缺水	耗水量	20.4	32.0	45.2	45.0	50.3	40.1	37.3	270.2
		供求差额	3.4	-0.9	-29.8	-153.0	-78.7	31.1	33.1	67.5
银杏+大叶黄杨+草地早熟禾	充分供水	耗水量	56.1	78.0	106.7	101.7	105.8	89.9	85.9	624.1
		供求差额	39.1	45.1	31.7	-96.3	-23.2	80.9	81.7	278.5
	轻度缺水	耗水量	37.5	54.0	76.1	73.0	77.6	61.0	57.5	436.6
		供求差额	20.5	21.1	1.1	-125.0	-51.4	52.0	53.3	147.9
	中度缺水	耗水量	17.6	28.9	42.0	41.1	46.2	38.4	35.4	249.6
		供求差额	0.6	-4.0	-33.0	-156.9	-82.8	29.4	31.2	61.2
银杏+小叶黄杨+草地早熟禾	充分供水	耗水量	50.3	72.2	97.1	92.4	96.6	92.6	88.2	589.4
		供求差额	33.3	39.3	22.1	-105.6	-32.4	83.6	84.0	262.2
	轻度缺水	耗水量	33.6	50.0	70.5	67.5	72.2	63.3	59.7	416.8
		供求差额	16.6	17.1	-4.5	-130.5	-56.8	54.3	55.5	143.4
	中度缺水	耗水量	18.9	30.0	40.8	39.9	45.0	40.3	37.2	252.0
		供求差额	1.9	-2.9	-34.2	-158.1	-84.0	31.3	33.0	66.1
银杏+紫叶小檗+草地早熟禾	充分供水	耗水量	80.1	102.8	121.0	117.1	121.3	111.6	108.0	761.9
		供求差额	63.1	69.9	46.0	-80.9	-7.7	102.6	103.8	385.3
	轻度缺水	耗水量	54.1	71.1	86.7	84.2	88.9	76.5	73.4	535.0
		供求差额	37.1	38.2	11.7	-113.8	-40.1	67.5	69.2	223.8
	中度缺水	耗水量	35.3	46.8	54.0	53.3	58.5	51.0	48.3	347.2
		供求差额	18.3	13.9	-21.0	-144.7	-70.5	42.0	44.1	118.3
银杏+铺地柏+草地早熟禾	充分供水	耗水量	48.0	70.3	100.6	96.2	100.4	88.9	85.0	589.3
		供求差额	31.0	37.4	25.6	-101.8	-28.6	79.9	80.8	254.7
	轻度缺水	耗水量	33.7	50.5	73.4	70.6	75.3	60.7	57.3	421.6
		供求差额	16.7	17.6	-1.6	-127.4	-53.7	51.7	53.1	139.1
	中度缺水	耗水量	19.0	30.4	43.2	42.3	47.5	38.5	35.5	256.3
		供求差额	2.0	-2.5	-31.8	-155.7	-81.5	29.5	31.3	62.8

表 7-84 银杏 + 块状灌木 + 高羊茅不同养护等级耗水量和水分供求差额计算 kg·m⁻²

树种	供水等级	月份	4月	5月	6月	7月	8月	9月	10月	合计
		降水量	17.0	32.9	75.0	198.0	129.0	9.0	4.2	465.1
银杏+金叶女贞+高羊茅	充分供水	耗水量	49.6	68.6	83.2	82.5	87.4	84.4	83.5	539.1
		供求差额	32.6	35.7	8.2	-115.5	-41.6	75.4	79.3	231.1
	轻度缺水	耗水量	37.6	52.9	61.7	61.5	66.6	56.8	55.3	392.5
		供求差额	20.6	20.0	-13.3	-136.5	-62.4	47.8	51.1	139.6
	中度缺水	耗水量	18.4	29.3	38.4	38.6	44.1	30.6	28.5	227.8
		供求差额	1.4	-3.6	-36.6	-159.4	-84.9	21.6	24.3	47.3
银杏+大叶黄杨+高羊茅	充分供水	耗水量	46.1	63.6	76.7	73.6	78.2	81.1	79.7	499.0
		供求差额	29.1	30.7	1.7	-124.4	-50.8	72.1	75.5	209.1
	轻度缺水	耗水量	32.2	46.4	56.0	54.2	59.1	54.3	52.5	354.9
		供求差额	15.2	13.5	-19.0	-143.8	-69.9	45.3	48.3	122.4
	中度缺水	耗水量	15.7	26.1	35.2	34.7	40.0	28.8	26.7	207.2
		供求差额	-1.3	-6.8	-39.8	-163.3	-89.0	19.8	22.5	42.3
银杏+小叶黄杨+高羊茅	充分供水	耗水量	40.3	57.8	67.1	64.3	69.0	83.7	82.1	464.3
		供求差额	23.3	24.9	-7.9	-133.7	-60.0	74.7	77.9	200.7
	轻度缺水	耗水量	28.3	42.4	50.5	48.8	53.8	56.6	54.7	335.0
		供求差额	11.3	9.5	-24.5	-149.2	-75.2	47.6	50.5	118.9
	中度缺水	耗水量	17.0	27.3	34.0	33.5	38.7	30.7	28.5	209.6
		供求差额	0.0	-5.6	-41.0	-164.5	-90.3	21.7	24.3	45.9
银杏+紫叶小檗+高羊茅	充分供水	耗水量	70.1	88.4	91.0	89.0	93.7	102.7	101.9	636.8
		供求差额	53.1	55.5	16.0	-109.0	-35.3	93.7	97.7	315.9
	轻度缺水	耗水量	48.9	63.5	66.7	65.5	70.5	69.8	68.4	453.3
		供求差额	31.9	30.6	-8.3	-132.5	-58.5	60.8	64.2	187.5
	中度缺水	耗水量	33.4	44.0	47.2	46.9	52.2	41.5	39.5	304.8
		供求差额	16.4	11.1	-27.8	-151.1	-76.8	32.5	35.3	95.3
银杏+铺地柏+高羊茅	充分供水	耗水量	38.0	55.9	70.5	68.0	72.8	80.1	78.8	464.2
		供求差额	21.0	23.0	-4.5	-130.0	-56.2	71.1	74.6	189.7
	轻度缺水	耗水量	28.5	42.9	53.4	51.9	56.9	54.1	52.3	339.8
		供求差额	11.5	10.0	-21.6	-146.1	-72.1	45.1	48.1	114.6
	中度缺水	耗水量	17.1	27.6	36.4	35.9	41.2	29.0	26.8	213.9
		供求差额	0.1	-5.3	-38.6	-162.1	-87.8	20.0	22.6	42.6

在乔木 + 块状灌木 + 草坪绿地中，耗水量的大小决定于乔、灌、草的耗水能力。从表 7-77 ~7-84 可以看到，耗水量最多的组合是银杏 + 块状紫叶小檗 + 草地早熟禾，充分供水时生长期总耗水量 761.9 kg·m⁻²；耗水量最少的组合是侧柏 + 铺地柏 + 高羊茅，充分供水时生长期总耗水量 424.0 kg·m⁻²；其他组合介于两者之间。这种类型绿地的耗水量是比较大，这是由于采用这种配置方式的绿地结构复杂，单位面积绿量比较大造成的。采用这种配置模式时，应注意选择耗水少的植物，在水资源紧缺、供水不足的地段应适当加大乔木和灌木的配置比例，减少草坪的比例。

表 7-85　侧柏 + 块状灌木 + 草地早熟禾不同养护等级灌溉量和灌溉次数计算

绿地类型	养护等级	灌溉量（kg·m^{-2}）	各月灌溉次数							合计
			4月	5月	6月	7月	8月	9月	10月	
侧柏 + 金叶女贞 + 早熟禾	充分供水	5.08	9	9	7	0	0	15	15	55
	轻度缺水	3.81	8	6	1	0	0	12	13	40
	中度缺水	3.81	2	0	0	0	0	5	7	14
侧柏 + 大叶黄杨 + 早熟禾	充分供水	5.08	8	8	6	0	0	14	14	50
	轻度缺水	3.81	6	4	0	0	0	11	12	33
	中度缺水	3.81	1	0	0	0	0	5	6	12
侧柏 + 小叶黄杨 + 早熟禾	充分供水	5.08	7	7	4	0	0	14	15	47
	轻度缺水	3.81	5	3	0	0	0	12	12	32
	中度缺水	3.81	1	0	0	0	0	5	7	13
侧柏 + 紫叶小檗 + 早熟禾	充分供水	5.08	13	13	9	0	0	18	19	72
	轻度缺水	3.81	11	9	2	0	0	15	16	53
	中度缺水	3.81	6	3	0	0	0	8	9	26
侧柏 + 铺地柏 + 早熟禾	充分供水	5.08	7	7	5	0	0	14	14	47
	轻度缺水	3.81	5	4	0	0	0	11	12	32
	中度缺水	3.81	1	0	0	0	0	5	6	12

表 7-86　侧柏 + 块状灌木 + 高羊茅不同养护等级灌溉量和灌溉次数计算

绿地类型	养护等级	灌溉量（kg·m^{-2}）	各月灌溉次数							合计
			4月	5月	6月	7月	8月	9月	10月	
侧柏 + 金叶女贞 + 高羊茅	充分供水	5.08	7	6	1	0	0	13	14	41
	轻度缺水	3.81	6	4	0	0	0	10	11	31
	中度缺水	3.81	1	0	0	0	0	3	4	8
侧柏 + 大叶黄杨 + 高羊茅	充分供水	5.08	6	5	0	0	0	12	13	36
	轻度缺水	3.81	5	2	0	0	0	9	11	27
	中度缺水	3.81	1	0	0	0	0	2	4	7
侧柏 + 小叶黄杨 + 高羊茅	充分供水	5.08	5	4	0	0	0	13	14	36
	轻度缺水	3.81	4	1	0	0	0	10	11	26
	中度缺水	3.81	1	0	0	0	0	3	4	8
侧柏 + 紫叶小檗 + 高羊茅	充分供水	5.08	11	10	3	0	0	16	18	58
	轻度缺水	3.81	9	7	0	0	0	13	15	44
	中度缺水	3.81	5	2	0	0	0	6	7	20
侧柏 + 铺地柏 + 高羊茅	充分供水	5.08	5	4	0	0	0	12	13	34
	轻度缺水	3.81	4	2	0	0	0	9	11	26
	中度缺水	3.81	1	0	0	0	0	3	4	8

表 7-87 油松 + 块状灌木 + 草地早熟禾不同养护等级灌溉量和灌溉次数计算

绿地类型	养护等级	灌溉量(kg·m^{-2})	各月灌溉次数 4月	5月	6月	7月	8月	9月	10月	合计
油松 + 金叶女贞 + 早熟禾	充分供水	5.08	9	9	7	0	0	15	15	55
	轻度缺水	3.81	8	6	1	0	0	12	13	40
	中度缺水	3.81	2	0	0	0	0	5	7	14
油松 + 大叶黄杨 + 早熟禾	充分供水	5.08	8	8	5	0	0	14	15	50
	轻度缺水	3.81	6	5	0	0	0	11	12	34
	中度缺水	3.81	1	0	0	0	0	5	6	12
油松 + 小叶黄杨 + 早熟禾	充分供水	5.08	7	7	4	0	0	14	15	47
	轻度缺水	3.81	5	4	0	0	0	12	13	34
	中度缺水	3.81	1	0	0	0	0	6	7	14
油松 + 紫叶小檗 + 早熟禾	充分供水	5.08	13	13	8	0	0	18	19	71
	轻度缺水	3.81	11	9	2	0	0	15	16	53
	中度缺水	3.81	6	3	0	0	0	8	10	27
油松 + 铺地柏 + 早熟禾	充分供水	5.08	7	7	4	0	0	14	14	46
	轻度缺水	3.81	5	4	0	0	0	11	12	32
	中度缺水	3.81	1	0	0	0	0	5	6	12

表 7-88 油松 + 块状灌木 + 高羊茅不同养护等级灌溉量和灌溉次数计算

绿地类型	养护等级	灌溉量(kg·m^{-2})	各月灌溉次数 4月	5月	6月	7月	8月	9月	10月	合计
油松 + 金叶女贞 + 高羊茅	充分供水	5.08	7	6	1	0	0	13	14	41
	轻度缺水	3.81	6	4	0	0	0	10	11	31
	中度缺水	3.81	1	0	0	0	0	3	4	8
油松 + 大叶黄杨 + 高羊茅	充分供水	5.08	6	5	0	0	0	12	13	36
	轻度缺水	3.81	5	3	0	0	0	9	11	28
	中度缺水	3.81	1	0	0	0	0	3	4	8
油松 + 小叶黄杨 + 高羊茅	充分供水	5.08	5	4	0	0	0	13	14	36
	轻度缺水	3.81	4	2	0	0	0	10	11	27
	中度缺水	3.81	1	0	0	0	0	3	4	8
油松 + 紫叶小檗 + 高羊茅	充分供水	5.08	11	10	2	0	0	16	18	57
	轻度缺水	3.81	9	7	0	0	0	13	15	44
	中度缺水	3.81	5	2	0	0	0	6	7	20
油松 + 铺地柏 + 高羊茅	充分供水	5.08	5	4	0	0	0	12	13	34
	轻度缺水	3.81	4	2	0	0	0	9	11	26
	中度缺水	3.81	1	0	0	0	0	3	4	8

表 7-89 槐树 + 块状灌木 + 草地早熟禾不同养护等级灌溉量和灌溉次数计算

绿地类型	养护等级	灌溉量（kg · m^{-2}）	各月灌溉次数							合计
			4 月	5 月	6 月	7 月	8 月	9 月	10 月	
槐树 + 金叶女贞 + 早熟禾	充分供水	5.08	8	9	7	0	0	16	16	56
	轻度缺水	3.81	6	6	1	0	0	13	14	40
	中度缺水	3.81	0	0	0	0	0	7	8	15
槐树 + 大叶黄杨 + 早熟禾	充分供水	5.08	7	8	5	0	0	15	15	50
	轻度缺水	3.81	5	4	0	0	0	12	13	34
	中度缺水	3.81	0	0	0	0	0	6	7	13
槐树 + 小叶黄杨 + 早熟禾	充分供水	5.08	6	7	4	0	0	15	16	48
	轻度缺水	3.81	3	3	0	0	0	13	14	33
	中度缺水	3.81	0	0	0	0	0	7	8	15
槐树 + 紫叶小檗 + 早熟禾	充分供水	5.08	12	13	8	0	0	19	20	72
	轻度缺水	3.81	9	9	2	0	0	16	17	53
	中度缺水	3.81	4	2	0	0	0	10	11	27
槐树 + 铺地柏 + 早熟禾	充分供水	5.08	5	6	4	0	0	15	15	45
	轻度缺水	3.81	4	3	0	0	0	12	13	32
	中度缺水	3.81	0	0	0	0	0	6	7	13

表 7-90 槐树 + 块状灌木 + 高羊茅不同养护等级灌溉量和灌溉次数计算

绿地类型	养护等级	灌溉量（kg · m^{-2}）	各月灌溉次数							合计
			4 月	5 月	6 月	7 月	8 月	9 月	10 月	
槐树 + 金叶女贞 + 高羊茅	充分供水	5.08	6	6	1	0	0	14	15	42
	轻度缺水	3.81	5	4	0	0	0	11	12	32
	中度缺水	3.81	0	0	0	0	0	4	5	9
槐树 + 大叶黄杨 + 高羊茅	充分供水	5.08	5	5	0	0	0	13	14	37
	轻度缺水	3.81	3	2	0	0	0	11	12	28
	中度缺水	3.81	0	0	0	0	0	4	5	9
槐树 + 小叶黄杨 + 高羊茅	充分供水	5.08	4	4	0	0	0	14	15	37
	轻度缺水	3.81	2	1	0	0	0	11	12	26
	中度缺水	3.81	0	0	0	0	0	4	5	9
槐树 + 紫叶小檗 + 高羊茅	充分供水	5.08	10	10	2	0	0	17	19	58
	轻度缺水	3.81	8	7	0	0	0	15	16	46
	中度缺水	3.81	3	2	0	0	0	7	8	20
槐树 + 铺地柏 + 高羊茅	充分供水	5.08	3	3	0	0	0	13	14	33
	轻度缺水	3.81	2	1	0	0	0	11	12	26
	中度缺水	3.81	0	0	0	0	0	4	5	9

表 7-91 银杏+块状灌木+草地早熟禾不同养护等级灌溉量和灌溉次数计算

绿地类型	养护等级	灌溉量（kg·m⁻²）	各月灌溉次数							合计
			4月	5月	6月	7月	8月	9月	10月	
银杏+金叶女贞+早熟禾	充分供水	5.08	8	10	8	0	0	17	17	60
	轻度缺水	3.81	7	7	2	0	0	14	15	45
	中度缺水	3.81	1	0	0	0	0	8	9	18
银杏+大叶黄杨+早熟禾	充分供水	5.08	8	9	6	0	0	16	16	55
	轻度缺水	3.81	5	6	0	0	0	14	14	39
	中度缺水	3.81	0	0	0	0	0	8	8	16
银杏+小叶黄杨+早熟禾	充分供水	5.08	7	8	4	0	0	16	17	52
	轻度缺水	3.81	4	4	0	0	0	14	15	37
	中度缺水	3.81	0	0	0	0	0	8	9	17
银杏+紫叶小檗+早熟禾	充分供水	5.08	12	14	9	0	0	20	20	75
	轻度缺水	3.81	10	10	3	0	0	18	18	59
	中度缺水	3.81	5	4	0	0	0	11	12	32
银杏+铺地柏+早熟禾	充分供水	5.08	6	7	5	0	0	16	16	50
	轻度缺水	3.81	4	5	0	0	0	14	14	37
	中度缺水	3.81	1	0	0	0	0	8	8	17

表 7-92 银杏+块状灌木+高羊茅不同养护等级灌溉量和灌溉次数计算

绿地类型	养护等级	灌溉量（kg·m⁻²）	各月灌溉次数							合计
			4月	5月	6月	7月	8月	9月	10月	
银杏+金叶女贞+高羊茅	充分供水	5.08	6	7	2	0	0	15	16	46
	轻度缺水	3.81	5	5	0	0	0	13	13	36
	中度缺水	3.81	0	0	0	0	0	6	6	12
银杏+大叶黄杨+高羊茅	充分供水	5.08	6	6	0	0	0	14	15	41
	轻度缺水	3.81	4	4	0	0	0	12	13	33
	中度缺水	3.81	0	0	0	0	0	5	6	11
银杏+小叶黄杨+高羊茅	充分供水	5.08	5	5	0	0	0	15	15	40
	轻度缺水	3.81	3	2	0	0	0	12	13	30
	中度缺水	3.81	0	0	0	0	0	6	6	12
银杏+紫叶小檗+高羊茅	充分供水	5.08	10	11	3	0	0	18	19	61
	轻度缺水	3.81	8	8	0	0	0	16	17	49
	中度缺水	3.81	4	3	0	0	0	9	9	25
银杏+铺地柏+高羊茅	充分供水	5.08	4	5	0	0	0	14	15	38
	轻度缺水	3.81	3	3	0	0	0	12	13	31
	中度缺水	3.81	0	0	0	0	0	5	6	11

由于乔木+块状灌木+草坪绿地的耗水量和水分供求差额都比较大，相应的年度(生长期)灌溉次数也比较多，表7-85～7-92是40种不同组合各项灌溉指标的计算结果。从月度灌溉次数来看，与其他绿地一样，7、8月不需灌溉，灌溉次数最多的是9月和10月，灌溉的重点仍然是草坪。从不同的养护等级来看，特级养护灌溉强度最大，灌溉次数也最多，采用二级养护灌溉次数可远少于特级和一级养护。

7.4.3.6 纯草坪绿地

本试验研究了草地早熟禾和高羊茅的耗水特性，在北京的园林绿地中，可以见到许多草地早熟禾和高羊茅的纯草坪。这里的纯草坪指草坪由单一草本植物构成，质地均匀，草地上没有种植乔木和灌木，草坪处在无遮挡的全光照状态。根据耗水性试验研究结果，纯草坪的耗水量和各项灌溉指标的计算结果见表7-93～7-94。

表7-93 纯草坪不同养护等级耗水量和供求差额计算 kg·m^{-2}

树种	供水等级	月份	4月	5月	6月	7月	8月	9月	10月	合计
		降水量	17.0	32.9	75.0	198.0	129.0	9.0	4.2	465.1
草地早熟禾	充分供水	耗水量	85.6	123.7	165.8	155.3	152.5	149.2	145.9	977.9
		供求差额	68.6	90.8	90.8	-42.7	23.5	140.2	141.7	555.5
	轻度缺水	耗水量	55.7	80.6	117.5	110.0	108.0	104.5	102.2	678.6
		供求差额	38.7	47.7	42.5	-88.0	-21.0	95.5	98.0	322.4
	中度缺水	耗水量	27.0	39.1	60.4	56.6	55.5	39.7	38.8	317.1
		供求差额	10.0	6.2	-14.6	-141.4	-73.5	30.7	34.6	81.6
高羊茅	充分供水	耗水量	54.6	78.9	100.6	94.2	92.5	91.5	93.2	605.4
		供求差额	37.6	46.0	25.6	-103.8	-36.5	82.5	89.0	280.6
	轻度缺水	耗水量	38.2	55.2	73.6	68.9	67.6	56.1	57.1	416.8
		供求差额	21.2	22.3	-1.5	-129.1	-61.4	47.1	52.9	143.6
	中度缺水	耗水量	19.9	28.7	45.1	42.3	41.5	20.5	20.9	218.8
		供求差额	2.9	-4.2	-29.9	-155.7	-87.5	11.5	16.7	31.0

表7-94 纯草坪不同养护等级灌溉量和灌溉次数计算

绿地类型	养护等级	灌溉量 (kg·m^{-2})	各月灌溉次数							合计
			4月	5月	6月	7月	8月	9月	10月	
草地早熟禾	充分供水	15.24	13	18	18	0	5	28	28	110
	轻度缺水	11.43	10	13	11	0	0	25	26	85
	中度缺水	11.43	3	2	0	0	0	8	9	22
高羊茅	充分供水	15.24	7	9	5	0	0	16	18	55
	轻度缺水	11.43	6	6	0	0	0	12	14	38
	中度缺水	11.43	1	0	0	0	0	3	4	8

从表7-93可看出，在充分供水时，生长期总耗水量草地早熟禾为977.9 kg · m^{-2}，高羊茅为605.4 kg · m^{-2}，而同期的降水量只有465.1 kg · m^{-2}。纯草坪耗水量大的主要原因是草本本身的耗水能力较强，再加上纯草坪没有任何遮挡，草地小气候条件(光照、温度、湿度、风速等)适宜植物蒸腾。从表7-94可见，由于耗水量大，纯草坪的灌溉次数相应也多，灌溉的重点在秋季，采用充分供水时，草地早熟禾在9、10月几乎天天需要灌溉。

参考文献

蔡志全，齐欣，曹坤芳. 2004. 七种热带雨林树苗叶片气孔特征及其可塑性对不同光照强度的影响[J]. 应用生态学报，15(2)：201～204.

陈丽华，王礼先. 2001. 北京市生态用水分类及森林植被生态用水定额的确定[J]，水土保持研究，8(4)：161～164.

陈丽华，余新晓，王礼先. 2001. 北京市生态用水的计算[J]. 水土保持学报，16(4)：116～118.

陈灵芝. 1997. 暖温带森林生态系统结构与功能的研究[M]. 北京：科学出版社.

陈有民. 1998. 园林树木学[M]. 北京：中国林业出版社.

程维新，康跃虎. 2002. 北京地区草坪耗水量测定方法及需水量浅析[J]. 节水灌溉，(5)：12～14.

丁文铎. 2001. 城市绿地喷灌[M]. 北京：中国林业出版社.

董学军，杨宝珍，郭柯，等. 1994. 几种沙生植物水分生理生态的研究[J]. 植物生态学报，18(1)：86～94.

樊敏，马履一，王瑞辉. 2008. 刺槐春夏季树干液流变化规律[J]. 林业科学，44(1)：41～45.

高岩，张汝民，刘静. 2001. 应用热脉冲技术对小美旱杨树干液流的研究[J]. 西北植物学报，21(4)：644～649.

高照全，王小伟，魏钦平，杨洪强. 2003. 桃树不同部位调节贮存水的能力[J]. 植物生理学通讯，39(5)：429～432.

高照全，邹养军，王小伟，魏钦平. 2004. 植物水分运转影响因子的研究进展[J]. 干旱地区农业研究，22(2)：200～204.

顾世祥，赛力克·加甫，李远东，等. 2000. 有关灌溉制度设计的几个问题[J]. 黑龙江水专学报，27(3)：15～18.

顾振瑜. 1999. 应用 PV 技术对元宝枫水分生理特点的研究[J]. 西北林学院学报，14(4)：17～22.

关义新. 1995. 水分胁迫下植物叶片光合的气孔和非气孔限制[J]. 植物生理学通讯，31(4)：293～297.

郭连生，等. 1986. 木本植物水势研究的原理和方法[J]. 内蒙古林学院学报，1：121～133.

郭庆荣，李玉山. 1999. 植物根系吸水过程中根系水流阻力的变化特征[J]. 生态科学，18(1)：30～34.

郭学望，包满珠. 2002. 园林树木栽培养护学[M]. 北京：中国林业出版社.

何春霞，李吉跃，郭明. 2007. 树木树液上升机理研究进展[J]. 生态学报，27(1)：329～337.

何茜，李吉跃，齐涛. 2006. "施丰乐"对国槐蒸腾耗水日变化的影响[J]. 福建林学院学报，26(4)：358～62.

何茜，李吉跃，齐涛. 2006. GGR6 和"施丰乐"溶液浸根对银杏生长、光合特性及水分利用效率的影响[J]. 北京林业大学学报，(1)：55～59.

黄明斌. 1995. 滞后效应对 SPAC 中水流运动的影响研究述评[J]. 水土保持通报，15(4)：1～6.

巨关升，刘奉觉，郑世锴. 1998. 选择树木蒸腾耗水测定方法的研究[J]. 林业科技通讯，10：12～14.

康绍忠，刘晓明. 1994. 土壤－植物－大气连续体水分传输理论及其应用[M]. 北京：水利电力出版社，21～37.

康绍忠. 1993. 土壤－植物－大气连续体水流阻力分布规律的研究[J]. 生态学报，13(2)：157～163.

朗格 O L，卡彭 L，舒尔策 E D. 1983. 水分与植物生活[M]. 北京：科学出版社.

李海涛，陈灵芝. 1997. 用于测定树干木质部蒸腾液流的热脉冲技术研究概况[J]. 植物学通报，14(4)：24～29.

李海涛，陈灵芝. 1998. 应用热脉冲技术对棘皮桦和五角枫树干液流的研究[J]. 北京林业大学学报，20(1)：1～6.

李吉跃，何茜，齐涛. 2006. 植物生长调节剂对火炬树和盐肤木蒸腾耗水影响的对比研究[J]. 北京林业大学学报，(1)：17～21.

李吉跃，王继强，陈坤，刘娟娟. 2006. 水分胁迫对北京城市绿化树种水分状况和栓塞的影响[J]. 北京林业大学学报，(1)：12~16.
李吉跃，朱妍. 2006. 干旱胁迫对北京城市绿化树种耗水特性的影响[J]. 北京林业大学学报，(1)：32~37.
李吉跃，张建国，姜金璞. 1993. 北方主要造林树种耐旱机理及其分类模型的研究[J]. 北京林业大学学报，15(3)：1~9.
李吉跃，张建国，姜金璞. 1997. 侧柏种源耐旱特性及其机理研究[J]. 林业科学，33(4)：1~13.
李吉跃，周平，招礼军. 2002. 干旱胁迫对苗木蒸腾耗水的影响[J]. 生态学报，22(9)：1380~1386.
李吉跃. 1988. 油松侧柏苗木抗旱特性初探[J]，北京林业大学学报，10(2)：23~30.
李丽萍，马履一，王瑞辉. 2007. 北京市3种园林绿化灌木树种的耗水特性[J]. 中南林业科技大学学报，27(2)：44~47.
李银芳，杨戈，蒋进，等. 1994. 盆栽条件下不同供水处理对六个树种蒸腾速率的影响[J]. 干旱区研究，11(3)：39~43.
廖建雄，王根轩. 2000. 植物的气孔振荡及其应用前景[J]. 植物生理学通讯，36(3)：272~276.
林平，李吉跃，马达. 2006. 北京山区油松林蒸腾耗水特性研究[J]. 北京林业大学学报，(1)：47~50.
刘昌明，于沪宁. 1997. 土壤-作物-大气系统水分运动实验研究[M]. 北京：气象出版社，12~28.
刘奉觉，Edwards W R N，郑世楷，等. 1993. 杨树树干液流时空动态研究[J]. 林业科学研究，(4)：368~372.
刘奉觉，郑世楷，藏道群. 1987. 杨树人工幼林的蒸腾变异与蒸腾耗水量估算方法的研究[J]. 林业科学，23(营林专集)：35~44.
刘奉觉，郑世锴，巨关升. 1997. 树木蒸腾耗水测算技术的比较研究[J]. 林业科学，33(2)：117~126.
刘世荣，温远光，等. 1996. 中国森林生态系统水文生态功能规律[M]. 北京：中国林业出版社.
鲁小珍. 2001. 马尾松、栓皮栎生长盛期树干液流的研究[J]. 安徽农业大学学报，28(4)：401~404.
马李一，孙鹏森，马履一. 2001. 油松、刺槐单木与林分水平耗水量的尺度转换[J]. 北京林业大学学报，23(4)：1~5.
马玲，赵平，饶兴权. 2005. 马占相思树干液流特征及其与环境因子的关系[J]. 生态学报，25(9)：2736~2742.
马履一，王华田，林平. 2003. 北京地区几个树种耗水性比较的研究[J]. 北京林业大学学报，25(2)：1~7.
马履一，王华田. 2002. 油松边材液流时空变化及其影响因子的研究[J]. 北京林业大学学报，23(4)：23~37.
马履一. 1993. 西林吉地区土壤水分的造林成活和苗木生长有效性的研究[J]. 北京林业大学学报，15(1)：138.
马履一. 1995. 山坡林地开放渗透系中土壤水分物理-生态的立地研究[D]. 北京：北京林业大学.
潘瑞炽，董愚得. 1982. 植物生理学[M]. 北京：高等教育出版社.
庞士栓. 1990. 植物逆境生理学基础[M]. 哈尔滨：东北林业大学出版社.
裴步祥. 1989. 蒸发和蒸散的测定与计算[M]. 北京：气象出版社.
沈国舫. 2001. 森林培育学[M]. 北京：中国林业出版社.
司建华，冯起，张小由. 2004. 热脉冲技术在确定胡杨幼树干液流中的作用[J]，冻川冻土，26(4)：503~508.
斯拉维克 B. 1986. 植物与水分关系研究法[M]. 北京：科学出版社.
宋小兵，等. 2002. 园林树木养护问答240例[M]. 北京：中国林业出版社.
苏建平，康博文. 2004. 我国树木蒸腾耗水研究进展[J]. 水土保持研究，11(2)：177~186.
苏金明. 统计软件SPSS12.0 for windows应用及开发指南[M]. 北京：电子工业出版社. 2004.
孙慧珍，周晓峰，康绍忠. 2004. 应用热技术研究树干液流进展[J]. 应用生态学报，15(6)：1074~1078.
孙慧珍，周晓峰，赵惠勋. 2002. 白桦树干液流的动态研究[J]. 生态学报，22(9)：1387~1391.
孙景生. 1999. 浅析用水量平衡方程制定作物节水灌溉制度问题[J]. 水利科技与经济，5(1)：29~31.
孙鹏森，马李一，马履一. 2001. 油松、刺槐林潜在耗水量的预测及其与造林密度的关系[J]. 北京林业大学学报，23(2)：1~6.

孙鹏森，马履一，王小平，等. 2000. 油松树干液流的时空变异性研究[J]. 北京林业大学学报，22(5)：1～6.

孙鹏森，马履一. 2002. 水源保护树种耗水特性研究与应用[M]. 北京：中国环境科学出版社.

孙小平，荣丰涛. 2004. 作物优化灌溉制度的研究[J]. 山西水利科技，152(2)：39～41.

谭孝沅. 1983. 土壤－植物－大气连续体的水分传输[J]. 水利学报，(9)：1～10.

汤章城. 1986. 水分胁迫和植物气孔运动[A]. 北京植物生理学会编辑. 植物生理生化进展[C]，4：43～50.

滕文元，周湘红. 1993. 植物气孔反应及其对叶水势的调控[J]. 干旱地区农业研究，11(4)：61～64.

王华田，马履一，孙鹏森. 2002. 油松、侧柏深秋边材木质部液流变化规律的研究[J]. 林业科学，38(5)：31～37.

王华田，马履一. 2002. 利用热扩散式液流探针(TDP)测定树木整株蒸腾耗水量的研究[J]. 植物生态学报，26(6)：661～667.

王华田，邢黎峰，马履一，等. 2004. 栓皮栎水源林林木耗水尺度扩展方法研究[J]. 林业科学，40(6)：170～175.

王华田，张光灿，刘霞. 2001. 论黄土丘陵区造林树种选择的原则[J]. 世界林业研究，14(5)：74～78.

王华田. 2002. 北京市水源保护林主要树种耗水性研究[C]. 北京：北京林业大学.

王华田. 2003. 林木耗水性研究述评[J]. 世界林业研究，16(2)：23～27.

王继强，李吉跃，刘娟娟. 2005. 八个绿化树种水分状况与水力结构的季节变化[J]. 北京林业大学学报，27(4)：43～48.

王孟本，李洪建，柴宝峰. 1996. 晋西北小叶杨林水分生态的研究[J]. 生态学报，16(3)：232～237.

王孟本，李洪建. 2001. 黄土高原人工林水分生态研究[M]，北京：中国林业出版社 .

王瑞辉，马履一，李丽萍，等. 2006. 元宝枫树干液流的时空变异性研究[J]. 北京林业大学学报，28(2)：12～18.

王瑞辉，马履一，奚如春，等. 2007. 北京4种常见园林植物的水分分级管理[J]. 林业科学，43(9)：18～22.

王瑞辉，马履一，奚如春，等. 2008. 北京7种园林植物及典型配置绿地用水量测算[J]. 林业科学，44(10)：63～68.

王瑞辉，马履一，奚如春，等. 2006. 利用热扩散式茎流计(TDP)测定园林树木蒸腾耗水量的研究[J]. 中南林学院学报，26(3)：15～20.

王瑞辉，马履一，奚如春. 2005. 论城市森林建设树种选择的原则[J]. 中南林学院学报，25(3)：58～62.

王瑞辉，马履一，奚如春. 2006. 元宝枫生长旺季树干液流动态及影响因素[J]. 生态学杂志，25(3)：231～237.

王瑞辉. 2004. 城市森林培育[M]. 哈尔滨：东北林业大学出版社，191～216.

王瑞辉. 2006. 北京主要园林树木耗水性及节水灌溉制度研究[C]. 北京：北京林业大学.

王沙生，高荣孚，吴贯明. 1991. 植物生理学[M]. 北京：中国林业出版社.

王万理. 1984. 压力室在植物水分状况研究中的应用[J]. 植物生理学通讯，(3)：52～57.

王伟. 1998. 植物对水分亏缺的某些生化反应[J]. 植物生理学通讯，34(5)：388～394.

王希群，马履一，贾忠奎，徐程扬. 2005. 叶面积指数的研究和应用进展[J]. 生态学杂志，24(5)：537～541.

王忠. 2000. 植物生理学[M]. 北京：中国农业出版社.

魏天兴，朱金兆，张学培，等. 1998. 晋西南黄土区刺槐油松林地耗水规律的研究[J]. 北京林业大学学报，20(4)：36～40.

魏天兴，朱金兆，张学培. 1999. 林分蒸散耗水量测定方法述评[J]. 北京林业大学学报，21(3)：85～91.

魏彦昌，苗鸿，欧阳志云. 2003. 城市生态用水核算方法及应用[J]，城市环境与城市生态，16(增)：18～20.

吴丽萍，王学东，尉全恩，等. 2003. 樟子松树干液流的时空变异性研究[J]. 水土保持研究，10(4)：66～68.

吴文强，李吉跃，张志明，等. 2002. 北京西山地区人工林土壤水分特性的研究[J]. 北京林业大学学报，24(4)：51~55.

武华昌，樊甲忍，李志强. 2003. 对我国节水灌溉问题的重新认识[J]，科技情报开发与经济，13(7)：121~122.

武维华. 2003. 植物生理学[M]. 北京：科学出版社.

奚如春，马履一，樊敏，等. 2007. 油松枝干水容特征及对蒸腾耗水的影响[J]. 北京林业大学学报，29(1)：160~165.

奚如春，马履一，王瑞辉. 2006. 林木耗水调控机理研究进展[J]. 生态学杂志，25(6)：692~697.

谢东锋，马履一，王华田. 2004. 树木边材液流传输研究述评[J]. 江西农业大学学报，26(1)：149~153.

徐军亮，马履一，王华田. 2003. 油松人工林 SPAC 水势梯度的时空变异[J]. 北京林业大学学报，25(5)：1~5.

徐军亮，马履一，阎海平. 2006. 油松树干液流进程与太阳辐射的关系[J]. 中国水土保持科学，4(2)：103~107.

许大全. 1984. 气孔运动与光合作用[J]. 植物生理学通讯，(6)：6~12.

许大全. 1995. 气孔的不均匀关闭与光合作用的非气孔限制[J]. 植物生理学通讯，31(4)：246~252.

严昌荣，Downey A，韩兴国，陈灵芝. 1999. 北京山区落叶阔叶林中核桃楸在生长中期的树干液流研究[J]，生态学报，19(6)：793~797.

杨国栋，陈效逑. 1995. 北京地区的物候日历及其应用[M]. 北京：首都师范大学出版社.

杨守山. 2000. 园林行业标准规范及产业法规政策实用全书[M]. 北京：光明日报出版社.

尹光彩，周国逸，王旭，等. 2003. 应用热脉冲系统对桉树人工林树液流通量的研究[J]. 生态学报，23(10)：1984~1990.

于界芬. 2003. 树木蒸腾耗水特点及解剖结构的研究[C]. 北京：北京林业大学.

翟洪波，李吉跃，Huang Wending，等. 2004. SPAC 中油松栓皮栎混交林水分特征与气体交换[J]. 北京林业大学学报，26(1)：30~34.

翟洪波，李吉跃，聂立水. 2004. 油松栓皮栎混交林林地蒸散和水量平衡研究[J]. 北京林业大学学报，26(2)：48~51.

张斌，张桃林，柳建国. 1996. 植物的水容特征与其耐旱性的关系[J]. 植物资源与环境，5(2)：23~27.

张建国，李吉跃，沈国舫. 2000. 树木耐旱特性及其机理研究[M]. 北京：中国林业出版社.

张建国. 1993. 中国北方主要造林树种耐旱特性及其机理研究[C]. 北京：北京林业大学.

张劲松，孟平，尹昌君. 2001. 植物蒸散耗水量计算方法综述[J]. 世界林业研究，14(2)：23~28.

张宁南，徐大平，Jim Morris，等. 2003. 雷州半岛尾叶桉人工林树液茎流特征的研究[J]. 林业科学研究，16(6)：661~667.

张岁岐，李金虎，山仑. 2001. 干旱条件下植物气孔运动的调控[J]. 西北植物学报，21(6)：1263~1270.

张天麟. 2005. 园林树木 1200 种[M]. 北京：中国建筑工业出版社.

张宪法，张凌云，于贤昌，等. 2000. 节水灌溉的发展现状与展望[J]. 山东农业科学，(5)：52~54.

张小由，龚家栋，周茅先，等. 2004. 胡杨树干液流的时空变异性研究[J]. 中国沙漠，24(4)：489~492.

章银柯，包志毅. 2004. 园林苗木容器栽培中的节水灌溉技术研究[J]. 现代化农业，303(10)：6~9.

招礼军，李吉跃，于界芬，Sophie Bertin. 2003. 干旱胁迫对苗木蒸腾耗水日变化的影响[J]. 北京林业大学学报，25(3)：42~47.

周平，李吉跃，招礼军. 2002. 北方主要造林树种苗木蒸腾耗水特性研究[J]. 北京林业大学学报，24(5/6)：50~55.

周小阳，张辉. 1999. 不同耐旱性杨树气孔保卫细胞对水分胁迫的差异性反应[J]. 北京林业大学学报，21(5)：1~6.

周燕萍，单广福. 1998. 水分胁迫下苹果光合作用的气孔与非气孔限制[J]. 苏州丝绸工学院学报，18(5)：65 ~ 67.

朱庆妍. 2003. 城市园林灌溉面面观[J]. 广州园林，(1)：44 ~ 45.

祝遵凌，王瑞辉. 2005. 园林植物栽培与养护[M]. 北京：中国林业出版社.

Angus D E, Watts P J. 1984. Evapotranpiration – how good is the Bowen Ratio method? [J] Agriculture Water Management, 8: 133 ~ 150.

Ansley R J, Dugas W A, Heuer M L and Irevino B A. 1994. Stem flow and porometer measurements of transpiration for honey mesquite(Prosopis glandulosa) [J]. J. Exp. Bot. 45:847 ~ 856.

Barbara L, Gartner. 2001. Cavitation and water storage capacity in bole xylem segments of mature and young Douglas – fir trees [J]. Trees. 15:204 ~ 214.

Bariac T, Rambal S, Jusserand C, et al. 1989. Evaluating water fluxes of field grows alfalfa from diurnal observations of natural isotope concentrations, energy budget and Eco – physiological parameters [J]. Agric. For. Meteoric. 48:263 ~ 283.

Barret D J, Hatton T J. , Ash J E and Ball M C. 1996. Transpiration by trees from contrasting forestry types[J]. Aust. J. Bot. 44:249 ~ 263.

Barrett D J, Hatton T J. 1995. Evaluation of the heat pulse velocity technique for measurement of sap flow in rainforest and eucalypt forest species of south – eastern Australia. Plant[J]. Cell and Environment, 18, 463 ~ 469.

Becker P. 1996. Sap flow in Bornean heath and dipterocarp forest trees during wet and dry periods[J]. Tree Physiol. 16:295 ~ 299.

Boyer J S, Wong S C, Farquhar G D. 1997. CO_2 and water vapor exchange across leaf cuticle (epidermis) at various water potentials [J]. Plant Physiol, 14:185 ~ 191.

Bréda N , Granier A and Aussenac G. 1995. Effects of thinning on soil and tree water relations, transpiration and growth in and oak forest(Quercus petraea(Matt.) Liebl.) [J]. Tree Physiol. 15:295 ~ 306.

Calder I R, Narayanswamy M N. 1986. Investigation into the use of deuterium as a tracer for measuring transpiration from eucalypus[J] . J. Hydol. 84: 345 ~ 351.

Calder I R. 1998. Water use by forests, limits and controls[J]. Tree Physilology. 18, 625 ~ 631.

Cermak J, Kucera J. 1987. Transpiration of mature stand of spruce (Picea aies (L.) Karst.) as estimated by tree trunk heat watershed management[J], Tree Physiol. 167:311 ~ 317.

Cienciala E and Lindroth A. 1995. Gas – exchange and sap flow measurements of salix viminalis trees in short – rotation forest, 1 transpiration and sap flow[J]. Trees 9:289 ~ 294.

Cochard H, Bréda N & Granier A. 1996. Whole tree hydraulic conductance and water loss regulation in Quercus during drought: evidence for stomatal control of embolism? [J] Ann. Sci. For. 53:197 ~ 206.

Cochard H, Cruiziat P, Tyree M T. 1992. Use of positive pressures to establish vulnerability curves, Further support of the air – seeding hypothesis and implications for pressure – volume analysis. Plant Physiol[J]. 100:205 ~ 209.

Cohen Y, Fuchs M and Green G C. 1981. Improvement of the heat pulse method for determining the sap flow in trees [J]. Plant Cell Environ. 4:391 ~ 397.

David W, Fred T D J. 1993. Water use, water use efficiency and growth analysis of selected woody ornamental species under a non – limiting water regime [J]. Sci. Horticulturae, 53:213 ~ 223.

Deng X, Li X M, Zhang X M . 2003. The studies about the Photosynthetic response of the four desert Plants[J]. Acta Ecologica sinica. 23(3):598 ~ 605.

Denmead O T. 1984. Plant physiological methods for studying evapotranspiration: problems of telling the forest from the trees. Agric[J]. Water Manag. 8: 167 ~ 189.

Dewar R C. 1997. A simple model of light and water use evaluated for Pinus radiata[J]. Tree Physiology. 17, 259 ~

265.

Dunin G M And Connor D J. 1993. Analysis of sapflow in mountain ash (Eucalyptus regnans) forests of different age [J]. Tree Physiol. 13: 321 ~ 336.

Dye P J, Olbrich B W and Calder I R. 1992. A comparision of the heat pulse method and deuterium tracing method for measuring transpiration for Eucalyptus grandis trees[J]. J. Exp. Bot. 43: 337 ~ 343.

Dye P J, Olbrich B W. 1993. Estimating transpiration from 6 – year – old Eucalyptus grandis trees: development of a canopy conductance model and comparison with independent sap flux measurements. Plant[J]. Cell and Environment, 16: 45 ~ 53.

Edwards W R N, Becker P. 1996. A unified nomenclature for sap flow measurements[J]. Tree Physiology. 17, 65 ~ 67.

Edwards W R N, Booker R E. 1984. Radial variation in the axial conductivity of populus and its significance in heat pulse velocity measurement[J]. Journal of Experimental Botany, 33(153):551 ~ 561.

Edwards W R N. 1986. Precision weighing lysimetry for trees., using a simplified tared – balance design[J]. Tree phsiol. 1: 127 ~ 144.

Garratt J R. 1984. The measurement of evaporation by meteorological methods[J]. Agriculture Water Management, 8: 99 ~ 108.

Granier A , Anfodillo T. 1994. Axial and radial water flow in the trunks of oak trees: a quantitative and qualitative analysis[J]. Tree Physiology. 14: 1383 ~ 1396.

Granier A, Biron P, Bréda N, Pontailler J Y & Saugier B. 1996. Transpiration of trees and forest stands: short and long term monitoring using sap flow methods[J]. Global Change Bio. 2: 265 ~ 274.

Granier A, Huc R andBarigah S T. 1996a. Transpiration of natural rain forest and its dependence on climatic factors [J]. Agric. For. Meteorol. 78: 19 ~ 29.

Granier A, Huc R andBarigah S T. 1996b. Transpiration of trees and forest stands: short and long term monitoring using sap flow methods[J]. Global Change Bio. 2: 265 ~ 274.

Granier A. 1987. Evaluation of transpiration in a Douglas – fir stand by means of sap flow measurement[J]. Tree Physiol. 3: 309 ~ 320.

Granier A., Bréda N, Claustres J P and Colin F. 1989. Variation of hydraulic conductance of some adult conifers under natural conditions[J]. Ann. Sci. For. 46(s): 357 ~ 360.

Greenidge K N H. 1955. Observations on the movement of moisture in large woody stems[J]. Can. J. Bot. 33:202 ~ 201.

Hatton T J, Moore S J and Reece P H. 1995. Estimating stand transpiration in a Eucalyptus populnea woos land with the heat pulse method: Measurement errors and sampling strategies[J]. Tree Physiol. 15: 219 ~ 227.

Hatton T J, Vertessy R A . 1990. Transpiration of plantation pinus radiata estimated by the heat pulse method and the Bowen Ratio[J]. Hydrological Processes. 4, 289 ~ 298.

Hatton T J, Wu H I. 1995. Scaling theory to extrapolate individual tree water use to stand water use[J]. Hydrol Proc, 9:527 ~ 540.

Hatton T J. 1992. Integration of sap flow velocity in elliptical stems[J]. Tree Physiology, 11, 185 ~ 196.

Haydon S R, Benyon R G and Lewis R. 1996. Variation in sapwood area and throughfall with forest age in mountain ash(Eucalyptus regnans F. Muell.) [J]. J. Hydrol. 187: 351 ~ 366.

Hinckley T M, Brook J R S, Cermak J R, et al. 1994. Water flux in a hybrid poplar stand[J]. Tree physiology. 14: 1005 ~ 1018.

Hiromi T, Ninomiya I, Koike T, et al. 1999. Regulation of transpiration by patchy stomatal opening in canopy tree species of dipterocarpaceae in tropical rain forest, Sarawak, Malaysia [J]. Jap. Ecol., 49:83 ~ 90.

Hunt M A. 1998. Whole tree transpiration and water – use partitioning between Eucalyptus nitens and Acacia dealbata Weeds in a short – rotation plantation in northeastern Tasmania[J]. Tree Physiology. 18, 557 ~ 563.

Jackson G E , Grace J. 1996. Field measurement of xylem cavitation: are acoustic emissions useful? [J] Exp. Bot. 47: 1643 ~ 1650.

Janacek J. 1997. Stomatal limitation of photosynthesis as affected by water stress and CO_2 concentration [J]. Photosynthetica, 34(3): 473 ~ 476.

Jarvis P G. McNaughton K G. 1986. Stomatal control of transpiration: scaling up from leaf to region [J]. Adv. Ecol. Res. , 15: 1 ~ 49.

Kallarackal J. 1997. Water use by Eucalpytus tereticornis stands of differing density in southern India[J]. Tree Phsiology. 17, 195 ~ 203.

Kalma S J. 1998. A comparison of heat pulse and deuterium tracing techniques for estimating sap flow in Eucalyptus grandis trees[J]. Tree Physiology. 18, 697 ~ 705.

Kramer P J. 1983. Water relations of plants[M]. Academic Press, Inc.

Li J Y, Liu X Y, Zhai H B. 2003. The Spring Change in Hydraulic Architecture Characteristics in Some Woody Plants[J]. Chinese Forestry Science & Technology (in English), 2(3): 33 ~ 41.

Lindroth A, Cienciala E. 1995. Sap flow by the heat balance method applied to small size Salix trees in a short – rotation forest[J]. Biomass Bioenergy. 8:7 ~ 15.

Lindroth A. 1993. Aerodynamic and canopy resistance of short – rotation forest in relation to leaf area index and climate [J]. Boundary Layer Meteorol. ,66:265 ~ 279.

Loustau D and Granier A. 1993. Environmental control of water flux through Marritime pine(Pinus pinaster Ait.). In water transport in Plants Under Climate Stress. Eds. M. Borghetti, J. Grace and A Raschi[J]. Cambrige University Press, 205 ~ 218.

Loustau D, Berbigier P. 1996. Transpiration of a 64 – year – old maritime pine[J]. Oecologia 107:33 ~ 42.

Meinzer F C , Goldstein G. 1995. Environmental and physiological regulation of transpiration in tropical forest gap species: the influence of boundary layer and hydraulic properties[J]. Oecologia 101:514 ~ 522.

Meinzer F C, Andrade J L, Goldstein G, et al. 1997. Control of transpiration from the upper canopy of a tropical forest: the role of stomatal, boundary layer and hydraulic architecture components [J]. Plant Cell Environ. 20: 1242 ~ 1252.

Meinzer F C, Goldstein G , Holbrook N M, et al. 1993. Stomatal and environmental control of transpiration in a lowland tropical forest tree[J]. Plant,Cell&Environ. 16:429 ~ 436.

Meinzer F C, Goldstein G, Neufield H S, Grantz D A and Crisoto G M. 1992. Hydraulic architecture of sugarcane in relation to patterns of water use during plant development[J]. Plant Cell Environ. 15: 471 ~ 477.

Mencuccini M and Grace J. 1995. Climate influences the leaf area/sapwood area ratio in Scots pine[J]. Tree Physiol. 15: 1 ~ 10.

Menzel C M, Simpson D R. 1986. Plant water relations in lychee: diurnal variations in leaf conductance and leaf water potential[J]. Agricultural and Forest Meteorology, 37:267 ~ 277.

Miller B J, Clinton P W. 1998. Transpiration rates and canopy conductance of Pinus radiata growing with different pasture understories in agroforesty systems[J]. Tree physiology. 18, 575 ~ 582.

Morris J. 1998. Transpiration and canopy conductance in a eucalypt plantation using shallow saline groundwater[J]. Tree Physiology. 18, 547 ~ 555.

Oren R, Philips N, Ewers B E, et al. 1999. Sap – flux – scaled transpiration responses to light vapor pressure deficit and leaf area reductance in a floored Taxodium distichum forest [J]. Tree Physiol. , 19:337 ~ 347.

Pataki D E. 1998. Canopy Conductance of Pinus taeda, Liquidambar styraciflua and quercus phellos under varying atmospheric and soil water conditions[J]. Tree physiology. 18, 307 ~ 315.

Philips N , Oren R and Zimmermann R. 1996. Radial patterns of xylem sap flow in non – , diffuse – and ring – porous tree species[J]. Plant Cell Environ. 19: 983 ~990.

Phlips N , Nagchaudhuri A, Oren R and Katul G. 1997. Time constants for water transport in loblolly pine trees estimated form time series of evaporative demand and stem flow[J]. Trees 11: 412 ~419.

Raschi A , Tognetti R. 1995. Water in the stems of sessile oak(Quercus petraea) assessed by computer tomography with concurrent measurements of sap velocity ultrasound emission[J]. Plant, Cell and Environment. 18, 545 ~554.

Saliendra N Z, Sperry J S, et al. 1995. Influence of leaf water status on stomatal responses to humidity, hydraulic conductance and soil drought in Batula occidentalis [J]. Planta, 196:357 ~366.

Sarawak, malaysia. 1999. Regulation of transpiration by Patchy stomatal opening in canopy tree species of dioterocarpaceae in tropical rain forest[J]. Japanese Journal of Ecology, 49:83 ~90.

Schiller G, Cohen Y. 1995. Water regime of pine forest under a Mediterranean climate[J]. Agric. For. Meteorol. 74:181 ~193.

Smith D M, Allen S J 1996. Measurement of sapflow in plant stems[J]. J. Exp. Bot. 47: 1833 ~1844.

Souza R P, Machado E C, Silva J A B, et al. 2004. Photosynthetic gas exchange, chlorophyll fluorescence and some associated metabolic changes in cowpea (Vigna unguiculata) during water stress and recovery [J]. Environ. Experim. Bot. , 51: 45 ~56.

Sperry J S, Donnelly J R, Tyree M T. 1988. A method for measuring hydraulic conductivity and embolism in xylem [J]. Plant Cell Environ. , 11:35 ~40.

Sperry J S, Pockman W T. 1993. Limitation of transpiration by hydraulic conductance and xylem cavitation in Betula occidentalis[J]. Plant Cell Environ. 16: 279 ~287.

SPerry J S, Tyree M T. 1988. Mechanism of water stress – induced xylem embolism[J]. plant physiology, 88:581 ~587.

Steinberg S L , McFarland M J and Worthington J W. 1990. Comparison of truck and branch sap flow with canopy transpiration in pecan[J]. J. Exp. Bot. 41: 653 ~659.

Swanson R H. 1994. Significant historical developments in thermal methods for measuring sap flow in trees[J]. Agri. For. Meteorol. 72:113 ~132.

Tognetti R, Raschi A. 1996. Comparison of sap flow, cavitation and water status of Quercus Petraea and Quercus cerris trees with special reference to computer tomography[J]. Plant, Cell and Environment. 19, 928 ~938.

Vertessy R A, Benyon R, Sullivan S K, et al. 1995. Relationship between diameter, sapwood area, leaf area and transpiration in a young mountain ash forest[J]. Tree Physiology, 15:559 ~568.

Vertessy R A, Hatton T J, Reece P et al. 1997. Estimating stand water use of large mountain ash trees and validation of the sap flow measurement technique[J]. Tree Physiology, 17:747 ~756.

Wullschleger S D. 1998. Whole – plant water flux in understory red maple exposed to altered precipitation regimes [J]. Tree Physiology. 18, 71 ~79.

Wullschleger S D, Meinzer F C, Vertessy R A. 1998. A review of whole – plant water use studies in trees [J]. Tree Physiol. , 18: 499 ~512.